高等职业教育机电专业系列教材

单片机原理及接口技术

主　编　陈　炘　郭红梅

副主编　黄学先　王中刚　高红岩

参　编　范双双

南京大学出版社

内容简介

本书介绍了微型计算机的基础知识,并以 MCS-51 系列单片机为核心,系统介绍了单片机的基本结构、指令系统、汇编语言程序设计、中断系统、定时器/计数器、串行接口、外部存储器及接口电路的扩展、单片机的 C 语言设计及应用,最后以实例的形式介绍了 AT89C51 单片机内部资源的应用。同时本书配有例题、习题,便于课堂教学与自学。

本书可作为高等职业技术学院计算机应用、机电、电子类及高等专科学校相关专业的教材,也可供从事单片机技术开发、应用的工程技术人员阅读、参考。全书内容深入浅出、通俗易懂,注重工程应用。

图书在版编目(CIP)数据

单片机原理及接口技术 / 陈炘,郭红梅主编. — 南京:南京大学出版社,2016.7(2021.2 重印)
ISBN 978-7-305-17156-7

Ⅰ.①单… Ⅱ.①陈… Ⅲ.①单片微型计算机-基础理论-高等学校-教材②单片微型计算机-接口技术-高等学校-教材 Ⅳ.①TP368.1

中国版本图书馆 CIP 数据核字(2016)第 138937 号

出版发行 南京大学出版社
社　　址 南京市汉口路 22 号　　　邮　编 210093
出 版 人 金鑫荣
书　　名 单片机原理及接口技术
主　　编 陈　炘　郭红梅
责任编辑 刘群烨　耿士祥　　　编辑热线 025-83592146
照　　排 南京南琳图文制作有限公司
印　　刷 广东虎彩云印刷有限公司
开　　本 787×1092 1/16 印张 16.75 字数 408 千
版　　次 2021 年 2 月第 1 版第 3 次印刷
ISBN 978-7-305-17156-7
定　　价 45.00 元

网址:http://www.njupco.com
官方微博:http://weibo.com/njupco
微信服务号:njuyuexue
销售咨询热线:(025)83594756

扫一扫可见 MCS-51
系列单片机指令表

前　言

　　单片机原理及接口技术课程是电子、电信、自动控制和机电等专业学生的一门重要的专业基础课程,近二十年来随着单片机的普及和发展,传统的教学模式受到挑战。为改革和创新单片机原理及接口技术课程的教学内容和手段,我们总结了多年的教学和实践经验,编写了本书。

　　全书分为13章,依次为第1章微型计算机基础,第2章 MCS-51 单片机的结构和原理,第3章 MCS-51 单片机指令系统,第4章 MCS-51 单片机的程序设计,第5章 MCS-51 单片机的中断系统,第6章 MCS-51 单片机内部定时器/计数器,第7章 MCS-51 单片机的串行接口,第8章 MCS-51 单片机扩展存储器的设计,第9章 I/O 接口的扩展,第10章模拟输入输出通道接口技术,第11章键盘/显示接口电路,第12章 C51 程序设计语言,第13章 AT89C51 单片机内部资源应用等。各章之间的内容连贯有序,衔接自然,成为一个有机的整体。

　　本书由江西工程职业学院陈炘、武汉铁路职业学院郭红梅担任主编,湖北职业技术学院黄学先,武汉信息传播职业技术学院王中刚,武汉铁路职业学院高红岩担任副主编,江西水利职业学院范双双担任参编。具体编写分工如下:其中第1、2、3、4、5、6章及附录由陈炘编写,第8、10、13章由郭红梅编写,第11章由黄学先编写,第12章由王中刚编写,第7章由高红岩编写,第9章由范双双编写,全书由陈炘修订与统稿。由于作者水平所限,错误和不足之处在所难免,敬请专家和读者批评指正。

　　编者在本书的撰写过程中参考了大量的文献和教材,同时得到了南京大学出版社的大力支持,在此谨向参与本书编写工作的各位同仁和南京大学出版社表示衷心的感谢。

编　者

2016 年 5 月

目　录

第 1 章　微型计算机基础

1.1　计算机中的数制及相互转换

1.1.1　进位计数制

按进位原则进行计数的方法,称为进位计数制,简称进位制。日常生活中多用十进制,而在计算机中则采用二进制。由于二进制不易书写和阅读,所以又引入了八进制和十六进制。

1. 十进制数

十进制数有两个主要特点:

(1) 有 10 个不同的数字符号:0、1、2、…、9;

(2) 低位向高位进位的规律是"逢十进一"。

因此,同一个数字符号在不同的数位所代表的数值是不同的。如 555.5 中 4 个 5 分别代表 500、50、5 和 0.5,这个数可以写成 $555.5 = 5 \times 10^2 + 5 \times 10^1 + 5 \times 10^0 + 5 \times 10^{-1}$

式中的 10 称为十进制的基数,10^2、10^1、10^0、10^{-1} 称为各数位的权。

任意一个十进制数 N 都可以表示成按权展开的多项式:

$$N = d_{n-1} \times 10^{n-1} + d_{n-2} \times 10^{n-2} + \cdots + d_0 \times 10^0 + d_{-1} \times 10^{-1} + d_{-2} \times 10^{-2} + \cdots + d_{-m} \times 10^{-m} = \sum_{i=-m}^{n-1} d_i \times 10^i$$

其中,d_i 是 0~9 共 10 个数字中的任意一个,m 是小数点右边的位数,n 是小数点左边的位数,i 是数位的序数。例如,543.21 可表示为:

$$543.21 = 5 \times 10^2 + 4 \times 10^1 + 3 \times 10^0 + 2 \times 10^{-1} + 1 \times 10^{-2}$$

一般而言,对于用 R 进制表示的数 N,可以按权展开为:

$$N = d_{n-1} \times R^{n-1} + d_{n-2} \times R^{n-2} + \cdots + d_0 \times R^0 + d_{-1} \times R^{-1} + d_{-2} \times R^{-2} + \cdots + d_{-m} \times R^{-m} = \sum_{i=-m}^{n-1} d_i \times R^i$$

式中,d_i 是 0、1、…、(R−1) 中的任一个,m、n 是正整数,R 是基数。在 R 进制中,每个数字所表示的值是该数字与它相应的权 R^i 的乘积,计数原则是"逢 R 进一"。

2. 二进制数

当 R=2 时,称为二进位计数制,简称二进制。在二进制数中,只有两个不同数码:0 和 1,进位规律为"逢二进一"。任何一个数 N,可用二进制表示为:

$$N = d_{n-1} \times 2^{n-1} + d_{n-2} \times 2^{n-2} + \cdots + d_0 \times 2^0 + d_{-1} \times 2^{-1} + d_{-2} \times 2^{-2} + \cdots + d_{-m} \times 2^{-m} = \sum_{i=-m}^{n-1} d_i \times 2^i$$

例如,二进制数 1011.01 可表示为:

$(1011.01)_2 = 1 \times 2^3 + 0 \times 2^2 + 1 \times 2^1 + 1 \times 2^0 + 0 \times 2^{-1} + 1 \times 2^{-2}$

3. 八进制数

当 R＝8 时，称为八进制。在八进制中，有 0、1、2、…、7 共 8 个不同的数码，采用"逢八进一"的原则进行计数。如 $(503)_8$ 可表示为：

$(503)_8 = 5 \times 8^2 + 0 \times 8^1 + 3 \times 8^0$

4. 十六进制

当 R＝16 时，称为十六进制。在十六进制中，有 0、1、2、…、9、A、B、C、D、E、F 共 16 个不同的数码，进位方法是"逢十六进一"。

例如，$(3A8.0D)_{16}$ 可表示为：

$(3A8.0D)_{16} = 3 \times 16^2 + 10 \times 16^1 + 8 \times 16^0 + 0 \times 16^{-1} + 13 \times 16^{-2}$

表 1-1　各种进位制的对应关系

十进制	二进制	八进制	十六进制	十进制	二进制	八进制	十六进制
0	0	0	0	9	1001	11	9
1	1	1	1	10	1010	12	A
2	10	2	2	11	1011	13	B
3	11	3	3	12	1100	14	C
4	100	4	4	13	1101	15	D
5	101	5	5	14	1110	16	E
6	110	6	6	15	1111	17	F
7	111	7	7	16	10000	20	10
8	1000	10	8				

1.1.2　不同进制间的相互转换

1. 二、八、十六进制转换成十进制

根据各进制的定义表示方式，按权展开相加，即可将二进制数、八进制数、十六进制数转换成十进制数。

【例 1-1】 将数 $(10.101)_2$，$(46.12)_8$，$(2D.A4)_{16}$ 转换为十进制。

$(10.101)_2 = 1 \times 2^1 + 0 \times 2^0 + 1 \times 2^{-1} + 0 \times 2^{-2} + 1 \times 2^{-3} = 2.625$

$(46.12)_8 = 4 \times 8^1 + 6 \times 8^0 + 1 \times 8^{-1} + 2 \times 8^{-2} = 38.15625$

$(2D.A4)_{16} = 2 \times 16^1 + 13 \times 16^0 + 10 \times 16^{-1} + 4 \times 16^{-2} = 45.64062$

2. 十进制数转换成二、八、十六进制数

任意十进制数 N 转换成 R 进制数，需将整数部分和小数部分分开，采用不同方法分别进行转换，然后用小数点将这两部分连接起来。

（1）整数部分：除基取余法

分别用基数 R 不断地去除 N 的整数，直到商为零为止，每次所得的余数依次排列即为相应进制的数码。最初得到的为最低有效数字（LSB），最后得到的为最高有效数字（MSB）。

【例1-2】　将$(168)_{10}$转换成二、八、十六进制数。

```
2 | 168        余数
  2 | 84    … 0      ↑最低位
    2 | 42    … 0
      2 | 21    … 0
        2 | 10    … 1
          2 | 5    … 0         8 | 168        余数
            2 | 2    … 1         8 | 21    … 0        16 | 168        余数
              2 | 1    … 0         8 | 2    … 5         16 | 10    … 8
                  0 … 1   最高位        0 … 2              0 … A
```

$\qquad (168)_{10}=(10101000)_2 \qquad\qquad (168)_{10}=(250)_8 \qquad\qquad (168)_{10}=(A8)_{16}$

（2）小数部分：乘基取整法

分别用基数 R（R＝2、8 或 16）不断地去乘 N 的小数，直到积的小数部分为零（或直到所要求的位数）为止，每次乘得的整数依次排列即为相应进制的数码。最初得到的为最高有效数字，最后得到的为最低有效数字。

【例1-3】　将$(0.645)_{10}$转换成二、八、十六进制数（用小数点后五位表示）。

```
整数    0.645           整数    0.645           整数    0.645
       ×      2                ×      8                ×     16
  1 …  1.290            5 …   5.160            A …  10.320
       0.29                   0.16                   0.32
       ×      2                ×      8                ×     16
  0 …  0.58             1 …   1.28             5 …   5.12
       0.58                   0.28                   0.12
       ×      2                ×      8                ×     16
  1 …  1.16             2 …   2.24             1 …   1.92
       0.16                   0.24                   0.92
       ×      2                ×      8                ×     16
  0 …  0.32             1 …   1.92             E …  14.72
       ×      2                0.92                   0.72
  0 …  0.64                    ×      8                ×     16
                       7 …   7.36             B …  11.52
```

故：$(0.645)_{10}=(0.10100)_2=(0.51217)_8=(0.A51EB)_{16}$

【例1-4】　将$(168.645)_{10}$转换成二、八、十六进制数。

根据例1-2、例1-3可得

$(168.645)_{10}=(10101000.10100)_2=(250.51217)_8=(A8.A51EB)_{16}$

3. 二进制数与八进制数之间的相互转换

由于$2^3＝8$，故可采用"合三为一"的原则，即从小数点开始分别向左、右两边各以3位为一组进行二-八换算:若不足 3 位的以 0 补足,便可将二进制数转换为八进制数。反之,采用"一分为三"的原则,每位八进制数用三位二进制数表示,就可将八进制数转换为二进制数。

【例 1-5】　将$(101011.01101)_2$转换为八进制数。

$$
\begin{array}{ccccc}
101 & 011 & . & 011 & 010 \\
\downarrow & \downarrow & . & \downarrow & \downarrow \\
5 & 3 & . & 3 & 2
\end{array}
$$

即$(101011.01101)_2 = (53.32)_8$

【例 1-6】　将$(123.45)_8$转换成二进制数。

$$
\begin{array}{ccccc}
1 & 2 & 3 & . & 4 & 5 \\
\downarrow & \downarrow & \downarrow & . & \downarrow & \downarrow \\
001 & 010 & 011 & . & 100 & 101
\end{array}
$$

即$(123.45)_8 = (1010011.100101)_2$

4. 二进制数与十六进制数之间的相互转换

由于$2^4 = 16$,故可采用"合四为一"的原则,即从小数点开始分别向左、右两边各以 4 位为一组进行二-十六换算:若不足 4 位的以 0 补足,即可将二进制数转换为十六进制数。反之,采用"一分为四"的原则,每位十六进制数用 4 位二进制数表示,就可将十六进制数转换为二进制数。

【例 1-7】　将$(110101.011)_2$转换为十六进制数。

$$
\begin{array}{ccc}
0011 & 0101 & . & 0110 \\
\downarrow & \downarrow & . & \downarrow \\
3 & 5 & . & 6
\end{array}
$$

即$(110101.011)_2 = (35.6)_{16}$

【例 1-8】　将$(4A5B.6C)_{16}$转换为二进制数。

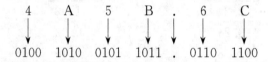

$$
\begin{array}{cccccc}
4 & A & 5 & B & . & 6 & C \\
\downarrow & \downarrow & \downarrow & \downarrow & . & \downarrow & \downarrow \\
0100 & 1010 & 0101 & 1011 & . & 0110 & 1100
\end{array}
$$

即$(4A5B.6C)_{16} = (100101001011011.011011)_2$

5. 八进制与十六进制的相互转换

以二进制作桥梁进行进制的相互转换。

在程序设计中,为了区分不同进制的数,通常在数的后面加字母作为标注,其中,字母 B(Binary)表示二进制数;字母 Q(Octal,用字母 Q 而不用 O 主要是为区别数字 0)表示八进制数;字母 D(Decimal)或不加字母表示十进制数;字母 H(Hexadecimal)表示十六进制数。如 1101B、57Q、512D、3AH 等。

1.1.3　计算机采用二进制的理由

二进制表示数的位数多,较十进制数难认难记,但从技术实现的难易,或从经济性、可靠性等方面考虑,二进制具有无可比拟的优越性。

(1) 数的状态简单,容易实现。二进制只有 0 与 1 两个状态。脉冲的有与无,电位的高与低,晶体管的导通与截止,灯的亮与灭等都可表示为 0 与 1 两个状态。计算机是用电子器件表示数字信息的,显然制造具有两种状态的电子器件要比制造具有十种特定状态的器件容易得多。由于状态简单,容易实现,工作状态可靠,数字的传输也就不容易出错。

(2) 运算规则简单,节省设备。由于二进制的运算规则简单,可以使运算的结构简化,使控制机构简化,同时二进制要比十进制节省存储空间,因此采用二进制将大大节约设备。

(3) 便于逻辑判断。由于二进制可以进行逻辑运算,而逻辑变量的取值只有 0 与 1 两种可能,这里的 0 与 1 代表了所研究问题的两种可能性:是与非、真与假、正确与错误、电压的高与低、电脉冲的有与无等,从而使计算机具有判断能力,并使逻辑代数成为电路设计的基础。

正是由于二进制具有上述优越性,所以计算机中的数都用二进制表示。

1.1.4　机器数

1. 真值与机器数

设有

$$N_1 = +1100110$$
$$N_2 = -1100110$$

N_1 和 N_2 在机器中表示为

$$N_1:01100110$$
$$N_2:11100110$$

就是说,数的符号在机器中数字化了,符号"+"用 0 表示,符号"−"用 1 表示。

一个数在机器中的表示形式,称为机器数;而把数本身,即用"+"、"−"表示的形式,称为真值。

真值当然也可以用 8、10、16 进制表示。

以上是用 8 位数说明的,其定义同样适用于 n 位数。

2. 带符号数与无符号数的表示方法

(1) 带符号数的表示方法

上面所说的机器数的表示方法,即用 0 表示正数的符号,用 1 表示负数的符号。这种数的表示方法称为带符号数的表示方法。

在机器中的表示形式为:

$$\zeta \quad \underline{xxx\cdots xxx}$$

符号　　数值部分

例如有 8 位数

01000110 和 11000110

前者真值是+70;后者真值是−70。

(2) 无符号数的表示方法

无符号数与带符号数的区别仅在于,无符号数没有符号位,全部有效位均用来表示数的大小。上述机器数的表示方法若看为无符号数,则 01000110 表示 70,11000110 表示 198。

3. 定点数与浮点数的表示方法

在计算机中,根据数中小数点的位置是固定不变还是浮动变化分为定点数和浮点数。

(1) 定点数的表示方法

定点数有两种特殊的形式,一种是定点整数:小数点在数的最右方,即为纯整数;另一种是定点小数:小数点在符号位之后,即为纯小数。小数点都是隐含的,不作为单独的信息存放在某一位中。

定点整数: ζ　$\underbrace{xxx\cdots xxx}$　　　定点小数: ζ.　$\underbrace{xxx\cdots xxx}$
　　　　　符号　数值部分　　　　　　　　符号　数值部分

如果计算机采用定点整数表示,参与运算的数必须是整数,若参与运算的数是小数,就需要在运算前乘以一个比例因子,将小数放大为整数。如果计算机采用定点小数表示,参与运算的数必须是小数,若参与运算的数是整数,也需要在运算前乘以一个比例因子,将整数缩小为小数。

定点数的这两种表示方法,在计算机中均有采用。采用哪种表示方法,是事先约定的。

(2) 浮点数的表示方法

浮点数在机器中的表示形式为

η　$\underbrace{xx\cdots xx}$　ζ　$\underbrace{xx\cdots xx}$
阶符　　阶码　　尾符　　尾数

式中,阶码和尾数均用二进制表示。

例如有一个数为

$$2^3 \times 13$$

在机器中相应的浮点表示形式为

0　$\underline{11}$　0　$\underline{1101}$
阶符　阶码　尾符　尾数

4. 原码、反码、补码

带符号数在机器中的表示形式通常有三种:原码、反码、补码。下面以定点整数为例说明这三种代码。在说明之前,首先介绍模的概念。

把一个计量器的容量,称为模或模数,记为 M,或记为 mod M。例如,一个 n 位二进制计数器,它的容量为 2^n,所以它的模 $M=2^n$。

假设 $n=4$,$M=2^4=16$,计数范围为 0000～1111。当已经计到 1111 时,再加 1,机器中又变成 0000,进位 1 自然丢失。也就是说,当模 $M=2^4$ 时,2^4 和 0 在机器中的表示是相同的。

(1) 原码

前面介绍的带符号数的表示方法,实际上就是原码的表示法。

x 的原码定义为

$$[x]_{原} = \begin{cases} 2^n + x & 当 0 \leqslant x < 2^{n-1} \\ 2^{n-1} - x & 当 -2^{n-1} < x \leqslant 0 \end{cases} \quad (\mathrm{mod}\ 2^n)$$

由原码定义可得到如下性质:

① 当 x>0 时,$[x]_{原}$ 与 x 的区别只是符号位用 0 表示;

② 当 x<0 时,$[x]_{原}$ 与 x 的区别只是符号位用 1 表示;

③ 当 x＝0 时,有[＋0]原和[－0]原两种情况:

$$[+0]_原 = \underbrace{000\cdots0}_{n个0} \quad (\bmod\ 2^n)$$

$$[-0]_原 = 1\underbrace{000\cdots0}_{n-1个0} \quad (\bmod\ 2^n)$$

例如:如果 n＝8,x＝＋1001 则有[x]原＝00001001;

如果 n＝8,x＝－1001 则有[x]原＝10001001。

(2) 反码

x 的反码定义为

$$[x]_反 = \begin{cases} 2^n + x & 当\ 0 \leqslant x < 2^{n-1} \\ (2^n-1)+x & 当\ -2^{n-1} < x \leqslant 0 \end{cases} \quad (\bmod\ 2^n)$$

由反码定义可得到如下性质:

① 当 x＞0 时,[x]反＝[x]原,即[x]反与 x 的区别只是符号位用 0 表示;

② 当 x＜0 时,[x]反的符号位用 1 表示,其余位为原码各位取反;

③ 当 x＝0 时,[x]反有两种情况:

$$[+0]_反 = 000\cdots0 \quad (\bmod\ 2^n)$$

$$[-0]_反 = 111\cdots1 \quad (\bmod\ 2^n)$$

例如:如果 n＝8,x＝＋1001,则有[x]反＝00001001;

如果 n＝8,x＝－1001,则有[x]反＝11110110。

(3) 补码

x 的补码定义为

$$[x]_补 = 2^n + x \quad -2^{n-1} \leqslant x < 2^{n-1} \quad (\bmod\ 2^n)$$

由补码定义可得到如下性质:

① 当 x＞0 时,[x]补＝[x]原＝[x]反,即[x]补与 x 的区别仅在于符号位用 0 表示;

② 当 x＜0 时,[x]补的符号位为 1,其余位为它的原码各位取反,再在最低位加 1;或是说它的反码在最低位加 1;

③ 当 x＝0 时,[＋0]补＝[－0]补＝000…0。

例如:如果 n＝8,x＝＋1001,则有[x]补＝00001001;

如果 n＝8,x＝－1001,则有[x]补＝11110111。

思考题:所有 8 位原码、反码和补码所对应的真值各为多少?(真值用十进制表示)

1.1.5　常用的名词术语及二进制编码

1. 位、字节、字及字长

位、字节、字及字长是计算机常用的名词术语。

(1) 位(bit)

"位"是计算机所能表示的最小最基本的数据单位,它指的是取值只能为 0 或 1 的一个二进制数值位。位作为单位时记作 b。

(2) 字节(byte)

"字节"由 8 个二进制位组成,通常用作计算机中存储器容量的单位。字节作为单位时记作 B。

　　K 是 Kelo 的缩写,1 K＝1 024＝2^{10};

　　M 是 Mega 的缩写,1 M＝1 024 K＝2^{20};

　　G 是 Giga 的缩写,1 G＝1 024 M＝2^{30};

　　T 是 Tera 的缩写,1 T＝1 024 G＝2^{40}。

　　(3) 字和字长

　　字(word):不同的场合有不同的含义。软件上通常指 2 个字节,硬件上一般指微处理器外部数据总线的宽度。

　　字长是微处理器一次可以直接处理的二进制数码的位数,它通常取决于微处理器内部通用寄存器的位数和数据总线的宽度。微处理器的字长有 4 位、8 位、16 位和 32 位等。

　　2. 数字编码

　　由于二进制有很多优点,所以计算机中的数用二进制表示,但人们与计算机打交道时仍习惯用十进制,在输入时计算机自动将十进制转换为二进制,而在输出时将二进制转换为十进制。为了便于机器识别和转换,计算机中的十进制数的每一位用二进制编码表示,这就是所谓的十进制数的二进制编码,简称二-十进制编码(BCD)。

　　二-十进制编码的方法很多,最常用的是 8421BCD 码。8421BCD 码有十个不同的数字符号,逢十进位,每位用四位二进制表示,如表 1-2。

表 1-2　8421BCD 编码表

十进制数	8421BCD	十进制数	8421BCD
0	0000	5	0101
1	0001	6	0110
2	0010	7	0111
3	0011	8	1000
4	0100	9	1001

　　例如:

　　83.123 对应的 8421BCD 码是 1000 0011.0001 0010 0011

　　同理,0111 1001 0010.0010 0101BCD 对应的十进制是 792.25。

　　BCD 码有两种格式:

　　(1) 压缩 BCD 码格式(Packed BCD Format)

　　用 4 个二进制位表示一个十进制位,就是用 0000B～1001B 来表示十进制数 0～9。

　　例如:(4256)D 的压缩 BCD 码表示为:

0100 0010 0101 0110 B

　　(2) 非压缩 BCD 码格式(Unpacked BCD Format)

　　用 8 个二进制位表示一个十进制位,其中,高四位无意义,我们一般用 0000 表示,低四位和压缩 BCD 码相同。

　　例如:(4256)D 的非压缩 BCD 码表示为:

0000 0100 0000 0010 0000 0101 0000 0110 B

3. 字符编码

字母、数字、符号等各种字符也必须按特定的规则用二进制编码才能在计算机中表示。字符编码的方式很多,目前微型计算机普遍采用的编码方式为美国标准信息交换(American Standard Code for Information Interchange,ASCII 码)。采用 7 位二进制代码对字符进行编码,可以表示 128 个字符,包括控制字符、阿拉伯数字、英文大小写字母、标点符号等。见表 1-3 ASCII 码表。

表 1-3　ASCII 码表

列		0	1	2	3	4	5	6	7
行	MSB 位 654 / LSB 位 3210	000	001	010	011	100	101	110	111
0	0000	NUL	DLE	SP	0	@	P	、	p
1	0001	SOH	DC₁	!	1	A	Q	a	q
2	0010	STX	DC₂	"	2	B	R	b	r
3	0011	ETX	DC₃	#	3	C	S	c	s
4	0100	EOT	DC₄	$	4	D	T	d	t
5	0101	ENQ	NAK	%	5	E	U	e	u
6	0110	ACK	SYN	&.	6	F	V	f	v
7	0111	BEL	ETB	'	7	G	W	g	w
8	1000	BS	CAN	(	8	H	X	h	x
9	1001	HT	SM	)	9	I	Y	i	y
A	1010	LF	SUB	*	:	J	Z	j	z
B	1011	VT	ESC	+	;	K	[	k	{
C	1100	FF	FS	,	<	L	\	l	|
D	1101	CR	GS	—	=	M	]	m	}
E	1110	SO	RS	·	>	N	↑	n	~
F	1111	SI	HS	/	?	O	←	o	DEL

1.1.6　数的运算方法

1. 二进制数的运算规则

(1) 算术运算

一个数字系统只要能进行加法和减法运算,就可以利用加法和减法进行乘法、除法及其他数值运算。

① 加法

运算规则:0+0=0;0+1=1;1+0=1;1+1=0(有进位)

【例 1-9】　求 1001B+1011B。

$$
\begin{array}{rr}
\text{被加数} & 1001 \\
\text{加数} + & 1011 \\
\hline
\text{进位} & 10010 \\
\text{和} & 10100
\end{array}
$$

即 $\qquad$ 1001B＋1011B＝10100B

② 减法

运算规则：0－0＝0；1－1＝0；1－0＝1；0－1＝1(有借位)

【例 1－10】 求 1100B－111B。

$$
\begin{array}{rr}
\text{被减数} & 1100 \\
\text{减数} - & 111 \\
\hline
\text{借位} & 0110 \\
\text{差} & 0101
\end{array}
$$

即 $\qquad$ 1100B－111B＝101B

③ 乘法

运算规则：0×0＝0；0×1＝1　1×0＝0；1×1＝1

【例 1－11】 求 1011B×1101B。

$$
\begin{array}{rr}
\text{被乘数} & 1011 \\
\text{乘数} \times & 1101 \\
\hline
& 1011 \\
& 0000 \\
& 1011 \\
+ & 1011 \\
\hline
\text{积} & 10001111
\end{array}
$$

即 $\qquad$ 1011B×1101B＝10001111B

④ 除法

运算规则：0÷1＝0；1÷1＝1

【例 1－12】 求 10100101B/1111B

$$
\begin{array}{r}
1011 \\
1111\overline{)10100101} \\
1111 \\
\hline
1011 \\
0000 \\
\hline
10110 \\
1111 \\
\hline
1111 \\
1111 \\
\hline
0
\end{array}
$$

除数 1111　被除数 10100101

即 $\qquad$ 10100101B/1111B＝1011B

（2）逻辑运算

二进制数的逻辑运算包括与运算、或运算、非运算和异或运算等。

① 与运算

与运算是实现"必须都有，否则就没有"这种逻辑关系的一种运算。运算符为"∧"（或"·"、"×"），其运算规则如下：

$$0 \wedge 0=0; \qquad 0 \wedge 1=0; \qquad 1 \wedge 0=0; \qquad 1 \wedge 1=1$$

【例 1-13】　若 X＝1011B，Y＝1001B，求 X∧Y。

$$\begin{array}{r} 1011 \\ \wedge \quad 1001 \\ \hline 1001 \end{array}$$

即　　　　　　　　　　　　　　　　X∧Y＝1001B

② 或运算

或运算是实现"只要其中之一有，就有"这种逻辑关系的一种运算，其运算符为"∨"（或"＋"），或运算规则如下：

$$0 \vee 0=0; \qquad 0 \vee 1=1; \qquad 1 \vee 0=1; \qquad 1 \vee 1=1$$

【例 1-14】　若 X＝10101B，Y＝01101B，求 X∨Y。

$$\begin{array}{r} 10101 \\ \vee \quad 01101 \\ \hline 11101 \end{array}$$

即　　　　　　　　　　　　　　　　X∨Y＝11101B

③ 非运算

非运算是实现"求反"这种逻辑的一种运算，如变量 A 的"非"运算记作$\overline{A}$。其运算规则如下：

$$\overline{1}=0; \qquad \overline{0}=1$$

【例 1-15】　若 A＝10101B，求 $\overline{A}$。

$$\overline{A}=\overline{10101}B=01010B$$

④ 异或运算

异或运算是实现"必须不同，否则就没有"这种逻辑的一种运算，运算符为"⊕"或"∀"。其运算规则是：

$$0 \oplus 0=0; \qquad 0 \oplus 1=1; \qquad 1 \oplus 0=1; \qquad 1 \oplus 1=0$$

【例 1-16】　若 X＝1010B，Y＝0110B，求 X⊕Y。

$$\begin{array}{r} 1010 \\ \oplus \quad 0110 \\ \hline 1100 \end{array}$$

即　　　　　　　　　　　　　　　　X⊕Y＝1100B

2. 定点补码加、减法与溢出判断

定点加、减法运算包括原码、补码、反码三种带符号数的加、减法运算。由于补码加、减法运算速度快、硬件逻辑关系简单，故得到了广泛的应用。

（1）补码加法运算

因为$[x]_补 + [y]_补 = 2^n + x + 2^n + y = 2^n + (x+y) = [x+y]_补$　　　（mod 2^n）

所以，在进行补码加法时，补码的和等于和的补码。

例如，设$[x]_补 = 10101$，$[y]_补 = 11100$，求$[x+y]_补$。

$$
\begin{array}{r}
10101 \\
+\ 11100 \\
\hline
110001
\end{array}
\qquad
\begin{array}{r}
-11 \\
+\quad -4 \\
\hline
-15
\end{array}
$$

所以

$[x+y]_补 = 10001 \cdots\cdots$最高位 1 自然丢失　　　（mod 2^5）

结果 10001 的真值是-15。-11 加-4 等于-15。可见，结果是正确的。

（2）补码减法运算

因为$[x]_补 - [y]_补 = [x]_补 + [-y]_补 = 2^n + x + 2^n + (-y) = 2^n + (x-y) = [x-y]_补$
（mod 2^n）

所以，在进行补码减法时，补码的差，等于差的补码。在运算时，将$[x]_补 - [y]_补$ 化为
$[x]_补 + [-y]_补$。而$[-y]_补$ 等于$[y]_补$ 求反加 1。

例如，设$[x]_补 = 10101$，$[y]_补 = 11100$，求$[x-y]_补$。

因为$[x-y]_补 = [x]_补 + [-y]_补 = [x]_补 + \overline{[y]_补} + 1 = \overline{11100} + 1 = 00100$　　　（mod 2^5）

$$
\begin{array}{r}
10101 \\
+\ 00100 \\
\hline
11001
\end{array}
\qquad
\begin{array}{r}
-11 \\
+\quad +4 \\
\hline
-7
\end{array}
$$

所以

$$[x-y]_补 = 11001 \qquad (\text{mod } 2^5)$$

综上所述，补码加、减法的运算规则如下：

① 参加运算的操作数用补码表示，运算结果也用补码表示；

② 符号位作为数的一部分参加运算；

③ 若做加法，则两数直接相加；

④ 若做减法，则将减数求补后再与被减数相加。

（3）溢出的概念

在选定了运算字长和数的表示方法之后，计算机所能表示的数的范围是一定的。超出
这个范围就会发生溢出，造成运算错误。例如，字长为 n 位的带符号数，用补码表示，最高位
表示符号，其余 n−1 位用来表示数值，所能表示的数的范围是$-2^{n-1} \sim +2^{n-1}-1$。当运算
结果超出这个范围时就产生溢出。

例如，令 n＝8，最高位为符号位，剩下 7 位用来表示数值。这时，机器所能表示的数的
范围是$-2^7 \sim +2^7-1$（即$-128 \sim +127$），运算结果超出这个范围就发生溢出。7 位所能表
示的最大值为2^7-1（即 127），如运算结果的绝对值大于此值，溢出一个2^7，占据了符号位的
位置，从而使结果发生错误。如：

$$
\begin{array}{r}
01100110 \cdots\cdots +102 \\
+\ 01010101 \cdots\cdots +85 \\
\hline
10111011 \cdots\cdots -69
\end{array}
$$

参加了运算的两个数为正数,但和的符号位上出现了 1,机器把此结果理解为负数,这显然是错误的。原因就在于:102 与 85 的和数应为 187,超出了机器所能表示的范围 127,发生了溢出,产生了 −69 的错误结果。

任何运算都不允许发生溢出,因为有溢出时结果是错误的,除非专门利用溢出作为判断,而不使用所得结果。一旦发生溢出,就应转入溢出处理程序,检查溢出产生的原因,做出相应的处理。

（4）溢出的判断

根据以上溢出原因判断运算结果是否有溢出,显然是太麻烦了,判断溢出的方法有几种,下面介绍一种简单的符号法则。

设字长为 n 位,参加运算的两个数为 A 和 B,且 A 和 B 的绝对值均小于 2^{n-1}。显然,若 A、B 异号,则 A+B 的绝对值一定小于 2^{n-1},不会发生溢出;若 A、B 同号,A+B 的绝对值可能出现大于或等于 2^{n-1} 的情况,便发生了溢出。

令 A、B 的符号位分别为 a 和 b,A+B=C,C 的符号位为 c,则 A、B 同号,可能有两种情况:

① A>0,B>0 时,a=0,b=0,c 也应为 0。若发生溢出,溢出位占据了符号位,使 c=1。和数成了负数,运算结果出错。

② A<0,B<0 时,a=1,b=1,c 也应为 1,若发生溢出,溢出位使符号位变为 0,即 c=0。和数成了正数,运算结果出错。

综上所述,两数相加时,只有当参加运算的两数的符号位相同时,才有可能发生溢出现象,溢出时运算结果的符号与参加运算的符号相反。可以利用这个特点判断加法有无溢出,称为判断溢出的符号法则。下面以字长 8 位举例说明。

【例 1-17】　计算(+120)+(+105)=?

$$
\begin{array}{r}
01111000 \cdots\cdots +120 \\
+\ 01101001 \cdots\cdots +105 \\
\hline
11100001 \cdots\cdots -31
\end{array}
$$

被加数和加数的符号位为 0,而和数的符号位为 1,由符号法则知运算结果发生了溢出。

【例 1-18】　计算 −5−16=?

$$
\begin{array}{r}
11111011 \cdots\cdots -5 \\
+\ 11110000 \cdots\cdots -16 \\
\hline
\boxed{1}11101011 \cdots\cdots -21
\end{array}
$$

被加数和加数的符号位为 1,但和数的符号位仍为 1,由符号法则知运算结果没有溢出。由运算结果还可以看到,向 2^8 有进位,自动丢失。

由上面的例子可见,有溢出时不一定有进位,而有进位时不一定有溢出。溢出和进位是两个不同的概念。

因为 $[x]_补 - [y]_补 = [x]_补 + [-y]_补 = [x]_补 + [\overline{y}]_补 + 1$,所以,若为补码减法,可以将减法变为加法后,用上述判断加法溢出的符号法则来判断有无溢出。

3. 定点无符号数加、减法及进、借位

对于无符号数,各位都用来表示有效数值。例如,字长为 8 位,当两数相加,其和数 $\geqslant 2^8$

时,最高位向上产生进位。当两数相减,被减数小于减数时,不够减,最高位必须向上借一位才能得到结果。有进位或借位时结果是错误的,所以无符号数加、减法必须判断有无进位或借位。

【例 1-19】 计算 179+232=?

$$
\begin{array}{r}
10110011 \cdots\cdots 179 \\
+\ 11101000 \cdots\cdots 232 \\
\hline
\boxed{1}\,10011011 \cdots\cdots 155
\end{array}
$$

179 和 232 相加,结果向 2^8 产生了进位,这时运算结果 155 显然是错误的。

【例 1-20】 计算 83-136=?

$$
\begin{array}{r}
\boxed{1}\,01010011 \cdots\cdots\ \ 83 \\
-\ 10001000 \cdots\cdots 136 \\
\hline
11001011 \cdots\cdots 203
\end{array}
$$

83-136 不够减,所以最高位必须向上借位,结果 203 显然也是错误的。

无符号减法同样可以变为加法做,如:本例,$01010011 - 10001000 = 01010011 + (-10001000) = 01010011 + 01111000$

$$
\begin{array}{r}
01010011 \\
+\ 01111000 \\
\hline
11001011
\end{array}
$$

得到的结果与直接做减法的结果是一样的。

一个数是带符号数还是无符号数,是程序员安排的。计算机在对操作数进行处理时,不管采用的是哪种表示法,机器均产生唯一确定的结果。

1.2　微型计算机的组成及工作过程

1.2.1　基本组成

微型计算机简称微型机或微机。通常所说的微机都是指微机系统。

微机系统由硬件系统和软件系统两部分组成。

硬件系统是指构成微机系统的全部物理装置。

只有硬件系统的微机,称为裸机,不能做任何工作。硬件系统与软件系统相互配合才能实现计算机所能完成的任务。

软件系统是指为计算机编制的各种程序及相应的文档。软件通常存储在各种存储介质上,如磁盘、光盘等。

这里通过对微型计算机硬件的基本组成的介绍,使读者了解计算机的各主要部件的功能。

图 1-1 给出了微型计算机基本工作原理框图,由运算器、控制器、存储器、输入设备和输出设备五部分组成。

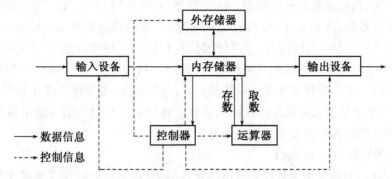

图 1-1 微型计算机基本工作原理框图(冯·诺依曼结构的基本组成)

图 1-2 给出的是微机硬件系统结构,它由中央处理器(CPU)、存储器(M)、输入输出接口(I/O 接口)和系统总线(BUS)构成。

微机硬件系统结构是指各部分构成系统时的连接方式。

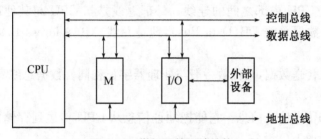

图 1-2 微机硬件系统结构

1. 中央处理器 CPU

CPU(Central Processing Unit)是计算机的核心部件,它由运算器和控制器组成,完成计算机的运算和控制功能。

运算器又称算术逻辑部件(ALU,Arithmetic Logic Unit),主要完成对数据的算术运算和逻辑运算。

控制器(Controller)是整个计算机的指挥中心,它负责从内部存储器中取出指令并对指令进行分析、判断,并根据指令发出控制信号,使计算机的有关部件及设备有条不紊地协调工作,保证计算机能自动、连续地运行。

CPU 中还包括若干寄存器(Register),它们的作用是存放运算过程中的各种数据、地址或其他信息。寄存器种类很多,主要有:

(1) 通用寄存器:向 ALU 提供运算数据,或保留运算中间或最终的结果。

(2) 累加器 A:这是一个使用相对频繁的特殊的通用寄存器,有重复累加数据的功能。

(3) 程序计数器 PC:存放将要执行的指令地址。

(4) 指令存储器 IR:存放根据 PC 的内容从存储器中取出的指令。

在微型计算机中,CPU 一般集成在一块被称为微处理器(MPU,Micro Processing Unit)的芯片上。

2. 存储器 M

存储器(Memory)是具有记忆功能的部件,用来存储数据和程序。存储器根据其位置不同可分为两类:内存储器和外存储器。内存储器(简称内存)和 CPU 直接相连,存放当前要运行的程序和数据,故也称主存储器(简称主存)。它的特点是存取速度快,基本上可与 CPU 处理速度相匹配,但价格较贵,能存储的信息量较小。外存储器(简称外存)又称辅助存储器,主要用于保存暂时不用但又需长期保留的程序和数据。存放在外存的程序必须调入内存才能进行。外存的存取速度相对较慢,但价格较便宜,可保存的信息量大。

CPU 和内存储器合起来称为计算机的主机。外存通过专门的输入输出接口与主机相连。外存与其他的输入输出设备统称为外部设备。

3. 输入/输出接口(I/O 接口)

输入/输出(I/O)接口由大规模集成电路组成的 I/O 器件构成,用来连接主机和相应的 I/O 设备(如:键盘、鼠标、显示器、打印机等),使得这些设备和主机之间传送的数据、信息在形式上和速度上都能匹配。不同的 I/O 设备必须配置与其相适应的 I/O 接口。

4. 总线

总线(BUS)是计算机各部件之间传送信息的公共通道。微机中有内部总线和外部总线两类。内部总线是 CPU 内部之间的连线。外部总线是指 CPU 与其他部件之间的连线。外部总线有三种:数据总线 DB(Data Bus),地址总线 AB(Address Bus)和控制总线 CB(Control Bus)。

数据总线用来传送数据,其位数一般与处理器字长相同。数据总线具有双向传送数据的功能。

地址总线用来传送地址信息。它能把地址信息从 CPU 传送到存储器或 I/O 接口,指出相应的存储单元或 I/O 设备。

地址总线的数目决定了 CPU 能直接寻址的最大存储空间。若地址总线由 16 根并行线组成,则 CPU 的寻址空间为 2^{16} = 65 K,存储地址编址范围为 0000H～0FFFFH。地址总线具有单向传送地址的功能。

控制总线用来传输控制信号。这些控制信号控制计算机按一定的时序,有规律自动工作。

1.2.2　基本工作过程

根据冯·诺依曼原理构成的现代计算机的工作原理可概括为:存储程序和程序控制。存储程序是指人们必须事先把计算机的执行步骤序列(即程序)及运行中所需的数据,通过一定的方式输入并存储在计算机的存储器中。程序控制是指计算机能自动地逐一取出程序中的一条条指令,加以分析并执行规定的操作。

为了进一步了解计算机如何运行,下面以虚拟机为例,来看 Z＝X＋Y 的执行过程。

假定我们有一个虚拟机 SAM,主存储器的容量为 4K×16,CPU 中有一个可被程序员使用的 16 位累加器 A。

SAM 指令格式为

操作码	地址码

SAM 中有如下指令:

指令名称	机器语言格式	汇编语言格式	功　　能
加法	0001α	ADDα	A←(A)＋(α)
取数	1000α	LOADα	A←(α)
存数	1001α	STOREα	α←(A)

其中,α是某个存储单元的地址,(α)是表示该地址中存放的内容。加法运算是二元运算,对于单地址指令的 SAM 机器来说,隐含约定其中一个操作数在累加器中,加法运算结果也存放在累加器中。

假设 X 和 Y 均已存放在存储单元中。注意,X 是个变量名,可以是某个存储单元的地址,该单元中存放的是 X 的值。计算 Z＝X＋Y 可以用 SAM 的指令表示为以下步骤:

① 从地址为 X 的单元中取出 X 的值送到累加器中;

② 把累加器中的 X 与地址为 Y 的单元的内容相加,结果存放在累加器中;

③ 把累加器中的内容送到地址为 Z 的单元中。

相应的 SAM 指令是:

```
LOAD  X
ADD   Y
STORE Z
```

这三条指令组成的程序若事先已输入计算机,并存放在 020H、021H、022H 三个存储单元中,同时,X、Y、Z 存放在 A00H、A01H、A02H 单元中,如表 1-4 所示。

表 1-4　计算 Z＝X＋Y 的程序

主存地址	机器指令	汇编指令	说　　明
020H	8F00H	LOAD X	取 X
021H	1F01H	ADD Y	加 Y
022H	4F02H	STORE Z	送 Z
…			
A00H			存放 X
A01H			存放 Y
A02H			存放 Z

程序执行前,程序计数器 PC(Program Counter)首先指向程序的起始地址(如 020H),当第一条指令被 CPU 取走后,PC 会自动加 1,指向下一条指令,从而保证程序的连续执行。指令被取出后送入指令寄存器 IR(Instruction Register),由控制器中的译码器对指令进行分析,识别不同的指令类别及各种获得操作数的方法。以加法指令 ADD Y 为例,译码器分析后得到如下结果:

① 这是一个加法指令;

② 一个操作数存放在 Y(地址为 A01H)中,另一操作数隐含在累加器 A 中。

接着,操作进入指令执行阶段。仍以 ADD Y 为例,将 Y 与 A 中内容送入 ALU,进行加法运算,结果送入 A。

可见,计算机的基本工作过程,就是取指令,分析指令,执行指令,再取下一条指令,依次周而复始执行指令序列的过程。

习题 1

1-1　将下列二进制数转换成十进制数、十六进制数。

(1) 10110101B　　　　　(2) 0.101B　　　　　(3) 1101.101B

1-2　将下列各进制数转换成十进制数。

(1) 101100.1011B　　　　(2) 37.64Q　　　　　(3) 3A1.4CH

1-3　将下列十进制数转换成二、八、十六进制数。

(1) 100　　　　　　(2) 0.75　　　　　(3) 25.675

1-4　已知 X=1000110B,Y=11001B,用算术运算规则求:

(1) X+Y　　　　(2) X−Y　　　　(3) X×Y　　　　(4) X÷Y

1-5　已知 X=01111010B,Y=10101010B,用逻辑运算规则求:

(1) X∧Y　　　　(2) X∨Y　　　　(3) X⊕Y　　　　(4) $\overline{X}$

1-6　设机器字长为 8 位,求下列数值的二、十六进制原码、反码和补码:

(1) +0　(2) −0　(3) +33　(4) −33　(5) +127　(6) −127

1-7　将 13/16 的结果用二进制表示。(分子、分母先转换为二进制再做除法,比 13 除以 16 后化为二进制方便得多)

1-8　用"与"运算屏蔽掉二进制数 10110101 的高 4 位;用"或"运算使 10110101 低 4 位变为 1;用"异或"运算使 10110101 变为 0。

1-9　写出+119 和−45 的原码、反码及补码(用 8 位二进制表示)。

1-10　若字长为 8 位,计算补码加法 11101110+10101010=? 有否进位? 有否溢出? 结果是否正确?

1-11　将下列 8421BCD 码分别转换成二、十、十六进制数。

(1) 10000111000　　　　　　　　(2) 1001.0111

1-12　写出 25.25 的 BCD 码。查出字符 'A'、'9'、回车的 ASCII 码。

1-13　微型计算机有几个组成部分? 每个部分的主要功能是什么?

1-14　存储器单元内容和存储器单元地址有何不同?

1-15　简述计算机的基本工作过程。

第2章 MCS-51单片机的结构和原理

2.1 概述

单片微型计算机(Single Chip Microcomputer)简称单片机,是指在一块芯片上集成了中央处理器CPU、随机存储器RAM、程序存储器ROM或EPROM、定时器/计数器、中断控制器以及串行和并行I/O接口等部件,构成一个完整的微型计算机。目前,新型单片机内还有A/D及D/A转换器、高速输入/输出部件、DMA通道、浮点运算等特殊功能部件。由于它的结构和指令功能都是按工业控制要求设计的,特别适用于工业控制及其数据处理场合,因此,确切的称谓应是微控制器(Microcontroller),单片机只是其习惯称呼。

2.1.1 单片机及其发展概况

自1971年美国Intel公司首先推出4位微处理器以来,它的发展到目前为止大致可分为5个阶段:

(1) 第1阶段(1971—1976):单片机发展的初级阶段

1971年11月Intel公司首先设计出集成度为2000只晶体管(片)的4位微处理器Intel 4004,并配有RAM、ROM和移位寄存器,构成了第一台MCS-4微处理器,而后又推出了8位微处理器Intel 8008,以及其他各公司相继推出的8位微处理器。

(2) 第2阶段(1976—1980):低性能单片机阶段

以1976年Intel公司推出的MCS-48系列为代表,采用将8位CPU、8位并行I/O接口、8位定时/计数器、RAM和ROM等集成于一块半导体芯片上的单片结构,虽然其寻址范围有限(不大于4 KB),也没有串行I/O,RAM、ROM容量小,中断系统也较简单,但功能可满足一般工业控制和智能化仪器、仪表等的需要。

(3) 第3阶段(1980—1983):高性能单片机阶段

这一阶段推出的高性能8位单片机普遍带有串行口,有多级中断处理系统,多个16位定时器/计数器。片内RAM、ROM的容量加大,且寻址范围可达64 KB,个别片内还带有A/D转换接口。1980年Intel公司推出了MCS-51系列高性能8位单片机,该单片机的软、硬件功能较以前的产品有了显著提高,形成了完善的通用总线型单片机体系结构,是单片机的经典机型。

(4) 第4阶段(1983—1989):16位单片机阶段

1983年Intel公司又推出了高性能的16位单片机MCS-96系列,由于其采用了最新的制造工艺,使芯片集成度高达12万只晶体管(片)。

(5) 第5阶段(90年代):单片机高速发展阶段

单片机在集成度、功能、速度、可靠性、应用领域等全方位向更高水平发展。

2.1.2 单片机技术特点及发展趋势

1. 单片机的特点

（1）小巧灵活、成本低、易于产品化。能组装成各种智能式测控设备及智能仪器仪表。

（2）可靠性好，应用范围广。单片机芯片本身是按工业测控环境要求设计的，抗干扰性强，能适应各种恶劣的环境，这是其他机种无法比拟的。

（3）易扩展，很容易构成各种规模的应用系统，控制功能强。单片机的逻辑控制功能很强，指令系统有各种控制功能指令，可以对逻辑功能比较复杂的系统进行控制。

（4）具有通信功能，可以很方便地实现多机和分布式控制，形成控制网络和远程控制。

2. 单片机的发展趋势

随着半导体集成技术和微电子技术的发展，单片机也向高性能和多品种方向发展，如CMOS 化，高性能化，大容量化和低功率损耗化。

2.1.3 单片机的应用

由于单片机具有体积小、重量轻、价格便宜、功耗低、控制功能强、运算速度快等特点，单片机在国民经济建设、军事及家用电器等各个领域均得到了广泛的应用。按照单片机的特点，其应用可分为单机应用与多机应用。

1. 单机应用

在一个应用系统中，只使用一片单片机称为单机应用，这是目前应用最多的一种方式。应用的主要领域：

（1）在工业控制中的应用

工业自动化控制是最早采用单片机控制的领域之一，在测控系统、过程控制、机电一体化设备中主要利用单片机实现逻辑控制、数据采集、运算处理、数据通信等用途。单独使用单片机可以实现一些小规模的控制功能，作为底层检测、控制单元与上位计算机结合可以组成大规模工业自动化控制系统。特别在机电一体化技术中，单片机的结构特点使其更容易发挥其集机械、微电子和计算机技术于一体的优势。

（2）在智能仪器中的应用

内部含有单片机的仪器系统称为智能仪器，也称为微机化仪器。这类仪器大多采用单片机进行信息处理、控制及通信，与非智能化仪器相比，功能得到了强化，增加了诸如数据存储、故障诊断、联网集控等功能。以单片机作为核心组成智能仪器表已经是自动化仪表发展的一种趋势。

（3）在家用电器中的应用

单片机功能完善、体积小、价格低、易于嵌入，非常适合于对家用电器的控制。嵌入单片机的家用电器实现了智能化，是传统型家用电器的更新换代，现已广泛应用于洗衣机、空调、电视机、视盘机、微波炉、电冰箱、电饭煲以及各种视听设备等。

（4）在信息和通信产品中的应用

信息和通信产品的自动化和智能化程度很高，其中许多功能的完成都离不开单片机的参与。这里最具代表性和应用最广的产品就是移动通信设备，例如手机内的控制芯片就是属于专用型单片机。另外在计算机外部设备中，如键盘、打印机中也离不开单片机。新型单片机普遍具备通信接口,可以方便地和计算机进行数据通信,为计算机和网络设备之间提供连接服务创造了条件。

(5) 在办公自动化设备中的应用

现在办公自动化设备中大多数嵌入了单片机控制核心。如打印机、复印机、传真机、绘图机、考勤机及电话等。通过单片机控制不但可以完成设备的基本功能,还可以实现与计算机之间的数据通信。

(6) 在商业营销设备中的应用

在商业营销系统中单片机已广泛应用于电子秤、收款机、条形码阅读器、IC 卡刷卡机、出租车计价器以及仓储安全监测系统、商场保安系统、空气调节系统、冷冻保险系统等。

(7) 在医用设备领域中的应用

单片机在医疗设施及医用设备中的用途亦相当广泛,例如在医用呼吸机、各种分析仪、医疗监护仪、超声诊断设备及病床呼叫系统中都得到了实际应用。

(8) 在汽车电子产品中的应用

现代汽车的集中显示系统、动力监测控制系统、自动驾驶系统、通信系统和运行监视器等装置中都离不开单片机。特别是采用现场总线的汽车控制系统中,以单片机担当核心的节点通过协调、高效的数据传送不仅完成了复杂的控制功能,而且简化了系统结构。

2. 多机应用

单片机的多机应用系统可分为功能集散系统、并行多机处理及局部网络系统。

(1) 功能集散系统。多功能集散系统是为了满足工程系统多种外围功能的要求而设置的多机系统。

(2) 并行多机控制系统。并行多机控制系统主要解决工程应用系统的快速性问题,以便构成大型实时工程应用系统。

(3) 局部网络系统。

2.2　MCS - 51 单片机硬件结构

2.2.1　MCS - 51 单片机系列

MCS - 51 系列单片机品种很多,可分为两大系列:MCS - 51 子系列和 MCS - 52 子系列,如表 2 - 1 所示。各子系列按片内有无 ROM 和 EPROM 标以不同的型号。如 MCS - 51 系列有 8031、8051 和 8751。另外,芯片的制造工艺也有 HMOS 与 CHMOS 之分。采用低功耗的 CHMOS 工艺的 MCS - 51 系列芯片命名为 80C31、80C51 和 87C51 等。一般采用 40 引脚的双列直插塑料封装。

表 2-1　MCS-51 系列单片机常用产品特性指标

系列	型号	片内 RAM 容量/B	片内 ROM 形式及容量/KB		定时/计数器	中断源	并行口	串行口	工作频率/MHz
			ROM	EPROM					
51 子系列	8031	128	0	0	2×16	5	4×8	UART	2~12
	8051	128	4	0	2×16	5	4×8	UART	2~12
	8751	128	0	4	2×16	5	4×8	UART	2~12
52 子系列	8032	256			3×16	6	4×8	UART	2~12
	8052	256	8	0	3×16	6	4×8	UART	2~12
	8752	256	0	8	3×16	6	4×8	UART	2~12

1. 按片内程序存储器配置分类

① 片内无 ROM:80(C)3X　　　8031　　　0 KB

② 片内有 ROM:80(C)5X　　　8051　　　4 KB(0000H~0FFFH)

③ 片内有 EPROM:87(C)5X　　8751　　　4 KB

④ 片内有 FLASH E²PROM:89C5X　AT89C　　514 KB

2. 按制造工艺分类

HMOS:高密度短沟道 MOS 工艺,与 TTL 电平兼容。

CHMOS:互补金属氧化物的 HMOS 工艺,与 TTL 电平、CMOS 电平兼容。

CHMOS 是 CMOS 和 HMOS 的结合,既具有 CMOS 低功耗的特点,又保持了 HMOS 的高速度和高密度的特点。像产品型号中带有"C"的即为 CHMOS 芯片,没有"C"的即为 HMOS 芯片。

3. 按功能分类

(1) 基本型(8031)

① 8 位 CPU;

② 128B 的数据存储器;

③ 32 根输入/输出线;

④ 64 KB 的片外程序存储器寻址能力;

⑤ 64 KB 的片外数据存储器寻址能力;

⑥ 1 个全双工的异步串行口;

⑦ 2 个 16 位定时器/计数器;

⑧ 5 个中断源,2 个优先级;

⑨ 4 KB 的程序存储器(8051、8751)。

(2) 增强型

此类单片机在基本型的基础上,内部 ROM、RAM 容量增大一倍,同时定时器增为 3 个(8032、8052、8752)。

① 256 B 的数据存储器;

② 8 KB 的程序存储器(8052、8752);

③ 3 个 16 位定时器/计数器;

④ 6 个中断源,2 个优先级。

(3) 多并行口型

如 83C451、80C451。此类单片机在 80C51 基础上,新增了与 P1 口相同的 8 位准双向口 P4、P5 和一个特殊的内部具有上拉电阻的 8 位双向口 P6(既可作为标准的双向输入输出口,又可进行选通方式操作)。

(4) A/D 型

如 83C51GA、80C51GA、87C51GA 等。带有 8 路 8 位 A/D 转换。

表 2-2 为常用 C51 单片机片内资源配置。

表 2-2　各种增强型 51 系列芯片

型号(AT)	片内存储器		I/O 口线	定时器/计数器	模拟比较器	中断源	串行口
	程序存储器	数据存储器					
89C1051	1K	64	15	1	1	3	无
89C2051	2K	128	15	2	1	5	UART
89C4051	4K	128	15	2	1	5	UART
89C51	4K	128	32	2	无	5	UART
89C52	8K	256	32	3	无	6	UART
89C55	20K	256	32	3	无	6	UART

2.2.2　MCS-51 单片机的内部结构

MCS-51 系列单片机是在一块芯片中集成了 CPU、RAM、ROM、定时器/计数器和多功能 I/O 口等一台计算机所需要的基本功能部件。其基本结构框图如图 2-1 所示,包括:

① 一个 8 位 CPU;

② 4 KB ROM 或 EPROM(8031 无 ROM);

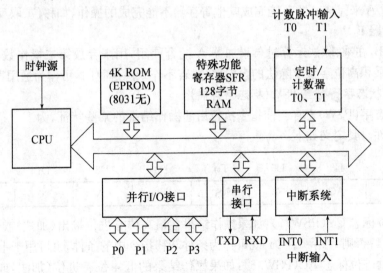

图 2-1　MCS-51 单片机结构框图

③ 128 字节 RAM 数据存储器；

④ 21 个特殊功能寄存器 SFR；

⑤ 4 个 8 位并行 I/O 口，其中 P0、P2 为地址/数据线，可寻址 64 KB ROM 和 64 KB RAM；

⑥ 一个可编程全双工串行口；

⑦ 具有 5 个中断源，两个优先级，嵌套中断结构；

⑧ 两个 16 位定时器/计数器；

⑨ 一个片内振荡器及时钟电路。

2.3　中央处理器 CPU

MCS-51 单片机内含有一个功能很强的 CPU，它由运算器和控制器构成。

2.3.1　运算器

运算器包括算术逻辑运算单元 ALU、累加器 ACC、寄存器 B、暂存器 TMP、程序状态字寄存器 PSW、十进制调整电路等。它能实现数据和算术逻辑运算、位变量处理和数据传送操作。

1. 算术逻辑单元 ALU

ALU 在控制器根据指令发出的内部信号控制下，对 8 位二进制数据进行加、减、乘、除运算和逻辑与、或、非、异或、清零等运算。它具有很强的判跳、转移、丰富的数据传送、提供存放中间结果以及常用数据寄存器等功能。MCS-51 中位处理器具有位处理功能，如置位、清零、取反、测试转移及逻辑与、或等位操作，特别适用于实时逻辑控制，故位处理器有布尔处理器之称。

2. 累加器 ACC

累加器 ACC 简称累加器 A，为一个 8 位寄存器，是 CPU 中使用最频繁的寄存器，在算术与逻辑运算中，A 存放一个操作数或运算结果。在与外部存储器或 I/O 口进行数据传送时，都要经过 A 来完成。A 还能完成其他寄存器不能完成的操作，如移位、取反等操作。

3. 寄存器 B

寄存器 B，在乘、除法运算时与累加器 A 配合使用，用来存放第二操作数，运算结束后存放乘法的乘积高位字节或除法的余数部分；若不作乘除运算时，可作为通用寄存器使用。

4. 程序状态字寄存器 PSW(标志寄存器)

程序状态字(PSW)寄存当前指令执行后的操作结果的某些特征，为下一条指令的执行提供状态条件。其定义如下：

D7	D6	D5	D4	D3	D2	D1	D0
CY	AC	F0	RS1	RS0	OV	×	P

（1）进位标志 CY(PSW.7)：如果操作结果在最高位有进位输出（加法）或借位输入（减法）时，CY=1；否则 CY=0。CY 既可作为条件转移指令中的条件，也可用于十进制调整。

（2）辅助进位标志 AC(PSW.6)：如果操作结果的低 4 位有进位（加法）或借位（减法）时，AC=1；否则 AC=0。在 BCD 码运算的十进制调整中要用到 AC。

（3）用户标志位 F0(PSW.5)：用户可用软件对 F0 赋予一定的含义，决定程序的执行方式。

（4）RS1(PSW.4)、RS0(PSW.3)：工作寄存器组选择位。指示当前使用的工作寄存器组，其定义见表 2-3。

表 2-3　RS1、RS0 与片内工作寄存器组的对应关系

RS1	RS0	寄存器组	片内 PAM 地址	通用寄存器名称
0	0	0 组	00H～07H	R0～R7
0	1	1 组	08H～0FH	R0～R7
1	0	2 组	10H～17H	R0～R7
0	1	3 组	18H～1FH	R0～R7

（5）溢出标志 OV(PSW.2)：主要用在有符号数运算时，运算结果超出了范围时，OV＝1，否则，OV＝0。如 8 位运算，若结果超过了 8 位补码所能表示的范围－128～＋127，OV＝1。

（6）PSW.1：未定义位。

（7）奇偶标志 P(PSW.0)：如果 ACC 中 1 的个数为奇数，则 P＝1；否则 P＝0。P 也可作为条件转移指令中的条件。

2.3.2　控制器

控制器包括定时控制逻辑(时钟电路、复位电路)，指令寄存器 IR，指令译码器 ID，程序计数器 PC，堆栈指针 SP，数据指针 DPTR 以及信息传送控制部件等。它是单片机的"心脏"，由它定时产生一系列的微操作，用以控制单片机各部的运行。

1. 程序计数器 PC(16 位的计数器)

PC 用于存放 CPU 下一条要执行的指令地址，是一个 16 位的专用寄存器，可寻址范围是 0000H～FFFFH，共 64 KB。程序中的每条指令存放在 ROM 区的某一单元，并都有自己的存放地址。CPU 要执行哪条指令时，就把该条指令所在的单元的地址送上地址总线。在顺序执行程序中，当 PC 的内容被送到地址总线后，会自动加 1，即(PC)←(PC)＋1，又指向 CPU 下一条要执行的指令地址。

2. 指令寄存器 IR 和指令译码器 ID

指令寄存器中存放指令代码。CPU 执行指令时，由程序存储器中读取的指令代码送入指令寄存器，经指令译码器译码后由定时与控制电路发出相应的控制信号，完成指令所指定的操作。

3. 堆栈指示器 SP(堆栈指针)

堆栈操作是在内存 RAM 区专门开辟出来的按照"先进后出"原则进行数据存取的一种工作方式，主要用于子程序调用及返回和中断处理断点的保护及返回，它在完成子程序嵌套和多重中断处理中是必不可少的。为保证逐级正确返回，进入栈区的"断点"数据应遵循"先进后出"的原则。SP 用来指示堆栈所处的位置，在进行操作之前，先用指令给 SP 赋值，以规定栈区在 RAM 区的起始地址(栈底层)。当数据推入栈区后，SP 的值也自动随之变化。

MCS - 51 系统复位后,SP 初始化为 07H。

4. 数据指针 DPTR(16 位寄存器)

数据指针 DPTR 是一个 16 位的专用寄存器,存放 16 位的地址,作为访问 ROM 和外部 RAM 和 I/O 端口的地址指针。其高位字节寄存器用 DPH 表示,低位字节寄存器用 DPL 表示。既可作为一个 16 位寄存器 DPTR 来处理,也可作为两个独立的 8 位寄存器 DPH 和 DPL 来处理。

DPTR 主要用来存放 16 位地址,当对 64 KB 外部数据存储器空间寻址时,作为间址寄存器用。在访问程序存储器时,用作基址寄存器。

2.4　MCS - 51 单片机的存储器组织

单片机的存储器有程序存储器 ROM 和数据存储器 RAM 之分。ROM 用来存放指令的机器码(目标程序)、表格、常数等;RAM 则用来存放运算的中间结果、采集的数据和经常需要更换的代码等。MCS - 51 单片机的 ROM、RAM 都有片内和片外之分;从寻址空间来看有:程序存储器、内部数据存储器、外部数据存储器三大部分;从功能上来看有:程序存储器、内部数据存储器、特殊功能寄存器(SFR)、位地址空间和外部数据存储器等 5 个部分。MCS - 51 单片机的存储器结构如图 2 - 2 所示。

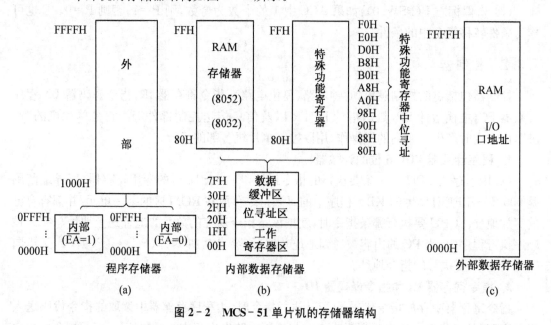

图 2 - 2　MCS - 51 单片机的存储器结构

2.4.1　程序存储器

对于 8051 来说,程序存储器(ROM)的内部地址为 0000H~0FFFH,共 4 KB;外部地址为 1000H~FFFFH,共 60 KB,如图 2 - 2(a)所示。当程序计数器由内部 0FFFH 执行到外部 1000H 时,会自动跳转。对于 8751 来说,内部有 4 KB 的 EPROM,将它作为内部程序存储器;8031 内部无程序存储器,必须外接程序存储器。

8031 最多可外扩 64 KB 程序存储器,其中 6 个单元地址具有特殊用途,是保留给系统使用的。0000H 是系统的启动地址,一般在该单元中存放一条绝对跳转指令。0003H、000BH、0013H、001BH 和 0023H 对应 5 种中断源的中断服务程序入口地址。

2.4.2　内部数据存储器

MCS-51 单片机片内 RAM 的配置如图 2-2(b)所示。片内 RAM 为 256 字节,地址范围为 00H~FFH,分为两大部分:低 128 字节(00H~7FH)为真正的 RAM 区;高 128 字节(80H~FFH)为特殊功能寄存器区 SFR。

在低 128 字节 RAM 中,00H~1FH 共 32 单元是 4 个通用工作寄存器区。每一个区有 8 个通用寄存器 R0~R7。寄存器和 RAM 地址对应关系如表 2-4。

表 2-4　寄存器与 RAM 地址对照表

寄存器	地　　址			
	0 区	1 区	2 区	3 区
R0	0H	08H	10H	18H
R1	01H	09H	11H	19H
R2	02H	0AH	12H	1AH
R3	03H	0BH	13H	1BH
R4	04H	0CH	14H	1CH
R5	05H	0DH	15H	1DH
R6	06H	0EH	16H	1EH
R7	07H	0FH	17H	1FH

片内 RAM 的 20H~2FH 为位寻址区(见表 2-5),这 16 个单元的每一位都有一个位地址,位地址的范围为 00H~7FH。位寻址区的每一位都可视作软件触发器,由程序直接进行位处理。

表 2-5　RAM 中的位寻址区地址表

字节地址	位地址							
	D7	D6	D5	D4	D3	D2	D1	D0
2FH	7FH	7EH	7DH	7CH	7BH	7AH	79H	78H
2EH	77H	76H	75H	74H	73H	72H	71H	70H
2DH	6FH	6EH	6DH	6CH	6BH	6AH	69H	68H
2CH	67H	66H	65H	64H	63H	62H	61H	60H
2BH	5FH	5EH	5DH	5CH	5BH	5AH	59H	58H
2AH	57H	56H	55H	54H	53H	52H	51H	50H
29H	4FH	4EH	4DH	4CH	4BH	3AH	49H	48H
28H	47H	46H	45H	44H	43H	42H	41H	40H
27H	3FH	3EH	3DH	3CH	3BH	3AH	39H	38H

（续表）

字节地址	位地址							
	D7	D6	D5	D4	D3	D2	D1	D0
26H	37H	36H	35H	34H	33H	32H	31H	30H
25H	2FH	2EH	2DH	2CH	2BH	2AH	29H	28H
24H	27H	26H	25H	24H	23H	22H	21H	20H
23H	1FH	1EH	1DH	1CH	1BH	1AH	19H	18H
22H	17H	16H	15H	14H	13H	12H	11H	10H
21H	0FH	0EH	0DH	0CH	0BH	0AH	09H	08H
20H	07H	06H	05H	04H	03H	02H	01H	00H

通用 RAM 区（数据缓冲器区）的地址范围为 30H～7FH，共 80 个字节为数据缓冲器区，用于存放用户数据，只能按字节存取。通常这些单元可用于中间数据的保存，也用作堆栈的数据单元。前面所说的工作寄存器区、位寻址区的字节单元也可用作一般的数据缓冲器。

特殊功能寄存器的 SFR 地址范围为 80H～FFH。MCS-51 系列有 18 个 SFR，占 21 个字节；MCS-52 系列有 26 个 SFR，占 26 个字节，详见表 2-6。其中，字节地址能被 8 整除（即 16 进制地址码尾数为 0 或 8）的单元具有位寻址的能力。

表 2-6　特殊功能寄存器地址表

SFR	位地址/位符号								字节地址
	D_7	D_6	D_5	D_4	D_3	D_2	D_1	D_0	
B	F7	F6	F5	F4	F3	F2	F1	F0	F0H
A	E7	E6	E5	E4	E3	E2	E1	E0	E0H
PSW	D7	D6	D5	D4	D3	D2	D1	D0	D0H
	CY	AC	F0	RS1	RS0	OV		P	
IP	BF	BE	BD	BC	BB	BA	B9	B8	B8H
	/	/	PT2	PS	PT1	PX1	PT0	PX0	
P3	B7	B6	B5	B4	B3	B2	B1	B0	B0H
	P3.7	P3.6	P3.5	P3.4	P3.3	P3.2	P3.1	P3.0	
IE	AF	AE	AD	AC	AB	AA	A9	A8	A8H
	EA	/	ET2	ES	ET1	EX1	ET0	EX0	
P2	A7	A6	A5	A4	A3	A2	A1	A0	A0H
	P2.7	P2.6	P2.5	P2.4	P2.3	P2.2	P2.1	P2.0	
SBUF									99H

SFR	位地址/位符号								字节地址
	D_7	D_6	D_5	D_4	D_3	D_2	D_1	D_0	
SCON	9F	9E	9D	9C	9B	9A	99	98	98H
	SM0	SM1	SM2	REN	TB8	RB8	TI	RI	
P1	97	96	95	94	93	92	91	90	90H
	P1.7	P1.6	P1.5	P1.4	P1.3	P1.2	P1.1	P1.0	
TH1									8DH
TH0									8CH
TL1									8BH
TL0									8AH
TMOD	GATE	C/$\overline{\text{T}}$	M1	M0	GATE	C/$\overline{\text{T}}$	M1	M0	89H
TCON	8F	8E	8D	8C	8B	8A	89	88	88H
	TF1	TR1	TF0	TR0	IE1	IT1	IE0	IT0	
PCON	SMOD	/	/	/	GF1	GF0	PD	IDL	87H
DPH									83H
DPL									82H
SP									81H
P0	87	86	85	84	83	82	81	80	80H
	P0.7	P0.6	P0.5	P0.4	P0.3	P0.2	P0.1	P0.0	

2.4.3 外部数据存储器

外部数据存储器一般由静态 RAM 构成,其容量大小由用户根据需要而定。通过 P0、P2 口作地址线,8051 单片机最大可扩展片外 64 KB 空间的数据存储器,地址范围为 0000H~FFFFH,它与程序存储器的地址空间是重合的,但两者的寻址指令和控制线不同。CPU 通过 MOVX 指令访问片外数据存储器,用间接寻址方式,R0、R1 和 DPTR 都可作间接寄存器。注意,外部 RAM 和扩展的 I/O 口是统一编址的,所有的外扩 I/O 口都要占用 64 KB 中的地址单元。

2.5 MCS-51 的并行输入/输出接口

MCS-51 单片机有 4 个 8 位双向 I/O 接口 P0~P3,共 32 根输入/输出线,每一条 I/O 口线都能独立使用。每个端口包含一个 8 位数据锁存器和一个输入缓冲器。输出时,数据可以锁存;输入时,数据可以缓冲。作为一般 I/O 使用时,在指令控制下,可以有三种基本操作方式:输入、输出和读—修改—写。

1. P0 口

P0~P3 的内部结构大同小异,基本上由数据锁存器、输入缓冲器和输出驱动电路等组成,其中 P0 口最有代表性。下面以 P0 口的一位结构来说明它的工作原理。

图 2-3 是 P0 口位结构图。它由一个输出数据锁存器、两个三态输入缓冲器、输出驱动电路和输出控制电路组成,使用功能有两种。

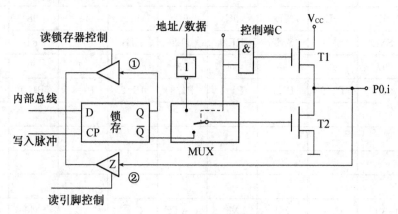

图 2-3　P0 口的位结构

(1) 通用接口功能

当 CPU 使控制端 C=0 时,转换开关 MUX 下合,使输出驱动器 T2 与锁存器 $\overline{Q}$ 端接通,这时 P0 作为一般 I/O 口使用。C=0 使与门输出为 0,使 T1 截止,因此使输出驱动级工作在漏极开路的工作方式。

P0 作为输出口时,锁存器 CP 端加一写入脉冲,与内部总线相连的 D 端数据取反后出现在 $\overline{Q}$ 端,又经 T2 反相,在 P0 引脚上出现的数据正好是内部总线上的数据。

P0 口用做输入时,三态缓冲门 Z 打开,端口引脚上的数据读到内部总线。在端口进行读入引脚状态前,先向端口锁存器写入一个"1",使 $\overline{Q}$=0,此时 T1 和 T2 完全截止,端口引脚处于高阻状态。可见,P0 作通用接口时是一准双向口。

(2) 地址/数据分时复用功能

MCS-51 单片机没有专门的地址、数据线,这个功能由 P0、P2 口承担。当 P0 口作为地址/数据分时复用总线时,有两种情况:一种是从 P0 口输出地址或数据;另一种是从 P0 口输入数据。

在访问片外存储器时,控制器 C=1,转换开关 MUX 上合,接通反向器输出端(锁存器 $\overline{Q}$ 端断开)。这时地址/数据信号经反向器和与门,作用于 T1、T2 场效应管,使输出引脚和地址/数据信号相同。

当从 P0 口输入数据时,执行一条取指操作或输入数据的指令,读引脚脉冲打开三态缓冲门 Z 使引脚上的数据送至内部总线。

2. P1、P2 和 P3 口

P1、P2 和 P3 口为准双向口,在内部差别不大,但使用功能有所不同。

P1 口是用户专用 8 位准双向 I/O 口,具有通用输入/输出功能,每一位都能独立地设定为输入或输出。当由输出方式变为输入方式时,该位的锁存器必须写入"1",然后才能进入输入操作。

P2 口是 8 位准双向 I/O 口。外接 I/O 设备时,可作为扩展系统的地址总线,输出高 8

位地址,与 P0 口一起组成 16 位地址总线。对于 8031 而言,P2 口一般只作为地址总线使用,而不作为 I/O 线直接与外部设备相连。

P3 口为双功能口。当 P3 作为通用 I/O 口使用时,是准双向口,作为第二功能使用时,每一位功能定义如表 2 - 7 所示。

表 2 - 7　P3 口的第二功能

P3 口引脚线号	第二功能标记	第二功能注释
P3.0	RXD	串行口数据接收输入端
P3.1	TXD	串行口数据发送输出端
P3.2	$\overline{INT0}$	外部中断 0 请求输入端
P3.3	$\overline{INT1}$	外部中断 1 请求输入端
P3.4	T0	定时/计数器 0 外部输入端
P3.5	T1	定时/计数器 1 外部输入端
P3.6	$\overline{WR}$	片外数据存储器写选通端
P3.7	$\overline{RD}$	片外数据存储器读选通端

P0 的输出级具有驱动 8 个 LSTTL 负载的能力,即输出电流不小于 800 μA;P1、P2、P3 口的输出缓冲器可驱动 4 个 LSTTL 门电路,并且不需要外加上拉电阻就能驱动 CMOS 电路。

2.6　MCS - 51 单片机的引脚及其功能

MCS - 51 系列单片机中 HMOS 工艺制造的芯片采用双列直插(DIP)方式封装,有 40 个引脚,其引脚及功能分类如图 2 - 4 所示。CMOS 工艺制造的低功耗芯片也有采用方形封装的,但为 44 个引脚,其中 4 个引脚是不用的。

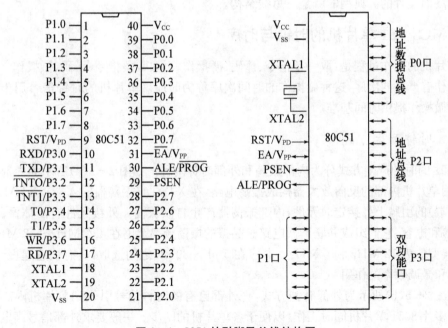

图 2 - 4　8051 的引脚及总线结构图

MCS－51 单片机 40 条引脚说明如下：

（1）电源引脚

V_{cc} 正常运行和编程校验（8051/8751）时为 5 V 电源，V_{ss} 为接地端。

（2）I/O 引脚

P0.0～P0.7（P0 口），P1.0～P1.7（P1 口），P2.0～P2.7（P2 口），P3.0～P3.7（P3 口）为输入输出引线，参见 2.5 节介绍。

（3）时钟（晶体振荡器接入或外部振荡信号输入）引脚

① XTAL1：晶体振荡器接入的一个引脚。采用外部振荡器时，此引脚接地。

② XTAL2：晶体振荡器接入的另一个引脚。采用外部振荡器时，此引脚作为外部振荡信号的输入端。

（4）控制总线

① ALE/$\overline{PROG}$：地址锁存允许信号输出/编程脉冲输入引脚（在对片内 ROM 编程写入时，作为编程脉冲输入端）。当 CPU 访问外部存储器时，ALE 用来锁存 P0 输出的地址信号的低 8 位。它的频率为 $f_{osc}/6$ 的脉冲序列。在对 8751 编程时，此引脚输入编程脉冲信号。

② $\overline{PSEN}$：外部程序存储器读选通信号输出引脚。

③ $\overline{EA}$/V_{PP}：内部与外部程序存储器选择端/片内 EPROM 编程电压输入端。当 $\overline{EA}$=1 时，CPU 从片内 ROM 读取指令；$\overline{EA}$=0 时，CPU 从片外 ROM 读取指令。此外，当对 8751 内部 EPROM 编程时，21V 编程电源由此端输入。

④ RST/V_{PD}：复位信号输入端/备用电源输入端。当该引脚上出现 2 个机器周期以上的高电平时，可实现复位操作。当 V_{cc} 电源降低到低电平时，RST/V_{PD} 线上的备用电源自动投入，以保证片内 RAM 中的信息不丢失。

MCS－51 单片机的片外总线配置：

8051 的 40 个引脚，除电源、地、复位、晶振引脚和 P1 通用 I/O 口外，其他的引脚都是为系统扩展而设置的。典型的就是三总线结构。

2.7　MCS－51 单片机的时钟与时序

单片机的工作过程是：取一条指令、译码、微操作，再取一条指令、译码、微操作。各指令的微操作有严格的次序，这种微操作的时间次序称为时序。单片机的时钟信号用于为其内部各种微操作提供时间基准。

2.7.1　时钟产生方式

8051 的时钟产生方式分为内部振荡和外部时钟两种。如图 2-5(a)所示为内部振荡方式，利用单片机内部的反向放大器构成振荡电路，在 XTAL1（振荡器输入端）、XTAL2（振荡器输出端）的引脚上外接定时元件，内部振荡器产生自激振荡。外接元件有晶体振荡器（简称晶振）和电容，它们组成并联谐振电路。晶振的振荡频率范围在 1.2 MHz～12 MHz 之间选择，典型值为 12 MHz 和 6 MHz。电容在 5 pF～30 pF 之间选取，具有快速起振、稳定晶振频率和微调频率的作用。

如图 2-5(b)所示为外部时钟方式，把外部已有的时钟信号引入到单片机内。此方式常用于多片 8051 单片机同时工作，以便于各单片机的同步。一般要求外部信号高电平的持续时间大于 20 ns,且为频率低于 12 MHz 的方波。应注意的是,外部时钟要由 XTAL2 引脚引入,由于此引脚的电平与 TTL 不兼容,应接一个 5.1 kΩ 的上拉电阻。XTAL1 引脚应接地。

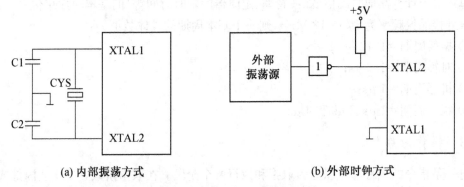

(a) 内部振荡方式　　　　　　　　(b) 外部时钟方式

图 2-5　8051 的时钟产生方式

2.7.2　基本时钟信号

8051 单片机内晶体振荡器的振荡周期(或外部引入时钟信号的周期)是指为单片机提供时钟脉冲信号的振荡源的周期,是最小的时序单位。所以,片内的各种微操作都以晶振周期为时序基准。它也是单片机所能分辨的最小时间单位。

8051 单片机的时钟信号如图 2-6 所示。晶振频率经分频器 2 分频后形成两相错开的时钟信号 P1 和 P2。时钟信号的周期称为时钟周期,也称为机器状态周期,它是振荡周期的 2 倍,是振荡周期经 2 分频后得到的,即一个时钟周期包含两个振荡周期。在每个时钟周期的前半周期,相位 1(P1)信号有效,在每个时钟周期的后半周期,相位 2(P2)信号有效。每个时钟周期(常称状态 S)有两个节拍(相)P1 和 P2,CPU 就是以两相时钟 P1 和 P2 为基本节拍指挥 8051 的各个部件协调地工作。

CPU 完成一种基本操作所需要的时间称为机器周期(也称 M 周期)。一个机器周期由 12 个振荡周期或 6 个状态周期构成,在一个机器周期内,CPU 可以完成一个独立的操作。由于每个 S 状态有两个节拍 P1 和 P2,因此,每个机器周期的 12 个振荡周期可以表示为 S1P1,S1P2,S2P1,S2P2,…,S6P2。

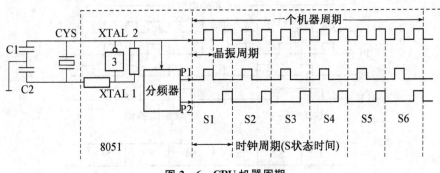

图 2-6　CPU 机器周期

CPU执行一条指令所需要的时间称作指令周期。8051单片机的指令按执行时间可以分为三类:单周期指令、双周期指令和四周期指令。其中,四周期指令只有乘、除法两条指令。

晶振周期、时钟周期、机器周期和指令周期均是单片机的时序单位。晶振周期和机器周期是单片机内计算其他时间值(如波特率、定时器的定时时间等)的基本时序单位。

若外接晶振频率为 $f_{osc}=12\,MHz$,则 4 个基本周期的具体数值为:

① 振荡周期=$1/12\,\mu s$;;

② 时钟周期=$1/6\,\mu s$;

③ 机器周期=$1\,\mu s$;

④ 指令周期=$1\,\mu s$、$2\,\mu s$ 和 $4\,\mu s$。

2.7.3 操作时序

每一条指令的执行都可以分为取指和执行两个阶段。在取指阶段,CPU 从内部或外部 ROM 中取出需要执行的指令的操作码和操作数。在执行阶段对指令操作码进行译码,以产生一系列控制信号完成指令的执行。

(1) 单周期指令的时序,如图 2-7 所示。对于单周期单字节指令,在 S1P2 把指令码读入指令寄存器,并开始执行指令,但在 S4P2 读下一指令的操作码要丢弃,且 PC 不加 1。对于单周期双字节指令,在 S1P2 把指令码读入指令寄存器,并开始执行指令,在 S4P2 读入指令的第二字节。无论是单字节还是双字节均在 S6P2 结束该指令的操作。

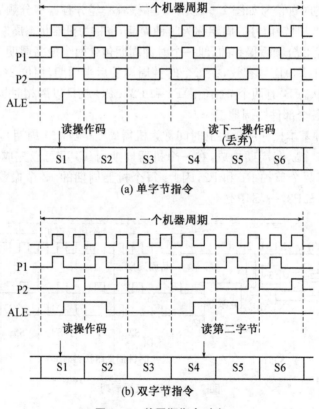

(a) 单字节指令

(b) 双字节指令

图 2-7 单周期指令时序

（2）单字节双周期指令的时序，如图 2-8 所示。对于单字节双周期指令，在两个机器周期之内要进行 4 次读操作。只是后 3 次读操作无效。

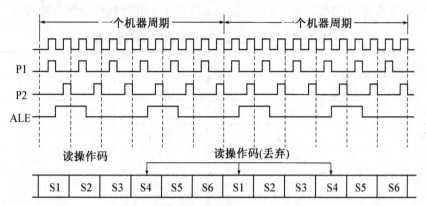

图 2-8　单字节双周期指令时序

在图 2-7 和图 2-8 中还示出了地址锁存允许信号 ALE 的波形。可以看出，当片外存储器不作存取时，每一个机器周期中 ALE 信号有效两次，具有稳定的频率。所以，ALE 信号是时钟振荡频率的 1/6，可以用作外部设备的时钟信号。

应注意的是，在对片外 RAM 进行读/写时，ALE 信号会出现非周期现象。访问片外 RAM 的双周期指令时，在第二机器周期无读操作码的操作，而是外部数据存储器的寻址和数据选通，所以在 S1P2～S2P1 之间无 ALE 信号。

2.8　MCS-51 单片机的复位功能

复位就是使中央处理器（CPU）以及其他功能部件都恢复到一个确定的初始状态，并从这个状态开始工作。单片机在开机时或在工作中因干扰而使程序失控或工作中程序处于某种死循环状态等情况下都需要复位。

MCS-51 系列单片机的复位信号由 RST 引脚输入，高电平有效。当 RST 引脚输入高电平并保持 2 个机器周期以上时，单片机内部就会执行复位操作。若 RST 引脚一直保持高电平，那么，单片机就处于循环复位状态。为了保证复位成功，一般 RST 复位引脚上只要出现时间长达 10 ms 以上的高电平，单片机就能实现可靠复位。

2.8.1　单片机的复位状态

MCS-51 单片机复位后，PC 程序计数器的内容为 0000H，即复位后将从程序存储器的 0000H 单元读取第一条指令码。其他特殊寄存器的复位状态如下：

① （PSW）=00H，由于（RS1）=0，（RS0）=0，复位后单片机选择工作寄存器 0 组；

② （SP）=07H，复位后堆栈在片内 RAM 的 08H 单元处；

③ TH1、TL1、TH0、TL0 的内容为 00H，定时器/计数器的初值为 0；

④ （TMOD）=00H，复位后定时器/计数器 T0、T1 为定时器方式 0；

⑤ （TCON）=00H，复位后定时器/计数器 T0、T1 停止工作，外部中断 0、1 为电平触发方式；

⑥ （SCON）=00H，复位后串行口工作在移位寄存器方式，且禁止串行口接收；

⑦ (IE)＝00H,复位后屏蔽所有中断;

⑧ (IP)＝00H,复位后所有中断源都设置为低优先级;

⑨ P0～P3 口锁存器都是全 1 状态,说明复位后 4 个并行接口设置为输入口。

表 2-8　单片机复位后特殊功能寄存器的状态

名　称	内　容	名　称	内　容
PC	0000H	TCON	00H
A	00H	TL0	00H
PSW	00H	TH0	00H
SP	07H	TL1	00H
DPTR	0000H	TH1	00H
P0～P3	0FFH	SCON	00H
IP	××000000B	SBUF	不定
IE	0×000000B	PCON	0×××0000B
TMOD	00H		

复位后,程序存储器内容不变。片内 RAM 和片外 RAM 的内容在上电复位后为随机数,而在手动复位后原数据保持不变。

2.8.2　复位电路

复位电路一般有上电复位、手动开关复位两种,如图 2-9 所示。

上电复位电路是利用电容充放电来实现的。上电瞬间 RST 端的电位与 VCC 相同,随着充电电流的减小,RST 端的电位逐渐下降。图 2-9(a)所示的 R 是施密特触发器输入端的一只下拉电阻,时间常数为 100 ms。只要 VCC 的上电时间不超过 1 ms,振荡器建立时间不超过 10 ms,这个时间常数足以保证完成复位操作。上电复位所需的最短时间是振荡周期建立时间加上两个机器周期时间,在这个时间内 RST 端的电平应维持高于施密特触发器的下阀值。手动复位电路是上电复位与手动复位相结合的方案,如图 2-9(b)所示。其上电复位过程与上电复位相似。手动开关复位时,按下复位按钮,电容 C 通过 $1\ k\Omega$ 电阻迅速放电,使 RST 端迅速变为高电平,释放复位按钮后,电容通过 R 和内部下拉电阻放电,逐渐使 RST 端恢复为低电平。

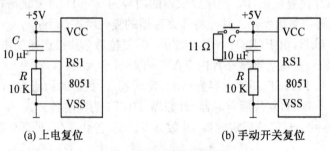

(a) 上电复位　　　　　　　　　　(b) 手动开关复位

图 2-9　两种复位电路

　　这两种复位电路典型的电阻 R、电容 C 参数为：12 MHz 时，$C=10\ \mu\mathrm{F}$，$R=8.2\ \mathrm{k}\Omega$；6 MHz时，$C=22\ \mu\mathrm{F}$，$R=1\ \mathrm{k}\Omega$。

习题 2

　　2-1　单片机有哪些主要特点？

　　2-2　单片机主要应用在哪些领域？

　　2-3　MCS-51 系列中 8031、8051、8751、89C51 有什么区别？

　　2-4　8051 的存储器分哪几个空间？如何区别不同空间的寻址？

　　2-5　简述 8051 片内 RAM 的空间分配。各部分主要功能是什么？

　　2-6　程序状态字寄存器 PSW 的作用是什么？常用标志有哪些位？作用是什么？

　　2-7　8051 单片机应用系统中，EA 端有何用途？在使用 8031 时，EA 信号引脚应如何处理？

　　2-8　什么是堆栈，堆栈指针 SP 的作用是什么？8051 单片机堆栈的容量不能超过多少字节？

　　2-9　什么是振荡周期、时钟周期、机器周期、指令周期？它们之间关系如何？如果晶振频率为 12 MHz，则一个机器周期是多少微秒？

　　2-10　复位后堆栈指针 SP 的初值是多少？堆栈工作必须遵守的原则是什么？

　　2-11　8051 单片机程序存储器 ROM 空间中 0003H、000BH、0013H、001BH、0023H 有什么特殊用途？

　　2-12　单片机的复位方式有几种？复位后各寄存器、片内 RAM 的状态如何？

第3章 MCS-51单片机指令系统

MCS-51单片机所能执行的命令(指令)的集合就是它的指令系统。指令常以其英文名称或缩写形式来作为助记符。以助记符、符号地址、标号等书写程序的语言称为汇编语言。用汇编语言编写的程序就称为汇编语言程序,它必须通过汇编程序翻译成二进制编码形式的机器语言程序后,才能被计算机所执行。本章所介绍的是MCS-51汇编语言的指令系统。

MCS-51单片机共有111条指令。其特点为:

① 指令执行时间短。其中1个机器周期指令64条,2个机器周期指令45条,4个机器周期指令2条(乘、除法指令);

② 指令字节少,其中单字节指令49条,双字节指令45条,三字节指令17条;

③ 位操作指令丰富;

④ 可直接用传送指令实现端口的输入/输出操作。

3.1 指令编码格式及常用符号

单片机要执行某种操作,用户必须按照格式编写指令,单片机才能识别并准确操作。指令的编码规则称为指令格式。

3.1.1 指令的格式

1. 汇编语言表示的指令格式

MCS-51单片机汇编语言指令主要由操作码助记符字段和操作数字段两部分组成。指令格式如下:

[标号:] 操作码 [目的操作数][,源操作数] [;注释]

例如: L1: MOV A ,20H ;(20H)→A

操作码与操作数是指令的核心部分,二者之间使用若干空格分隔开。

(1) 操作码规定了指令进行什么操作,决定了所要执行操作的性质,它由2~5个英文字母表示。如:操作码助记符"MOV",规定了指令进行数据传送操作。

(2) 操作数包括目的操作数和源操作数,二者之间用逗号","分开,它指出了参与操作的数据来源和操作结果存放的目的单元,实质上它决定了指令的操作对象。有些指令中,只有一个操作数或者没有操作数。

(3) 标号由以字母开始的1~8个字符(字母或数字)组成,代表存储该指令的存储器单元地址,即符号地址。一旦赋予某个语句标号,则其他语句的操作数就可以引用该标号,如程序控制转移等。标号一般是根据需要设置的。标号与操作码之间用冒号":"分开。

(4) 注释是该指令的解释,可有可无,主要作用是便于阅读程序,汇编程序不对这部分进行编译。注释与指令之间用";"隔开。

2. 机器语言表示的指令格式

对于操作码和操作数,MCS-51 单片机开发商约定了对应的二进制数据编码,我们所编写的汇编语言程序最终将编译成这些二进制数据编码的集合,也就是机器语言程序,才能被单片机识别和执行。为了书写方便,这种二进制编码常采用十六进制来表示。

MCS-51 单片机的指令按其编码的长度可以分为以下三种格式。

(1) 单字节指令

单字节指令只有一个字节,操作码和操作数信息同在一个字节中。它有两种格式:

一种是无操作数的指令或指令的功能明确,无须再具体指定操作数的指令,其 8 位的编码只表示操作码。如空操作指令 NOP 的二进制编码是 00000000B(十六进制表示为 00H),加 1 指令"INC A"的二进制编码是 00000100B(十六进制表示为 04H)。

编码格式为:

另一种是指令 8 位编码把操作码和工作寄存器 Rn 的 n(n=0～7,用二进制编号为 000～111)的二进制编号放在一起。如数据传送指令中的"MOV A,Rn",其指令二进制编码为 11101rrrB,其中低 3 位 rrr 表示 n 的二进制编号,若 n=1,则该指令二进制编码为 11101001B(十六进制表示为 E9H)。

编码格式为:

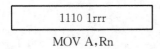

(2) 双字节指令

双字节指令的编码有两个字节,第一个字节表示操作码,第二个字节表示参与操作的数据或数据所在的直接地址。

编码格式为:

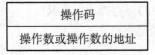

如数据传送指令"MOV A,♯50H"的两字节编码为 01110100B,01010000B。其十六进制表示为 74H,50H。该指令的功能是将立即数 50H 传送到累加器 A 中。

(3) 三字节指令

三字节指令中,第一个字节表示该指令的操作码,后两个字节表示参与操作的数据或数据的地址。

编码格式为:

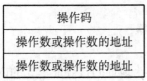

　　例如数据传送指令"MOV　20H,♯50H"的三个字节编码为 0111010lB,00000010B, 01010000B。其十六进制表示为 75H,20H,50H。该指令的功能是将立即数 50H 传送到内部 RAM 20H 单元中。

3.1.2　指令的分类

　　MCS-51 单片机使用 44 种助记符。通过助记符和指令中的源操作数和目的操作数的不同组合,构成了 MCS-51 单片机的 111 种指令。这些指令可分为以下三类:

1. 按指令所占存储器字节数分类

(1) 单字节指令(49 条);

(2) 双字节指令(46 条);

(3) 三字节指令(16 条)。

2. 按指令执行周期数分类

(1) 单周期指令(64 条);

(2) 双周期指令(45 条);

(3) 四周期指令(2 条,乘法指令和除法指令)。

3. 按指令功能分类

(1) 数据传送指令(28 条);

(2) 算术运算指令(24 条);

(3) 逻辑运算指令(25 条);

(4) 控制转移类指令(17 条);

(5) 位操作指令(17 条)。

3.1.3　常用符号

　　在描述 MCS-51 单片机指令系统的功能时,经常使用一些缩写符号,各符号的含义如下:

① Rn(n=0~7):当前选中的工作寄存器组中的寄存器 R0~R7 之一;

② Ri(i=0,1):当前选中的工作寄存器组中的寄存器 R0 或 R1;

③ @:间接寻址方式中表示间址寄存器的符号;

④ ♯data:8 位立即数;

⑤ ♯datal6:16 位立即数;

⑥ direct:8 位片内 RAM 单元(包括 SFR)的直接地址;

⑦ addrll:11 位目的地址,该地址在与下一条指令地址相同的 2 KB 的 ROM 空间内;

⑧ add16:16 位目的地址,该地址在 64 KB 的 ROM 空间内;

⑨ rel:补码形式表示的 8 位地址偏移量。以下一条指令第一字节地址为基值。其值在 −128~+127 范围内;

⑩ bit:片内 RAM 或 SFR 的直接寻址位地址;

⑪ C:最高进位标志位或布尔处理器的累加器;

⑫ (X):表示地址单元或寄存器中的内容;

⑬ ((X)):表示以 X 单元或寄存器中的内容为地址间接寻址单元的内容;

⑭ →:表示传送给;

⑮ ↔:表示交换;

⑯ $:表示当前指令的地址;

⑰ /:表示取反。

3.2　寻址方式

指令执行时大多需要应用操作数。为了使单片机能执行指令,指令中必须指明如何取得操作数,或指明程序转移的目的地址。所谓寻址方式,就是指定操作数所在的地址,或指定程序转移的目的地址的方式。由于指定方式的不同,因此形成了不同的寻址方式。MCS-51 单片机指令系统中共有 7 种寻址方式,它们是立即寻址、直接寻址、寄存器寻址、寄存器间接寻址、变址寻址、相对寻址和位寻址。

3.2.1　立即寻址

立即寻址就是指令中直接给出操作数的寻址方式。指令中直接给出的这个操作数称为立即数,在指令格式中,立即数前面有"#"标记。立即数可以是 8 位,也可以是 16 位。

例如:

MOV　A,#50H　;#50H→A

这条指令的功能是把 8 位立即数 50H 送到累加器 A 中,立即寻址的示意图如图 3-1 所示。

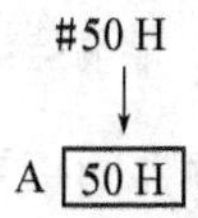

又如:

MOV　DPTR,#1000H　;#1000H→DPTR

这条指令的功能是把 16 位立即数 1000H 送到 16 位寄存器 DPTR 中。

图 3-1　立即寻址示意图

3.2.2　直接寻址

直接寻址就是指令中给出的是存储单元的地址,以这个地址单元中的内容作为操作数的寻址方式。直接寻址方式的寻址范围只限于单片机内部数据存储器中地址为 00H～7FH 的 128 个存储单元以及 21 个特殊功能寄存器。应当指出,直接寻址是访问特殊功能寄存器的唯一方法,它们在指令中可以用寄存器名表示,也可以用它们的单元地址来表示。

例如:

MOV　A,50H　;(50H)→A

这条指令的功能是把内部数据存储器 50H 单元中的内容送到累加器 A 中。若 50H 单元中的内容为 2AH,则指令执行后,累加器 A 的内容为 2AH。直接寻址的示意图如图 3-2 所示。

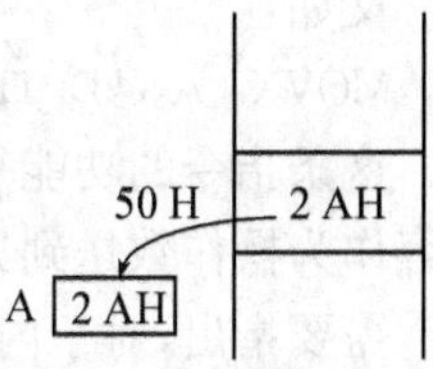

又如:

MOV　A,P1　;(P1)→A

MOV　A,90H　;(90H)→A

图 3-2　直接寻址示意图

这两条指令的功能都是将特殊功能寄存器 P1 中的内容送到累加器 A 中。

3.2.3　寄存器寻址

寄存器寻址就是指令中给出的是寄存器名,以这个寄存器中的内容作为操作数的寻址方式。寄存器寻址方式的寻址范围是当前工作寄存器组的 8 个单元 R0～R7,以及少数特殊功能寄存器如 A、B 和 DPTR。其中 B 仅在乘、除法指令中为寄存器寻址(以 AB 形式出现),在其他指令中为直接寻址;累加器 A 既可以作为寄存器寻址(以 A 的形式出现),又可作为直接寻址(以 ACC 或 E0H 的形式出现)。除这几个特殊功能寄存器之外,其余的特殊功能寄存器一律是直接寻址。

例如:

MOV　A,R0　;(R0)→A

这条指令的功能是把工作寄存器 R0 中的内容送到累加器
A 中。若 R0 中的内容为 50H,则指令执行后,累加器 A 的内容
为 50H。寄存器寻址的示意图如图 3-3 所示。

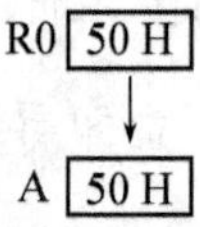

直接寻址和寄存器寻址的区别在于:直接寻址是以操作数所
在的字节地址出现在指令的编码中,占一个字节;寄存器寻址是
把寄存器的编码与操作码放在同一个字节中或隐含在操作码中。因此,寄存器寻址方式的指令编码短,执行快。

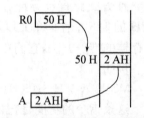

图 3-3　寄存器寻址示意图

3.2.4　寄存器间接寻址

寄存器间接寻址就是指令中给出的是寄存器名,以寄存器中的内容作为地址,以地址单元中的内容作为操作数的寻址方式。

能够用于寄存器间接寻址的寄存器有 R0、R1 和 DPTR,这时在它们前面要加"@"来标记。此外,在堆栈操作中用到的堆栈指针 SP 也属于寄存器间接寻址。

寄存器间接寻址方式的寻址范围包括片内和片外数据存储器。

例如:

MOV　A,@R0　;((R0))→A

这条指令的功能是把工作寄存器 R0 中的内容作为地址,
再以这个地址单元中的内容作为操作数送到累加器 A 中。若
R0 中的内容为 50H,50H 单元中的内容为 2AH,则指令执行
后,累加器 A 的内容为 2AH,R0 中的内容不变。寄存器间接
寻址的示意图如图 3-4 所示。

又如:

MOVX　A,@DPTR　;((DPTR))→A

图 3-4　寄存器间接寻址示意图

这条指令的功能是把 16 位寄存器 DPTR 中的内容作为地址,再以这个地址单元中的内容作为操作数送到累加器 A 中。用于访问外部数据存储器。

需要指出,对于内部数据存储器的高 128 字节单元(增强型单片机)只能采用寄存器间接寻址方式来访问。

3.2.5　变址寻址

变址寻址就是以 PC 或 DPTR 中的内容作为基址,以累加器 A 中的内容作为变址,两者相加形成和地址,再以该地址中的内容作为操作数的寻址方式。变址寻址只能对程序存储器中的数据作寻址操作,常用于访问程序存储器中的常数表。

例如:

MOVC　A,@A+DPTR　;((A)+(DPTR))→A

这条指令的功能是以 DPTR 的内容作为基址,以累加器 A 中的内容作为变址,两者相加形成和地址,再将程序存储器中该地址单元中的内容送给累加器 A。若指令执行前,DPTR 中的内容为 0200H,累加器 A 中的内容为 03H,程序存储器 0203H 单元中的内容为 50H,则指令执行完后,累加器 A 中的内容变为 50H。变址寻址的示意图如图 3-5 所示。

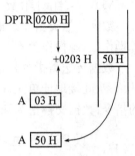

图 3-5　变址寻址示意图

又如:

MOVC　A,@A+PC　;((A)+(PC))→A

这条指令的功能是以程序计数器 PC 的当前值作为基址,以累加器 A 中的内容作为变址,两者相加形成和地址,再将程序存储器中该地址单元中的内容送给累加器 A。

3.2.6　相对寻址

相对寻址就是以程序计数器 PC 的当前值(该指令执行后的 PC 值,即下一条指令的地址)为基址,加上指令给出的相对偏移量 rel,形成新的 PC 值的寻址方式。相对寻址方式用于访问程序存储器,常用在转移类指令中。

指令中给出的相对偏移量 rel 是 8 位补码,范围 $-128\sim+127$。当 rel>0,程序向后跳转;当 rel<0,程序向前跳转。

例如:

2000H:　SJMP　08H　;(PC)+2+08H→PC

这是一条相对转移指令,是双字节指令。指令执行时,程序计数器 PC 当前值为 2000H+02H,即 2002H,加上指令中给出的相对偏移量 rel=08H,得到和值 200AH,送给 PC,从而使程序转移到 200AH 处执行。相对寻址的示意图如图 3-6 所示。

又如:

SJMP　0FEH　;(PC)+2-2→PC

程序将不断重复执行该指令。

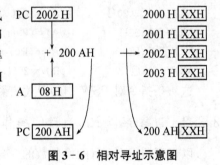

图 3-6　相对寻址示意图

3.2.7　位寻址

位寻址就是对位地址中的内容做位操作的寻址方式。位寻址方式的寻址范围只限于内部数据存储器中的位寻址区和某些有位地址的特殊功能寄存器。

例如：

CLR　00H　;0→00H

这条指令的功能是将位地址 00H 单元中的内容清零。位寻
址的示意图如图 3-7 所示。

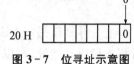

图 3-7　位寻址示意图

3.3　数据传送类指令

MCS-51 单片机指令系统中,数据传送类指令共 29 条。

一般数据传送类指令的助记符为"MOV",通用的格式为：

MOV　<目的操作数>,<源操作数>

数据传送类指令是把源操作数传送到目的操作数。指令执行完后,目的操作数修改为
源操作数,源操作数不变。这类指令不会影响 Cy、Ac 和 OV 标志位。

数据传送类指令是数据处理的最基本也是使用最频繁的指令。包括以 A、Rn、直接地
址单元、间接地址单元、DPTR 为目的操作数的指令；访问外部 RAM 的指令；读程序存储器
的指令；数据交换指令和堆栈指令。

3.3.1　以累加器 A 为目的操作数的指令

以累加器 A 为目的操作数的 4 条指令见表 3-1。

表 3-1　以累加器 A 为目的操作数的指令(4 条)

汇编语言指令	指令功能	指令编码	字节数	执行周期
MOV　A,Rn	(Rn)→A	E8H～EFH	1	1
MOV　A,direct	(direct)→A	E5H　di	2	1
MOV　A,@Ri	((Ri))→A	E6H、E7H	1	1
MOV　A,#data	#data→A	74H　da	2	1

这 4 条指令的目的操作数都是累加器 A,源操作数分别采用寄存器寻址、直接寻址、寄
存器间接寻址和立即数寻址四种寻址方式。

例如,若(A)=30H,(R0)=20H,(20H)=2AH,分别执行以下指令后,结果为：

MOV　A,#20H　　;(A)=20H

MOV　A,20H　　;(A)=(20H)=2AH

MOV　A,R0　　;(A)=(R0)=20H

MOV　A,@R0　　;(R0)=20H,(20H)=2AH,(A)=((R0))=2AH

这 4 条指令对 PSW 中的 P 位有影响。

3.3.2　以寄存器 Rn 为目的操作数的指令

以寄存器 Rn 为目的操作数的 3 条指令见表 3-2。

表 3-2　以寄存器 Rn 为目的操作数的指令(3 条)

汇编语言指令	指令功能	指令编码	字节数	执行周期
MOV　Rn,A	(A)→Rn	F8H~FFH	1	1
MOV　Rn,direct	(direct)→Rn	A8H~AFH	2	2
MOV　Rn,#data	#data→Rn	78H~7FH　da	2	1

这 3 条指令都是以工作寄存器为目的操作数,源操作数的寻址方式有寄存器寻址、直接寻址和立即寻址。

例如,若(A)=8CH,(R0)=20H,(30H)=5FH,分别执行以下指令后,结果为:

MOV　R0,A　　　;(R0)=(A)=8CH
MOV　R0,30H　　;(R0)=(30H)=5FH
MOV　R0,#30H　;(R0)=30H

需要注意的是,在 MCS-51 单片机指令系统中,源操作数和目的操作数不能有如下几种情况:

① 不能同时用 Rn;
② 不能同时用@Ri;
③ 不能一个操作数用 Rn,另一个操作数用@Ri。

3.3.3　以直接地址 direct 为目的操作数的指令

以直接地址 direct 为目的操作数的 5 条指令见表 3-3。

表 3-3　以直接地址 direct 为目的操作数的指令(5 条)

汇编语言指令	指令功能	指令编码	字节数	执行周期
MOV　direct,A	(A)→direct	F5H　di	2	1
MOV　direct,Rn	(Rn)→direct	88H~8FH　di	2	2
MOV　direct,direct	(direct)→direct	85H　di　di	3	2
MOV　direct,@Ri	((Ri))→direct	86H、87H　di	2	2
MOV　direct,#data	#data→direct	75H　di　da	3	2

这 5 条指令都是以片内数据存储器和特殊功能寄存器的直接地址单元为目的操作数,源操作数的寻址方式有寄存器寻址、直接寻址、寄存器间接寻址和立即寻址。

例如,(A)=4EH,(R1)=3FH,(3FH)=4AH,(40H)=6CH,分别执行以下指令后,结果为:

MOV　40H,A　　　;(40H)=(A)=4EH
MOV　40H,R1　　　;(40H)=(R1)=3FH
MOV　40H,3FH　　;(40H)=(3FH)=4AH
MOV　40H,@R1　　;(R1)=3FH,(3FH)=4AH,(40H)=((R1))=4AH
MOV　40H,#3FH　;(40H)=3FH

3.3.4　以间接地址 Ri 为目的操作数的指令

以间接地址 Ri 为目的操作数的 3 条指令见表 3-4。

表 3-4 以间接地址 Ri 为目的操作数的指令(3 条)

汇编语言指令	指令功能	指令编码	字节数	执行周期
MOV @Ri,A	(A)→(Ri)	F6H、F7H	1	1
MOV @Ri,direct	(direct)→(Ri)	A6H、A7H di	2	2
MOV @Ri,#data	#data→(Ri)	76H、77H da	2	1

这 3 条指令都是以 R0 或 R1 的内容作为地址的片内数据存储器单元为目的操作数,源操作数的寻址方式有寄存器寻址、直接寻址和立即寻址。

例如,若(A)=75H,(R0)=3FH,(3FH)=4AH,(4FH)=57H,分别执行以下指令后,结果为:

```
MOV  @R0,A    ;(R0)=3FH,(3FH)=(A)=75H
MOV  @R0,4FH  ;(R0)=3FH,(3FH)=(4FH)=57H
MOV  @R0,#4FH ;(R0)=3FH,(3FH)=4FH
```

3.3.5 以 DPTR 为目的操作数的指令

以 DPTR 为目的操作数的 1 条指令见表 3-5。

表 3-5 以 DPTR 为目的操作数的指令(1 条)

汇编语言指令	指令功能	指令编码	字节数	执行周期
MOV DPTR,#data16	#data16→DPTR	90H da16	3	2

此指令是 MCS-51 单片机指令系统中唯一一条传送 16 位数据的指令,功能是将 16 位数据送入寄存器 DPTR 中,其中数据的高 8 位送入 DPH 中,低 8 位送入 DPL 中。

例如:

```
MOV  DPTR,#2000H  ;(DPTR)=2000H,(DPH)=20H,(DPL)=00H
```

3.3.6 访问外部 RAM 的指令

访问外部 RAM 的 4 条指令见表 3-6。

表 3-6 访问外部 RAM 的指令(4 条)

汇编语言指令	指令功能	指令编码	字节数	执行周期
MOVX A,@DPTR	((DPTR))→A	E0H	1	2
MOVX A,@Ri	((Ri))→A	E2H、E3H	1	2
MOVX @DPTR,A	(A)→(DPTR)	F0H	1	2
MOVX @Ri,A	(A)→((Ri))	F2H、F3H	1	2

对片外数据存储器的访问只能用以上 4 条指令,操作码助记符是 MOVX,且必须通过累加器 A。DPTR 作为片外数据存储器的 16 位地址指针,寻址范围为 64 KB,通过 P0 口和 P2 口进行访问。Ri 一般用作访问片外数据存储器时的低 8 位地址指针,这时高 8 位地址可由其他任意输出口线来产生,通常选用 P2 口给出。

表 3-6 中,前两条指令为外部 RAM 读指令,执行时 MCS-51 单片机产生 $\overline{RD}$ 读使能

有效控制信号,后两条指令为外部 RAM 写指令,执行时 MCS-51 单片机产生$\overline{WR}$写使能有
效控制信号。

例如,若(A)=7FH,(DPTR)=1FFFH,(P2)=1FH,(R0)=0FFH,(1FFFH)=0AH,
分别执行以下指令后,结果为:

```
MOVX   A,@DPTR      ;(DPTR)=1FFFH,(1FFFH)=0AH
                    ;(A)=((DPTR))=0AH
MOVX   A,@R0        ;(R0)=0FFH,(P2)=1FH,(1FFFH)=0AH
                    ;(A)=((P2)(R0))=0AH
MOVX   @DPTR,A      ;(DPTR)=1FFFH,(1FFFH)=(A)=7FH
MOVX   @R0,A        ;(R0)=0FFH,(P2)=1FH,(1FFFH)=(A)=7FH
```

由于 MCS-51 单片机中,外部 I/O 端口看作片外数据存储器的一个单元,因此,访问
外部 I/O 端口也是使用这类指令。

3.3.7　读 ROM 指令

读 ROM 的 2 条指令见表 3-7。

表 3-7　读 ROM 的指令(2 条)

汇编语言指令	指令功能	指令编码	字节数	执行周期
MOVC A,@A+PC	(PC)+1→PC	83H	1	2
	((A)+(PC))→A			
MOVC A,@A+DPTR	((A)+(DPTR))→A	93H	1	2

这是仅有的 2 条读程序存储器的指令,常用作程序存储器的查表操作,因此这 2 条指令
也称为查表指令。操作码助记符是 MOVC,且必须通过累加器 A,源操作数必须采用变址
寻址。

表 3-7 中,前一条指令被 CPU 读取之后,PC 的值自动加 1 后,与累加器 A 中的内容
相加形成新的地址,把程序存储器对应地址单元中的内容送给 A。

例如,在程序存储器中,存放有数据:

```
1010H:  00H
1011H:  01H
1012H:  04H
1013H:  09H
```

执行程序:

```
1000H:MOV   A,#0DH       ;(A)=0DH
1002H:MOVC  A,@A+PC ;(PC)=1002H+1=1003H
                     ;(A)=(0DH+1003H)=00H
```

表 3-7 中,后一条指令在使用时,应先给 DPTR 赋值,一般为数据表格的初始地址值,
再与累加器 A 中的内容相加形成新的地址,把程序存储器对应地址单元中的内容送给 A。

例如,若(A)=03H,(DPTR)=2000H,ROM 单元(2003H)=09H,执行以下指令后,
结果为:

```
MOVC   A,@A+DPTR      ;(A)=(03H+2000H)=09H
```

这类指令执行时,MCS-51单片机产生 PSEN 读使能有效信号。

3.3.8　数据交换指令

数据交换的 4 条指令见表 3-8。

表 3-8　数据交换指令(4 条)

汇编语言指令	指令功能	指令编码	字节数	执行周期
XCH　A,Rn	(A)←→(Rn)	C8H~CFH	1	1
XCH　A,direct	(A)←→(direct)	C5H　di	2	1
XCH　A,@Ri	(A)←→((Ri))	C6H、C7H	1	1
XCHD　A,@Ri	$(A)_{3\sim0}$←→$((Ri))_{3\sim0}$	D6H、D7H	1	1

表 3-8 中,前 3 条指令是字节交换指令,功能是把源操作数和目的操作数 A 中的内容交换,源操作数的寻址方式有寄存器寻址、直接寻址和寄存器间接寻址。最后一条指令是将源操作数的低 4 位与目的操作数 A 的内容低 4 位交换,源操作数必须采用寄存器间接寻址。

例如,若(A)=80H,(R0)=30H,(30H)=2AH,分别执行以下指令后,结果为:

```
XCH   A,R0    ;(A)=30H,(R0)=80H
XCH   A,@R0   ;(R0)=30H,(A)=2AH,(30H)=80H
XCH   A,30H   ;(A)=2AH,(30H)=80H
XCHD  A,@R0   ;(R0)=30H,(A)=8AH,(30H)=20H
```

3.3.9　堆栈操作指令

在 MCS-51 单片机内部数据存储器中,可以设定一个"先进后出"的区域称为堆栈。在特殊功能寄存器中有一个堆栈指针 SP,它指出堆栈的栈顶位置。堆栈操作有进栈和出栈两种。堆栈操作的 2 条指令见表 3-9。

表 3-9　堆栈操作指令(2 条)

汇编语言指令	指令功能	指令编码	字节数	执行周期
PUSH　direct	(SP)+1→SP (direct)→(SP)	C0H　di	2	2
POP　direct	((SP))→direct (SP)-1→SP	D0H　di	2	2

表 3-9 中,前一条指令是进栈指令,功能是先将 SP 的内容自加 1,然后将直接地址单元中的内容存入 SP 所指到的堆栈单元。这条指令,源操作数采用直接寻址方式,目的操作数采用寄存器间接寻址方式,常用于保护现场。

后一条指令是进栈指令,功能是先将 SP 所指到的堆栈单元中的内容送到直接地址单元,然后将 SP 的内容自减 1。这条指令,源操作数采用寄存器间接寻址方式,目的操作数采用直接寻址方式,常用于恢复现场。

例如,在中断响应时,(SP)=09H,(DPTR)=0123H,执行下列指令:

```
PUSH   DPL      ;(SP)+1→SP,(SP)=0AH
               ;(DPL)=23H→(SP),(0AH)=23H
PUSH   DPH      ;(SP)+1→SP,(SP)=0BH
               ;(DPH)=01H→(SP),(0BH)=01H
```

退出中断服务程序前,执行下列指令:

```
POP   DPH       ;(SP)=0BH,((SP))→DPH,(DPH)=(0BH)=01H
               ;(SP)-1→SP,(SP)=0AH
POP   DPL       ;(SP)=0AH,((SP))→DPL,(DPL)=(0AH)=23H
               ;(SP)-1→SP,(SP)=09H
```

需要指出的是,堆栈操作要配对使用,这样才能保证程序运行的正确。

3.4　算术运算类指令

MCS-51 单片机指令系统中,有 24 条单字节的加、减、乘、除法指令,有较强的算术运算功能。算术运算指令都是针对 8 位二进制无符号数的,如果要进行带符号或多字节二进制数运算,需编写程序,通过执行程序实现。

算术运算的大多数指令都同时以 A 为源操作数之一和目的操作数。算术运算操作将影响状态寄存器 PSW 中的 OV、Cy、AC、P 等标志位。其中,Cy 为无符号数的多字节加、减法提供了方便;OV 为有符号数的运算溢出标志;AC 用于 BCD 码的加法运算修正。

3.4.1　加法指令

(1) 不带进位的 4 条加法指令(表 3-10)

表 3-10　不带进位的加法指令(4 条)

汇编语言指令	指令功能	指令编码	字节数	执行周期
ADD　A,Rn	(A)+(Rn)→A	28H~2FH	1	1
ADD　A,direct	(A)+(direct)→A	25H　di	2	1
ADD　A,@Ri	(A)+((Ri))→A	26H、27H	1	1
ADD　A,#data	(A)+#data→A	24H　da	2	1

这组指令的功能是把源操作数与累加器 A 相加,并将结果存放回 A 中。源操作数的寻址方式有寄存器寻址、直接寻址、寄存器间接寻址和立即寻址。指令执行后,会对 PSW 中的 Cy、AC、OV、P 位产生影响。

例如,若(A)=0C3H,(R0)=0AAH,执行指令 ADD　A,R0。

```
      1100    0011
      1010    1010
  1   0110    1101
```

执行后:(A)=6DH、(Cy)=1、(AC)=0、(OV)=1、(P)=1

(2) 带进位的 4 条加法指令(表 3-11)

表 3 - 11　带进位的加法指令(4 条)

汇编语言指令	指令功能	指令编码	字节数	执行周期
ADDC　A,Rn	(A)+(Rn)+(Cy)→A	38H～3FH	1	1
ADDC　A,direct	(A)+(direct)+(Cy)→A	35H　di	2	1
ADDC　A,@Ri	(A)+((Ri))+(Cy)→A	36H、37H	1	1
ADDC　A,#data	(A)+#data+(Cy)→A	34H　da	2	1

这组指令的功能是把源操作数和进位标志 Cy 与累加器 A 相加,并将结果存放回 A 中。源操作数的寻址方式有寄存器寻址、直接寻址、寄存器间接寻址和立即寻址。需要注意,加入的 Cy 的值,是该指令执行之前已经存在的进位标志的值,并不是执行该指令过程中产生的进位。指令执行后,会对 PSW 中的 Cy、AC、OV、P 位产生影响。这组指令常用于多字节加法运算。

例如,若(A)=0C3H,(R0)=0AAH,(Cy)=1,执行指令 ADDC　A,R0。

$$
\begin{array}{r}
1100\quad 0011\\
1010\quad 1010\\
0000\quad 0001\\
\hline
1\quad 0110\quad 1110
\end{array}
$$

执行后:(A)=6EH、(Cy)=1、(AC)=0、(OV)=1、(P)=1

(3) 增量的 5 条指令(表 3 - 12)

表 3 - 12　增量指令(5 条)

汇编语言指令	指令功能	指令编码	字节数	执行周期
INC　A	(A)+1→A	04H	1	1
INC　Rn	(Rn)+1→Rn	08H～0FH	1	1
INC　direct	(direct)+1→direct	05H　di	2	1
INC　@Ri	((Ri))+1→(Ri)	06H、07H	1	1
INC　DPTR	(DPTR)+1→DPTR	A3H　da	1	2

这组指令的功能是操作数自加 1,仅 INC　A 影响 P 标志外,其余指令都不影响标志位。
例如,若(R1)=4EH,(4EH)=0FFH,(4FH)=40H,依次连续执行下列指令,结果为:
INC　@R1　　　　;(4EH)+1→(4EH),(4EH)=0FFH+1=00H
INC　R1　　　　;(R1)=4FH
INC　@R1　　　　;(4FH)+1→(4FH),(4FH)=40H+1=41H
又如,若(A)=0FFH,(Cy)=0,分别执行以下指令后,结果为:
ADD　A,#01H　　;(A)=0FFH+01H=00H,(Cy)=1
INC　A　　　　　;(A)=0FFH+01H=00H,(Cy)=0
(4) 十进制调整的 1 条指令(表 3 - 13)

表 3 - 13　十进制调整指令(1 条)

汇编语言指令	指令功能	指令编码	字节数	执行周期
DA　A	对 A 中的结果进行十进制调整	D4H	1	1

这条指令用于对两个 BCD 码相加后存入累加器 A 中的结果进行十进制调整,使之成为一个正确的两位 BCD 码,以实现十进制加法运算。通常该指令紧跟在 ADD 和 ADDC 指令后面。会对 PSW 产生影响。

BCD 码调整的方法:

① 当 A 中的低 4 位数出现了非 BCD 码(1010~1111)或低 4 位产生了进位(AC＝1),则应在低 4 位作加 6 调整,以产生低 4 位正确的 BCD 码结果;

② 当 A 中的高 4 位数出现了非 BCD 码(1010~1111)或高 4 位产生进位(Cy＝1),则应在高 4 位作加 6 调整,以产生高 4 位正确的 BCD 码结果。

例如,若(A)＝56H,(R7)＝67H,(Cy)＝1,执行下列指令:

ADDC　A,R7

DA　　A

```
      0101    0110    A
      0110    0111    R7
      0000    0001    Cy
     ─────────────
      1011    1110
      0110    0110    DA  A调整
  ─────────────────
  1   0010    0100
```

执行后:(A)＝24H、(Cy)＝1

BCD 码的减 1 操作可以用加 99 来求得,条件是不计进位位。

例如,若(A)＝30H,执行下列指令:

ADD　A,♯99H

DA　　A

```
      0011    0000    A
      1001    1001    99
     ─────────────
      11001001
      01100000        DA  A调整
  ─────────────────
  1   0010    1001
```

执行后:(A)＝29H

3.4.2　减法指令

(1) 带借位的 4 条减法指令(表 3-14)

表 3-14　带借位的减法指令(4 条)

汇编语言指令	指令功能	指令编码	字节数	执行周期
SUBB　A,Rn	(A)−(Cy)−(Rn)→A	98H~9FH	1	1
SUBB　A,direct	(A)−(Cy)−(direct)→A	95H　di	2	1
SUBB　A,@Ri	(A)−(Cy)−((Ri))→A	96H,97H	1	1
SUBB　A,♯data	(A)−(Cy)−♯data→A	94H　da	2	1

这组指令的功能是从累加器 A 中减去源操作数和借位标志 Cy 的值,并将结果存放回 A 中。源操作数的寻址方式有寄存器寻址、直接寻址、寄存器间接寻址和立即寻址。同样,

减去的 Cy 的值,是该指令执行之前已经存在的借位标志的值,并不是执行该指令过程中产生的借位。指令执行后,会对 PSW 中的 Cy、AC、OV、P 位产生影响。这组指令常用于多字节减法运算。

因为没有不带借位的减法指令,因此,可用此组指令来完成不带借位的减法,只要事先将借位标志 Cy 清零即可。

例如,若(A)＝0C9H,(R2)＝54H,(Cy)＝1,执行指令:

SUBB A,R2

```
   1100   1001
   0000   0001
   1100   1000
   0101   0100
   0111   0100
```

执行后:(A)＝74H、(Cy)＝0、(AC)＝0、(OV)＝1、(P)＝0

（2）减量的 4 条指令（表 3－15）

表 3－15　减量指令（4 条）

汇编语言指令	指令功能	指令编码	字节数	执行周期
DEC　A	(A)－1→A	14H	1	1
DEC　Rn	(Rn)－1→Rn	18H～1FH	1	1
DEC　direct	(direct)－1→direct	15H　di	2	1
DEC　@Ri	((Ri))－1→(Ri)	16H、17H	1	1

这组指令的功能是操作数自减 1,仅 DEC　A 影响 P 标志外,其余指令都不影响标志位。

例如,若(R1)＝4FH,(4EH)＝0FFH,(4FH)＝40H,依次连续执行下列指令,结果为:

DEC　@R1　　;(4FH)－1→(4FH),(4FH)＝40H－1＝3FH
DEC　R1　　　;(R1)＝4EH
DEC　@R1　　;(4EH)－1→(4EH),(4EH)＝0FFH－1＝0FEH

3.4.3　乘法指令

乘法的 1 条指令（表 3－16）。

表 3－16　乘法指令（1 条）

汇编语言指令	指令功能	指令编码	字节数	执行周期
MUL　AB	(A)×(B)→(B)(A)	A4H	1	4

这条指令的功能是将累加器 A 和寄存器 B 中的两个 8 位无符号数相乘,乘积的低 8 位放在 A 中,高 8 位放在 B 中。当乘积大于 0FFH（大于 8 位）时,溢出标志 OV＝1,否则清零。Cy 总是被清零。

例如,若(A)＝50H,(B)＝0A0H,执行指令:

MUL　AB

结果为:(A)＝00H,(B)＝32H,(OV)＝1,(Cy)＝0。

3.4.4 除法指令

除法的 1 条指令(表 3-17)。

表 3-17 除法指令(1 条)

汇编语言指令	指令功能	指令编码	字节数	执行周期
DIV AB	(A)/(B)	84H	1	4

这条指令的功能是将累加器 A 中的 8 位无符号二进制数除以寄存器 B 中的 8 位无符号二进制数,商放到 A 中,余数放在 B 中。当除数为 0 时,则 A、B 中的结果不定,且溢出标志 OV=1,否则清零。Cy 总是被清零。

例如,若(A)=0FBH,(B)=12H,执行指令:

   DIV AB

结果为:(A)=0DH,(B)=11H,(OV)=0,(Cy)=0。

3.5 逻辑运算和移位类指令

逻辑运算指令主要包括逻辑与、或、异或、求反和清零等操作,共 20 条。移位类指令则都是对 A 的循环移位操作,包括有左、右方向以及带与不带进位位的不同循环移位方式,共 4 条。此外,还有 1 条累加器 A 的自交换指令。

3.5.1 逻辑与指令

逻辑与的 6 条指令(表 3-18)。

表 3-18 逻辑与指令(6 条)

汇编语言指令	指令功能	指令编码	字节数	执行周期
ANL A,Rn	(A)∧(Rn)→A	58H~5FH	1	1
ANL A,direct	(A)∧(direct)→A	55H di	2	1
ANL A,@Ri	(A)∧((Ri))→A	56H、57H	1	1
ANL A,#data	(A)∧#data→A	54H da	2	1
ANL direct,A	(direct)∧(A)→direct	52H di	2	1
ANL direct,#data	(direct)∧#data→direct	53H di da	3	2

前 4 条指令是将累加器 A 的内容和源操作数按位进行逻辑"与"操作,结果存放在 A 中,影响 PSW 的奇偶校验位 P 位;后 2 条指令是将直接地址单元中的内容和源操作数按位进行逻辑"与",结果存入直接地址单元。若直接地址正好是 I/O 端口,则为"读—修改—写"操作指令。

例如,若(A)=0CAH,(R0)=0A3H,执行下列指令:

  ANL A,R0

```
      1100    1010
∧     1010    0011
     ─────────────
      1000    0010
```

结果为:(A)＝82H

逻辑与指令通常用作将字节中的某一位或某几位清零而不影响其他位,只要将对应位和"0"相与,无关位和"1"相与即可。

例如:将累加器 A 的高 4 位清零。

　　ANL　A,＃0FH

3.5.2　逻辑或指令

逻辑或的 6 条指令(表 3－19)。

表 3－19　逻辑或指令(6 条)

汇编语言指令	指令功能	指令编码	字节数	执行周期
ORL　A,Rn	(A)∨(Rn)→A	48H～4FH	1	1
ORL　A,direct	(A)∨(direct)→A	45H　di	2	1
ORL　A,@Ri	(A)∨((Ri))→A	46H、47H	1	1
ORL　A,＃data	(A)∨＃data→A	44H　da	2	1
ORL　direct,A	(direct)∨(A)→direct	42H　di	2	1
ORL　direct,＃data	(direct)∨＃data→direct	43H　di　da	3	2

前 4 条指令是将累加器 A 的内容和源操作数按位进行逻辑"或"操作,结果存放在 A 中,影响 PSW 的奇偶校验位 P 位;后 2 条指令是将直接地址单元中的内容和源操作数按位进行逻辑"或",结果存入直接地址单元。若直接地址正好是 I/O 端口,则为"读—修改—写"操作指令。

例如,若(A)＝0CAH,(R0)＝0A3H,执行下列指令:

　　ORL　A, R0

```
      1100    1010
∨   1010    0011
   ─────────────
      1110    1011
```

结果为:(A)＝0EBH

逻辑或指令通常用作将字节中的某一位或某几位置 1 而不影响其他位,只要将对应位和"1"相或,无关位和"0"相或即可。

例如:将累加器 A 的高 4 位置 1。

　　ORL　A,＃0F0H

3.5.3　逻辑异或指令

逻辑异或的 6 条指令(表 3－20)。

表 3-20　逻辑异或指令(6 条)

汇编语言指令	指令功能	指令编码	字节数	执行周期
XRL　A,Rn	(A)∀(Rn)→A	68H~6FH	1	1
XRL　A,direct	(A)∀(direct)→A	65H　di	2	1
XRL　A,@Ri	(A)∀((Ri))→A	66H、47H	1	1
XRL　A,#data	(A)∀#data→A	64H　da	2	1
XRL　direct,A	(direct)∀(A)→direct	62H　di	2	1
XRL　direct,#data	(direct)∀#data→direct	63H　di　da	3	2

前 4 条指令是将累加器 A 的内容和源操作数按位进行逻辑"异或",结果存放在 A 中,影响 PSW 的奇偶校验位 P 位;后 2 条指令是将直接地址单元中的内容和源操作数按位进行逻辑"异或",结果存入直接地址单元。若直接地址正好是 I/O 端口,则为"读—修改—写"操作指令。

例如,若(A)=0CAH,(R0)=0A3H,执行下列指令:

　　XRL　A,R0

　　　　1100　　1010
　∀　　1010　　0011
　　　─────────────
　　　　0110　　1001

结果为:(A)=69H

逻辑异或指令通常用作将字节中的某一位或某几位取反而不影响其他位,只要将对应位和"1"相异或,无关位和"0"相异或即可。

例如:将累加器 A 的高 4 位取反。

　　XRL　A,#0F0H

3.5.4　清零和取反指令

清零和取反的 2 条指令(表 3-21)。

表 3-21　清零和取反指令(2 条)

汇编语言指令	指令功能	指令编码	字节数	执行周期
CLR　A	0→A	E4H	1	1
CPL　A	($\overline{A}$)→A	F4H	1	1

前一条指令的功能是将累加器 A 中的内容清零,后一条指令的功能是将累加器 A 中的内容取反。

例如:若(A)=7FH,执行指令 CPL　A 后,(A)=80H。

3.5.5　移位指令

移位的 5 条指令(表 3-22)。

表 3 - 22   移位指令(5 条)

汇编语言指令	指令功能	指令编码	字节数	执行周期
RL A	$(A)_{6\sim0}\rightarrow A_{7\sim1}$,$(A)_7\rightarrow A_0$	23H	1	1
RR A	$(A)_{7\sim1}\rightarrow A_{6\sim0}$,$(A)_0\rightarrow A_7$	03H	1	1
RLC A	$(A)_{6\sim0}\rightarrow A_{7\sim1}$,$(A)_7\rightarrow Cy$,$(Cy)\rightarrow A_0$	33H	1	1
RRC A	$(A)_{7\sim1}\rightarrow A_{6\sim0}$,$(A)_0\rightarrow Cy$,$(Cy)\rightarrow A_7$	13H	1	1
SWAPA	$(A)_{7\sim4}\longleftrightarrow(A)_{3\sim0}$	C4H	1	1

"RL   A"是不带进位位的循环左移指令,功能是将累加器 A 中的内容依次左移一位,第 7 位循环移入第 0 位。

"RR   A"是不带进位位的循环右移指令,功能是将累加器 A 中的内容依次右移一位,第 0 位循环移入第 7 位。

"RLC   A"是带进位位的循环左移指令,功能是将累加器 A 中的内容依次左移一位,第 7 位循环移入 Cy,Cy 循环移入第 0 位。

"RRC   A"是带进位位的循环右移指令,功能是将累加器 A 中的内容依次右移一位,第 0 位循环移入 Cy,Cy 循环移入第 7 位。

"SWAP   A"是累加器 A 的自交换指令,功能是将 A 中内容的高半字节与低半字节互换。

例如,若(A)=4FH,(Cy)=1,分别执行以下指令后,结果为:

```
RL    A      ;(A)=9EH,(Cy)=1
RLC   A      ;(A)=9FH,(Cy)=0
RR    A      ;(A)=0A7H,(Cy)=1
RRC   A      ;(A)=0A7H,(Cy)=1
SWAP  A      ;(A)=0F4H
```

3.6   子程序调用与控制转移类指令

MCS-51 单片机指令系统中,控制转移类指令共有 17 条,包括子程序调用与返回指令、无条件转移指令、条件转移指令和空操作指令。这类指令通过修改程序计数器 PC 的内容来控制程序的执行过程,可极大地提高程序的效率,实现复杂功能。

3.6.1   子程序调用与返回指令

为简化程序设计,经常把功能完全相同或反复使用的程序段单独编写成子程序,供主程序调用。主程序需要时通过调用指令,无条件转移到子程序处执行,子程序结束时执行返回指令,再返回到主程序继续执行。

子程序调用与返回的 4 条指令见表 3 - 23。

表 3-23　子程序调用与返回指令(4 条)

汇编语言指令	指令功能	指令编码	字节数	执行周期
ACALL addr11	(PC)+2→PC	a10a9a810001	2	2
	(SP)+1→SP	addr(7~0)		
	(PC 低 8 位)→(SP)			
	(SP)+1→SP			
	(PC 高 8 位)→(SP)			
	addr11→$PC_{10\sim0}$			
LCALL addr16	(PC)+3→PC	12H	3	2
	(SP)+1→SP	addr(15~8)		
	(PC 低 8 位)→(SP)	addr(7~0)		
	(SP)+1→SP			
	(PC 高 8 位)→(SP)			
	addr16→PC			
RET	((SP))→PC 高 8 位	22H	1	2
	(SP)-1→SP			
	((SP))→PC 低 8 位			
	(SP)-1→SP			
RETI	((SP))→PC 高 8 位	32H	1	2
	(SP)-1→SP			
	((SP))→PC 低 8 位			
	(SP)-1→SP			

第 1 条指令是绝对调用指令。执行时,先将 PC 加 2,指向下一条指令的首地址,即 PC 的当前值,然后通过两次进栈操作,将 PC 当前值(断口地址)入栈保护,最后用指令中给出的 11 位地址值 addr11 去替换掉 PC 当前值的低 11 位,形成新的 PC 值,指向子程序的入口地址,程序发生转移,执行子程序。

需要注意的是,由于 PC 值只修改了低 11 位,因此,绝对调用指令只能在 2 KB 地址范围内调用,整个 64 KB 程序存储器空间被分成 32 个基本 2 KB 地址范围,编程时,必须保证紧接 ACALL 指令后面的那一条指令的第一个字节与被调用子程序的入口地址在同一个 2 KB 范围内,否则将不能使用 ACALL 指令实现这种调用。

第 2 条指令是长调用指令。执行时,先将 PC 加 3,指向下一条指令的首地址,即 PC 的当前值,然后通过两次进栈操作,将 PC 当前值(断口地址)入栈保护,最后用指令中给出的 16 位地址值 addr16 去替换掉 PC 的当前值,形成新的 PC 值,指向子程序的入口地址,程序发生转移,执行子程序。

长调用指令可以在 64 KB 范围内任意调用,当绝对调用指令超出调用范围时,可改用长调用指令。

第 3 条指令是子程序返回指令。执行时,通过两次出栈操作,将调用子程序时压入堆栈中的断点地址送回给 PC,使程序回到原程序断点处继续执行。特别注意,对于每一个子程序,必须通过 RET 指令返回。

第 4 条指令是中断服务程序返回指令。中断服务程序执行完后,用该指令把响应中断时压入堆栈的断点地址送回给 PC,使程序回到原程序断点处继续执行。此外,该指令还有清除中断响应时被置位的优先级状态、开放较低级中断和恢复中断逻辑等功能。

3.6.2　无条件转移指令

无条件转移的 4 条指令(表 3-24)。

表 3-24　无条件转移指令(4 条)

汇编语言指令	指令功能	指令编码	字节数	执行周期
AJMP　addr11	(PC)+2→PC	a10a9a800001	2	2
	addr11→PC$_{10\sim0}$	addr(7~0)		
LJMP　addr16	(PC)+3→PC	02H	3	2
	addr16→PC	addr(15~8)		
		addr(7~0)		
SJMP　rel	(PC)+2+rel→PC	80H,rel	2	2
JMP　@A+DPTR	(A)+(DPTR)→PC	73H	1	2

第 1 条指令是绝对转移指令。执行时,先将 PC 加 2,指向下一条指令的首地址,即 PC 的当前值,再用指令中给出的 11 位地址值 addr11 去替换掉 PC 当前值的低 11 位,形成新的 PC 值,指向转移的目的地址,程序就无条件地转移到该地址去执行。

与绝对调用指令一样,由于 PC 值只修改了低 11 位,因此,绝对转移指令也只能在 2 KB 地址范围内转移,编程时,必须保证紧接 AJMP 指令后面的那一条指令的第一个字节与被转移的目的地址在同一个 2 KB 范围内,否则将不能使用 AJMP 指令实现这种转移。

第 2 条指令是长转移指令。执行时,先将 PC 加 3,指向下一条指令的首地址,即 PC 的当前值,再用指令中给出的 16 位地址值 addr16 去替换掉 PC 的当前值,形成新的 PC 值,指向转移的目的地址,程序就无条件地转移到该地址去执行。

长转移指令可以在 64 KB 范围内任意跳转,当绝对转移指令超出跳转范围时,可改用长转移指令。

第 3 条指令是相对转移指令。在前面寻址方式介绍时,讲过 rel 是 8 位补码形式的相对偏移量,当 rel>0,程序向后跳转;当 rel<0,程序向前跳转。指令执行时,先将 PC 加 2,指向下一条指令的首地址,即 PC 的当前值,再加上相对偏移量 rel,形成新的 PC 值,指向转移的目的地址,程序就无条件地转移到该地址去执行。

第 4 条指令是间接转移指令。该指令是将累加器 A 中的内容与数据指针 DPTR 中的内容相加,形成一个目的地址送给 PC,程序将无条件地转移到该地址去执行。这条指令可以替代众多的判别跳转指令,具有散转功能。

例如,现有一段程序:

```
        MOV    DPTR,#TAB
        JMP    @A+DPTR
TAB:    AJMP   L1
```

```
        AJMP    L2
        AJMP    L3
        AJMP    L4
```

当(A)＝00H 时,程序将转移到地址 L1 处去执行,当(A)＝02H 时,程序将转移到地址 L2 处去执行。注意,AJMP 指令是双字节指令,所以(A)＝02H 时,程序才转移到 L2 处去执行。

3.6.3　条件转移指令

(1) 累加器判 0 转移的 2 条指令(表 3-25)

表 3-25　累加器判 0 转移指令(2 条)

汇编语言指令	指令功能	指令编码	字节数	执行周期
JZ　rel	(A)＝00H,(PC)＋2＋rel→PC	60H　rel	2	2
	(A)≠00H,(PC)＋2→PC			
JNZ　rel	(A)≠00H,(PC)＋2＋rel→PC	70H　rel	2	2
	(A)＝00H,(PC)＋2→PC			

这两条指令分别是以累加器 A 中的内容为 0 和不为 0 作为判断依据,条件满足程序发生转移,不满足程序顺序执行。

例如,现有一段程序:
```
        MOV    A,R7
        JZ     L2
L1:    …              ;(A)＝(R7)≠00H 时执行的程序段
L2:    …              ;(A)＝(R7)＝00H 时执行的程序段
```

(2) 两数比较不等转移的 4 条指令(表 3-26)

表 3-26　两数比较不等转移指令(4 条)

汇编语言指令	指令功能	指令编码	字节数	执行周期
CJNE　A,#data,rel	(A)＝#data,(PC)＋3→PC,0→Cy	B4H	3	2
	(A)＞#data,(PC)＋3＋rel→PC,0→Cy	data		
	(A)＜#data,(PC)＋3＋rel→PC,1→Cy	rel		
CJNE　A,direct,rel	(A)＝(direct),(PC)＋3→PC,0→Cy	B5H	3	2
	(A)＞(direct),(PC)＋3＋rel→PC,0→Cy	direct		
	(A)＜(direct),(PC)＋3＋rel→PC,1→Cy	rel		
CJNE　Rn,#data,rel	(Rn)＝#data,(PC)＋3→PC,0→Cy	B8H～BFH	3	2
	(Rn)＞#data,(PC)＋3＋rel→PC,0→Cy	data		
	(Rn)＜#data,(PC)＋3＋rel→PC,1→Cy	rel		
CJNE　@Ri,#data,rel	((Ri))＝#data,(PC)＋3→PC,0→Cy	B6H、B7H	3	2
	((Ri))＞#data,(PC)＋3＋rel→PC,0→Cy	data		
	((Ri))＜#data,(PC)＋3＋rel→PC,1→Cy	rel		

这组指令的功能是将目的操作数与源操作数相减,进行比较,若它们的值不相等则转移,转移的目的地址为 PC 当前值加相对偏移量 rel;若它们的值相等,则程序顺序执行。目的操作数与源操作数的相减,不会改变两个操作数的值,但会影响 PSW 中的 Cy。若目的操作数减去源操作数够减,则清进位标志位 Cy;若目的操作数减去源操作数不够减,则置位进位标志位 Cy。

例如,现有一段程序:

```
        MOV     A,30H
        CJNE    A,31H,L2
L1:     …                    ;(30H)=(31H)时执行的程序段
L2:     …                    ;(30H)≠(31H)时执行的程序段
```

(3) 减 1 非零转移的 2 条指令(表 3-27)

表 3-27 减 1 非零转移指令(2 条)

汇编语言指令	指令功能	指令编码	字节数	执行周期
DJNZ Rn,rel	(Rn)-1→Rn	D8H~DFH	2	2
	(Rn)≠00H,(PC)+2+rel→PC	Rel		
	(Rn)=00H,(PC)+2→PC			
DJNZ direct,rel	(direct)-1→direct	D5H	3	2
	(direct)≠00H,(PC)+3+rel→PC	direct		
	(direct)=00H,(PC)+3→PC			

这组指令每执行一次,作为目的操作数的值先自减 1,然后判断其是否为 0。若不为 0,则转移到目的地址执行程序;若为 0,程序顺序执行。

这组指令常用于控制程序循环。使用时,通常预先给寄存器 Rn 或内部存储器的 direct 单元装入循环次数,则可控制程序实现按次数循环执行。

例如,试说明以下一段程序运行后 A 中的结果。

```
        MOV     R7,#0AH
        CLR     A
L1: ADD     A,R7
        DJNZ    R7,L1
        SJMP    $
```

根据程序可知,(A)=10+9+8+7+6+5+4+3+2+1=55=37H。

3.6.4 空操作指令

空操作的 1 条指令(表 3-28)。

表 3-28 空操作指令(1 条)

汇编语言指令	指令功能	指令编码	字节数	执行周期
NOP	(PC)+1→PC	00H	1	1

这条指令不产生任何控制操作,只是将程序计数器 PC 中的内容加 1。执行指令将需要 1 个机器周期的时间,所以常用来实现等待和延时。

3.7　位操作类指令

MCS-51 单片机中有一个功能很强、结构完全的位处理器,又称布尔处理器。布尔处理在硬件上是一个完整的系统,有位运算器 ALU、位累加器(借用 PSW 的 Cy 位)、可位寻址 RAM 及并行 I/O 口等。

布尔处理器的位操作功能为很多逻辑电路的"硬件软化"提供了有效而简便的方法,充分体现了单片机的位处理能力。

MCS-51 单片机位操作指令实现对位地址单元中的内容进行操作,共有 17 条,包括位传送、清位、置位、位逻辑运算和位条件转移指令。指令中的操作数都是 1 位。

3.7.1　位传送指令

位传送的 2 条指令(表 3-29)。

表 3-29　位传送指令(2 条)

汇编语言指令	指令功能	指令编码	字节数	执行周期
MOV bit,C	(C)→bit	92H bit	2	2
MOV C,bit	(bit)→C	A2H bit	2	2

前一条指令的功能是把位累加器 C 中的内容送到指定的位地址单元 bit 中,后一条指令的功能是把位地址单元 bit 中的内容送到位累加器 C 中。

例如,若片内 RAM(20H)=89H=10001001B,执行指令:

　　MOV C, 00H

结果为:(C)=(00H)=(20H.0)=1

又如,若(C)=1,(P3)=11000101B,(P1)=00110101B,执行下列指令:

　　MOV P1.3,C
　　MOV C,P3.3
　　MOV P1.2,C

执行后,(C)=0,P3 不变,(P1)=00111001B。

3.7.2　清位和置位指令

清位和置位的 4 条指令(表 3-30)。

表 3-30　清位和置位指令(4 条)

汇编语言指令	指令功能	指令编码	字节数	执行周期
CLR C	0→C	C3H	1	1
CLR bit	0→bit	C2H bit	2	1
SETB C	1→C	D3H	1	1
SETB bit	1→bit	D3H bit	2	1

前 2 条指令的功能是对位累加器 C 和位地址单元 bit 中的内容清零,后 2 条指令的功能是对位累加器 C 和位地址单元 bit 中的内容置位。

例如,分别执行下列指令,结果为:

CLR P1.0   ;(P1.0)＝0,从 P1.0 输出低电平
SETB P1.1   ;(P1.1)＝1,从 P1.1 输出高电平

3.7.3 位逻辑运算指令

位逻辑运算的 6 条指令(表 3-31)。

表 3-31 位逻辑运算指令(6 条)

汇编语言指令	指令功能	指令编码	字节数	执行周期
CPL C	$(\overline{C})\to C$	B3H	1	1
CPL bit	$(\overline{bit})\to bit$	B2H bit	2	1
ANL C,bit	$(C)\wedge(bit)\to C$	82H bit	2	2
ANL C,/bit	$(C)\wedge(\overline{bit})\to C$	B0H bit	2	2
ORL C,bit	$(C)\vee(bit)\to C$	72H bit	2	2
ORL C,/bit	$(C)\vee(\overline{bit})\to C$	A0H bit	2	2

前 2 条指令的功能是对位累加器 C 和位地址单元 bit 中的内容取反。

第 3、4 条指令的功能是把位累加器 C 的内容与位地址单元 bit 中的内容或取反后的值进行逻辑与,并把结果送到位累加器 C。

后 2 条指令的功能是把位累加器 C 的内容与位地址单元 bit 中的内容或取反后的值进行逻辑或,并把结果送到位累加器 C。

例如,若(C)＝1,位地址(00H)＝0,分别执行以下指令后,结果为:

CPL C   ;(C)＝0
CPL 00H   ;(00H)＝1
ANL C,00H   ;(C)＝0
ANL C,/00H   ;(C)＝1

3.7.4 位条件转移指令

位条件转移的 5 条指令(表 3-32)。

表 3-32 位条件转移指令(5 条)

汇编语言指令	指令功能	指令编码	字节数	执行周期
JC rel	(C)＝1,(PC)＋2＋rel→PC	40H rel	2	2
JNC rel	(C)＝0,(PC)＋2＋rel→PC	50H rel	2	2
JB bit,rel	(bit)＝1,(PC)＋3＋rel→PC	20H bit rel	3	2
JNB bit,rel	(bit)＝0,(PC)＋3＋rel→PC	30H bit rel	3	2
JBC bit,rel	(bit)＝1,(PC)＋3＋rel→PC 0→bit	10H bit rel	3	2

这组指令分别以指定的位为 0 或 1 作为判断条件,条件满足则程序发生跳转,条件不满足,程序顺序执行。

例如,现有一段程序:

```
      CLR    C
      SUBB   A,#05H
      JC     L2
L1：  …                ;(A)≥5 时执行的程序段
L2：  …                ;(A)<5 时执行的程序段
```

又如,现有一段程序:

```
      SETB   P1.0
      JNB    P1.0,L2
L1：  …                ;P1.0 引脚为高电平时执行的程序段
L2：  …                ;P1.0 引脚为低电平时执行的程序段
```

习题 3

3-1 什么是寻址方式? MCS-51 单片机有哪几种寻址方式?

3-2 访问特殊功能寄存器有哪些寻址方式?

3-3 访问片内数据存储器有哪些寻址方式?对增强型单片机,访问片内数据存储器有哪些寻址方式?

3-4 访问片外数据存储器有哪些寻址方式?

3-5 访问程序存储器有哪些寻址方式?

3-6 下列哪些指令是非法指令?

```
MOV    A,R5      MOV    30H,@R2    ADD    B,R7
CLR    R0        SETB   30H        PUSH   R1
MOV    R1,R2     DEC    DPTR       CLR    A
XRL    C,20H     ANL    20H,#7FH   DJNZ   @R1,L1
SUBB   A,B       POP    30H        MOVX   2000H,2001H
CLR    P0        RLC    A          MOV    A,C
```

3-7 用数据传送指令实现下列要求的数据传送。

(1) R1 的内容传送到 R0;

(2) 外部 RAM1000H 单元的内容送入 R0;

(3) 外部 RAM1000H 单元的内容送入内部 RAM10H 单元;

(4) 外部 RAM1000H 单元内容送入外部 RAM2000H 元;

(5) ROM1000H 单元内容送入 R0;

(6) ROM1000H 单元内容送入外部 RAM1000H 单元;

(7) 内部 RAM10H 单元内容送入外部 RAM1000H 单元;

3-8 设(30H)=40H,(40H)=10H,(10H)=00H,端口 P1 内容为 0CAH,问执行以下指令后,各有关存储单元、寄存器及端口(即 R0、R1、A、B、P1、40H、30H 及 10H 单元)的内容是什么?

```
      MOV    R0,#30H
      MOV    A,@R0
      MOV    R1,A
      MOV    B,@R1
      MOV    @R1,P1
```

    MOV   P2,P1

    MOV   10H,#20H

    MOV   30H,10H

3-9   如下程序段：

    MOV   SP,#70H

    MOV   30H,#7FH

    MOV   31H,#0F7H

    PUSH   30H

    PUSH   31H

    POP   30H

    POP   31H

执行后:(30H)=＿＿＿＿＿,(31H)=＿＿＿＿＿,(SP)=＿＿＿＿＿。

3-10   如下程序段：

    MOV   A,#6FH

    MOV   R1,#97H

    ADD   A,R1

执行后:(A)=＿＿＿＿＿,(Cy)=＿＿＿＿＿,(AC)=＿＿＿＿＿,(OV)=＿＿＿＿＿,(P)=＿＿＿＿＿。

3-11   若外部 RAM(1000H)=47H,(1001H)=30H,执行如下程序段：

    MOV   DPTR,#1000H

    MOVX   A,@DPTR

    MOV   B,A

    INC   DPTR

    MOVX   A,@DPTR

    MUL   AB

    MOVX   @DPTR,A

    DEC   DPL

    MOV   A,B

    MOVX   @DPTR,A

执行后:(1000H)=＿＿＿＿＿,(1001H)=＿＿＿＿＿,程序的功能是＿＿＿＿＿＿＿＿。

3-12   欲使 P1 口的低 4 位输出 0 而高 4 位不变,应执行一条什么指令？

3-13   欲使 P1 口的低 4 位输出 1 而高 4 位不变,应执行一条什么指令？

3-14   欲使 P1 口的低 4 位取反输出而高 4 位不变,应执行一条什么指令？

3-15   如下程序段：

    MOV   A,#02H

    RL   A

    RL   A

执行后:(A)=＿＿＿＿＿,程序的功能是＿＿＿＿＿＿＿。

第4章 MCS‑51单片机的程序设计

所谓程序设计,就是编写计算机程序,目的就是利用计算机语言对所要实现的功能进行描述。在第3章介绍了MCS‑51单片机汇编语言的指令系统,其实每一条指令就是汇编语言程序设计中的一条命令语句。本章将通过编程实例,使读者进一步熟悉和掌握单片机的指令系统及编程的方法和技巧,提高单片机程序的设计能力。

4.1 程序设计的语言

目前,用于程序设计的语言基本上分为三种:机器语言、汇编语言和高级语言。

1. 机器语言

机器语言是用二进制(也可以为十六进制)数表示的指令和数据的总称,或称机器代码、指令代码。用机器语言编写的程序称为目标程序,它是计算机能直接识别和执行的程序。因此,用机器语言编写的程序能充分发挥其指令系统的特点,编出高质量的目标程序。但是,用机器语言编写的程序,其指令、数据和地址均以二进制数码表示,难编难读,不易交流,不易修改调试,且容易出错。

2. 汇编语言

为了克服用机器语言编写程序的缺点,便于编写、调试、阅读和记忆,人们发明了有助于记忆和理解的助记符号来代表指令、数据和地址的汇编语言。汇编语言是一种面向机器的语言,它的助记符指令和机器语言保持着一一对应的关系,换言之,汇编语言实际上就是机器语言的符号表示。

用汇编语言编写的程序要比用机器语言简便、直观的多,而且使用汇编语言后,程序中的指令操作符、数据、地址分得比较清楚,每条指令的功能意义也明确。由于采用的是助记符,便于记忆,便于了解计算机的实际操作,也便于交流、修改和程序调试。因此,汇编语言是能充分利用单片机所有硬件特性并能直接控制硬件的编程语言,同时也是单片机提供给用户的最快、最有效的语言。

3. 高级语言

高级语言是一种面向算法和过程的程序设计语言,采用更接近人们自然语言和习惯的数学表达式及直接命令的方法来描述算法和过程,如BASIC、C语言等。高级语言的语句直观、功能强,一条语句往往相当于许多条汇编语言指令,在程序设计时也不必顾及计算机的结构和指令系统,对不同的计算机,其程序基本能通用,尤其对复杂的科学计算和数据处理,高级语言有着明显的优势。

机器语言是计算机唯一能理解和执行的语言,用其编写的程序执行效率最高,但由于不易记忆、编写和阅读,使其应用受到很大限制。

汇编语言编写的程序占用内存少,执行速度快,同时利用助记符的方式提高了程序的直观性,因此很适用于实时系统的程序设计,但由于其针对硬件的设计特点,使它不能独立于机器,设计的程序的通用性受到一定限制。

高级语言易学易用,通用性强,但编写的程序经编译后产生的目标程序质量相对较差,占用内存多,运行速度较慢。

4.2　程序设计的步骤和方法

进行单片机系统设计时,要根据设计任务所要达到的目标,如被控对象的功能和工作过程要求,首先设计硬件电路,然后再根据具体的硬件环境进行程序设计。

1. 程序设计的步骤

(1) 分析问题

对需要解决的问题进行分析,达到正确理解。例如,解决问题的任务是什么,工作过程是什么,现有条件、已知数据、精度要求是什么,设计的硬件结构是否方便编程等。

(2) 确定算法

算法就是如何将实际问题的解决转化成程序模块来处理。解决一个问题,常常有几种可选择的方法。从数学的角度来描述,可能有几种不同的算法。在编制程序以前,要对不同的算法进行分析、比较,根据功能和技术指标以及实时性的要求,确定最优算法。

(3) 画程序流程图

程序流程图是使用各种图形、符号、有向线段等来说明程序设计过程的一种直观的表示。流程图步骤分得越细致,编写程序也就越方便。通过流程图,让设计人员抓住程序的基本线索,对全局有较为完整的了解,便于发现设计思想上的错误和矛盾,也便于找出解决问题的途径,因此,画流程图是程序结构设计时采用的一种重要手段。有了流程图,可以很容易地把较大的程序分成若干个模块,分别进行设计,最后合在一起联调。一个系统软件要有总的流程图,即主程序框图。它可以画得粗一点,侧重点在于反映各模块之间的相互联系。一般还要有局部的流程图,反映某个模块的具体实现方案。

(4) 编写程序

根据程序流程图,用汇编指令替代流程中的各个细节,进而组成程序段、程序模块,最后组合成完整的用户程序。

(5) 调试源程序

上机运行源程序,排除程序存在的语法和算法错误,达到问题解决的要求。上机调试可以首先在 PC 机上运行调试,利用一些厂家研发的开发软件进行模拟调试,查看一些纯粹算法方面的运行情况和正确性,然后移至硬件系统板上,主要解决面向硬件的软件问题,综合解决存在的算法问题,达到实际问题的彻底解决。

2. 编程的方法与技巧

(1) 模块化程序设计方法

实际应用程序一般都由一个主程序(包括若干个功能模块)和多个子程序构成。每一程序模块都能完成一个明确的任务,实现某个具体功能,如发送数据、接收数据、延时、显示、打印等。采用模块化程序设计方法有下述优点:

① 单个模块功能单一,易于编写、调试和修改;

② 便于分工,从而使多个程序员同时编写和调试,加快软件研制进度;

③ 程序可读性好,便于功能扩充和版本升级;

④ 对程序的修改可局部进行;

⑤ 对于使用频繁的子程序可以建立子程序库,便于多个模块调用。

进行模块划分时,首先应弄清楚每个模块的功能,确定其数据结构以及与其他模块的关系。其次是对主要任务进一步细化,把一些专用的子任务交由下一级即第二级子模块完成。这时也需要弄清楚它们之间的相互关系。按这种方法一直细分成易于理解和实现的小模块。

模块的划分有很大的灵活性,但也不能随意划分。划分模块时应遵循下述原则:

① 每个模块应具有独立的功能,能产生一个明确的结果,这就是单个模块的功能高内聚性。

② 模块之间的控制耦合应尽量简单,数据耦合应尽量少,这就是模块间的低耦合性。

③ 模块长度适中,语句量通常在 20～100 条的范围较合适。模块太长时,分析和调试比较困难,失去了模块化程序结构的优越性;过短则连接太复杂,信息交换太频繁,因而也不合适。

(2) 编程技巧

在进行程序设计时,应注意以下事项及技巧:

① 尽量采用循环结构和子程序,这样可以使程序的总容量大大减少,提高程序的效率,节省内存。在多重循环时,要注意各重循环的初值和循环结束条件;

② 尽量少用无条件转移指令,这样使程序条理更加清楚,从而减少错误;

③ 对于通用的子程序,除了用于存放子程序入口参数的寄存器外,子程序中用到的其他寄存器的内容应压入堆栈(返回前再弹出),即保护现场;

④ 中断处理程序除了要保护处理程序中用到的寄存器外,还要保护标志寄存器。因为在中断处理过程中,难免对标志位产生影响,而中断处理结束后返回主程序时,依据标志位运行的程序就被打乱了;

⑤ 累加器是信息传递的枢纽,用累加器传递入口参数或返回参数比较方便。

4.3 伪指令

汇编语言源程序的编译过程可以用专门的汇编程序在通用计算机上自动完成。在编译过程中,往往需要一些指示信息,告诉汇编程序如何完成编译工作,这些包含在源程序中的指示信息,就称作伪指令。伪指令是程序员发给汇编程序的命令,只在编译过程中起指导作用,它不属于 MCS-51 单片机指令系统,因此编译时不会产生目标程序代码,也就不会影响到源程序的执行。

MCS-51 单片机常用的伪指令有:

1. ORG 汇编起始伪指令

格式:ORG addr16

功能:规定该指令后面的源程序编译后所产生的目标程序存放的起始地址。

例如:

```
     ORG     0003H
INT0:LJMP    CL_INT0
```

这条伪指令规定它下面的第一条指令从地址 0003H 单元开始存放。标号 INT0 的值为 0003H。

通常,在一个汇编语言源程序的开始,都要设置一条 ORG 伪指令来指定该程序在存储器中存放的起始位置。若省略 ORG 位指令,则默认程序从 0000H 单元地址开始存放。在一个源程序中,ORG 可多次使用,用来规定不同程序段的不同起始地址。使用 ORG 指令时,规定每个程序段的起始地址可以不连续,但必须从小到大。

2. END 汇编结束伪指令

格式:END

功能:通知汇编程序结束编译过程。编译时遇到 END 指令,则结束所有编译工作,其后的所有指令将不再进行编译。

3. DB 定义字节伪指令

格式:[标号:] DB 8 位字节数据表

功能:把表中的数据存入程序存储器从标号开始的连续地址单元中。

字节数据表可以是一个或多个字节数据、字符串或表达式。该伪指令将字节数据表中的数据按从左到右的顺序依此存放在指定的存储单元中。一个数据占一个存储单元。

例如:

```
        ORG     2000H
TAB1:DB         10H,7FH
TAB2:DB         "ABC"——将字符串中的字符以 ASCII 码的形式存放在 TAB2 地址开始的连续的
                ROM 单元中
```

编译后:(2000H)=10H

(2001H)=7FH

(2002H)=41H

(2003H)=42H

(2004H)=43H

其中,TAB1、TAB2 是二进制的标号地址,它们的值分别是 2000H 和 2002H。

4. DW 定义字伪指令

格式:[标号:] DW 16 位字数据表

功能:从标号指定的地址单元开始,在程序存储器中定义字数据。

该伪指令将字数据表中的数据按从左到右的顺序依此存放在指定的存储单元中。需要注意的是,DW 伪指令使 16 位数据的高字节存放到低地址单元,低字节存放到高地址单元。

例如:

```
        ORG     1000H
TAB: DW         1234H,0CH
```

编译后:(1000H)=12H

(1001H)=34H

(1002H)=00H

(1003H)=0CH

5. EQU 赋值伪指令

格式:字符名称 EQU 表达式

功能:将 EQU 右边的表达式的值或特定的某个汇编符号赋给或定义为一个指定的符

号名。

在实际应用中,通常把经常使用的数值、符号定义为一个有意义的字符名称,编写程序时使用这些字符名称,可以方便程序的阅读和修改。

需要注意的是,符号名必须先定义后使用,因此,EQU 伪指令通常放在程序开头部分。另外,程序中,一旦用 EQU 伪指令对符号名赋值之后,就不能再用 EQU 伪指令来改变其值。

例如:

```
COUNT      EQU  34H
ADDE       EQU  18H
           MOV  A,#COUNT   ;34H→A
           ADD  A,ADDE     ;(A)+(18H)→A
```

这里,COUNT 被赋值为 34H,ADDE 被赋值为 18H。

6. BIT 位地址符号赋值伪指令

格式:字符名 BIT 位地址

功能:将位地址赋予字符名。

例如:

```
M1  BIT  01H
M2  BIT  P1.0
```

编译后,01H 和 P1.0 的位地址分别赋给了 M1 和 M2,在其后的编程中,可以用 M1 代替 01H 使用,用 M2 代替 P1.0 使用。

4.4　程序设计基础与举例

程序设计是为了解决某个问题,将指令有序地组合在一起。程序根据功能的不同有繁有简,有些复杂的程序往往是由简单的基本程序构成的。在程序设计中,最常见的程序结构形式有顺序程序、分支程序、循环程序和子程序。本节将结合实例详细地介绍这些程序的设计方法。

4.4.1　顺序程序

顺序程序是最简单的程序结构,它的执行顺序与程序中指令的排列顺序完全一致。

【例 4-1】　将外部数据存储器 1000H 和 1001H 单元的内容相交换。

分析:MCS-51 单片机有交换指令,但不能实现外部存储单元内容的直接交换,因此需先把外部 RAM 中的数据读入内部后再进行交换,然后依此存放回原外部 RAM 单元。程序流程图如图 4-1 所示,程序如下:

```
ORG   0100H
MOV   DPTR,#1000H
MOVX  A,@DPTR
MOV   R7,A
INC   DPTR
MOVX  A,@DPTR
XCH   A,R7
```

```
MOVX    @DPTR,A
DEC     DPL
MOV     A,R7
MOVX    @DPTR,A
SJMP    $
END
```

【例 4 - 2】 设变量 x 放在片内 RAM 的 30H 单元中,求其平方值放入 31H 单元中,x 范围为 0～5。

分析:可建一个 0～5 的平方表,利用查表的方法求取平方值。程序流程图如图 4 - 2 所示,程序如下:

```
ORG     0100H
MOV     DPTR,#TAB
MOV     A,30H
MOVC    A,@A+DPTR
MOV     31H,A
SJMP    $
TAB:    DB 00H,01H,04H,09H,16H,25H
END
```

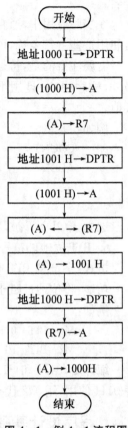

图 4 - 1　例 4 - 1 流程图

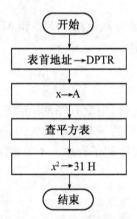

图 4 - 2　例 4 - 2 流程图

查表技术是汇编语言程序设计的一个重要技术,如常会遇到查平方表、立方表、函数表、数码管显示的段码表等,通过查表可以避免复杂的计算和编程。

【例 4 - 3】 设寄存器 R7 中存放着一个 8 位无符号二进制数,试编程将其转化为压缩 BCD 码,将百位存放到 R5 中,十位和个位存放到 R6 中。

分析:8 位无符号二进制数的范围在 0～255 之间,将它除以 100,商即为百位,余数再除以 10,商为十位,余数为个位。程序流程图如图 4 - 3 所示,程序如下:

```
ORG     0100H
```

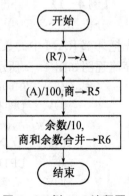

图 4 - 3　例 4 - 3 流程图

```
MOV     A,R7
MOV     B,#100
DIV     AB
MOV     R5,A
MOV     A,B
MOV     B,#10
DIV     AB
SWAP    A
ORL     A,B        ;合并十位和个位
MOV     R6,A
SJMP    $
END
```

【例 4-4】　将 R6、R7 构成的双字节无符号数乘以 2 放回,假设结果仍然为双字节数。

分析:对于二进制数,左移 1 位相当于乘 2,因此,可以将该双字节数依此左移 1 位,实现乘 2 功能。程序流程图如图 4-4 所示,程序如下:

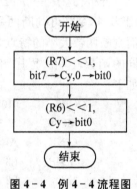

```
ORG     0100H
CLR     C
MOV     A,R7
RLC     A
MOV     R7,A
MOV     A,R6
RLC     A
MOV     R6,A
SJMP    $
END
```

图 4-4　例 4-4 流程图

4.4.2　分支程序

在程序设计中,有时要根据功能任务的要求,需要对程序运行过程中的某种情况作出判断,再根据判断的结果做出相应的处理。通常,计算机依据某些运算结果或状态信息,来判断和选择程序的不同走向,形成分支。分支程序是通过转移类指令实现的。

【例 4-5】　设在内部 RAM30H 单元存放着一个有符号数,试编程求其补码,并存放回原单元。

分析:有符号数是利用最高位作为正、负数的标志位,最高位为"0"是正数,最高位为"1"是负数。正数的补码与原码一样,负数的补码等于原码取反后加 1,符号位不变。因此,对 30H 单元中的有符号数,求补码时,首先要判断这个数是正数还是负数,再按相应的规则求解。程序流程图如图 4-5 所示,程序如下:

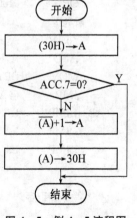

图 4-5　例 4-5 流程图

```
ORG     0100H
MOV     A,30H
```

```
        JNB     ACC.7,L1
        CPL     A               ;负数,取反加1
        ADD     A,#1
        ORL     A,#80H          ;符号位置1
        MOV     30H,A
    L1:  SJMP    $
        END
```

【例 4 - 6】　x、y 均为无符号数,设 x 存放在内部 RAM30H 单元,y 存放在内部 RAM31H 单元,试编程求解:

$$y=\begin{cases} x-1 & (x>5) \\ x+1 & (x<5) \\ x & (x=5) \end{cases}$$

分析:这是一个三分支结构程序,可以利用 CJNE 指令既可判断两数是否相等,又会影响 Cy 进而判断两数大小的特点,使 x 与 5 比较,实现 3 个不同的函数功能。程序流程图如图 4 - 6 所示,程序如下:

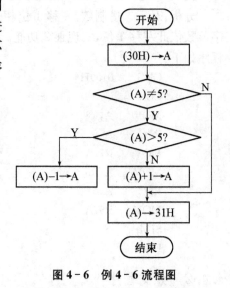

图 4 - 6　例 4 - 6 流程图

```
        ORG     0100H
        MOV     A,30H
        CJNE    A,#5,L1
        SJMP    L3              ;x=5
    L1:  JNC     L2
        ADD     A,#1            ;x<5
        SJMP    L3
    L2:  SUBB    A,#1            ;x>5
    L3:  MOV     31H,A
        SJMP    $
        END
```

【例 4 - 7】　根据 R7 的内容转向相应的处理程序。设 R7 的内容为处理程序的序号。

```
        ORG     0100H
        MOV     A,R7
        ADD     A,R7
        ADD     A,R7;(A)×3→A
        MOV     DPTR,#TAB
        JMP     @A+DPTR         ;散转
    TAB: LJMP    L1              ;根据(R7),转向不同的程序段
        LJMP    L2
        LJMP    L3
        ⋮
```

4.4.3　循环程序

在程序设计中,往往会遇到需要连续多次重复执行某段程序的情况,这时可以采用循环

结构程序设计,有助于用简短的程序完成大量的处理任务。

　　循环程序编写时,一般是由循环初始条件设置、循环体和循环结束判断三个部分组成。循环初始条件设置包括循环次数的设置,循环体中相关地址指针、寄存器和存储单元内容的设置等;循环体是程序设计中需要重复执行的程序部分,除了相关的功能程序段外,还要特别注意地址指针的修改;循环结束判断一般由条件转移类指令完成,常用"DJNZ"、"CJNE"指令。

　　【例 4-8】　设计一个 1 ms 的延时程序,已知单片机晶振频率为 6 MHz。

　　分析:每条指令的执行都要花费一定的时间,通过指令有条件的不断反复执行,就可以达到延时的目的。延时时间的长短,取决于两个因素:一是每条指令的执行时间,最终实质是单片机晶振频率的大小;另一是指令反复执行的次数,实质是循环程序的循环次数。

　　在这里,用"DJNZ"指令实现循环结构,它是双机器周期指令,一条"DJNZ"指令就需要 4 μs,1 ms=1 000 μs,需要重复执行250 次。程序流程图如图 4-7 所示,程序如下:

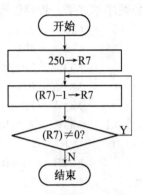

图 4-7　例 4-8 流程图

```
ORG    0100H
MOV    R7,#250      ;循环次数
DJNZ   R7,$         ;循环体及循环条件判断
SJMP   $
END
```

　　【例 4-9】　试编程,将外部 RAM1000H 单元开始的 20 个字节数据传送到片内 RAM30H 开始的单元。

　　分析:此例是先要将外部 RAM 的数据读入,再存入片内RAM,这种操作要反复 20 次,因此可以采用循环结构来完成功能。考虑到每次数据传送后,数据传送的对象都要指到下一个存储单元,采用地址指针的方式最易实现。程序流程图如图 4-8所示,程序如下:

```
ORG    0100H
MOV    R7,#20
MOV    DPTR,#1000H
MOV    R0,#30H
L1:MOVX  A,@DPTR
MOV    @R0,A
INC    DPTR
INC    R0
DJNZ   R7,L1
SJMP   $
END
```

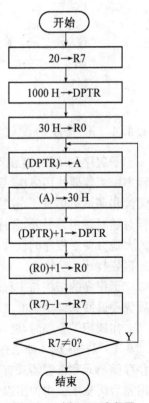

图 4-8　例 4-9 流程图

　　【例 4-10】　把片内 RAM 中地址 30H~39H 中的 10 个无

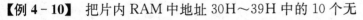

符号数,按从小到大的顺序排列。

分析:为了把 10 个单元中的数按从小到大的顺序排列,可从 30H 单元开始,两数逐次进行比较,使小数放低地址单元,大数放高地址单元,并且只要有地址单元内容的交换就置标志位。多次循环比较后,若两数比较不再出现单元内容互换,就说明 30H~39H 单元中的数已经全部按从小到大的顺序排好了。程序流程图如图 4-9 所示,程序如下:

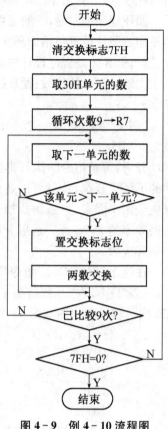

```
        ORG    0100H
L3：CLR    7FH              ;清交换标志
        MOV    R0,#30H
        MOV    R1,#31H
        MOV    R7,#9
L1：MOV    A,@R0
        CLR    C                ;两数比较
        SUBB   A,@R1
        JC     L2
        SETB   7FH              ;置交换标志
        MOV    A,@R0            ;交换
        XCH    A,@R1
        MOV    @R0,A
L2：INC    R0
        INC    R1
        DJNZ   R7,L1            ;是否比较 9 次
        JB     7FH,L3           ;排序是否完成
        SJMP   $
        END
```

图 4-9 例 4-10 流程图

4.4.4 子程序的设计与调用

子程序是单片机程序设计必不可少的部分。在实际应用中,有些通用性的问题在一个程序中可能要使用多次,而编写出来的程序段完全相同。为了避免重复,使程序结构紧凑,阅读和调试更加方便,往往将其从主程序中独立出来,设计成称为子程序的形式,供程序运行时随时调用。另外,程序设计时往往采用模块化的方法,每个功能模块作为一个子程序,大大地方便了程序的设计、阅读、调试和修改维护。善于灵活地使用子程序,也是程序设计的重要技巧。

子程序的结构与主程序基本相同,其区别在于它的执行是由其他程序来调用的,执行完后仍要返回到调用它的主程序中去。

在调用子程序时,要注意以下几点事项:

① 保护现场。如果在调用前主程序已经使用了某些存储单元或寄存器,在调用时,这些存储单元和寄存器又有其他用途,就应先把这些单元和寄存器中的内容压入堆栈保护,调用完后再从堆栈中弹出以便加以恢复。如果有较多的寄存器要保护,应使主、子程序使用不同的寄存器组;

② 设置入口参数和出口参数。调用之前主程序要按子程序的要求设置好入口参数,子程序从指定的地址单元或寄存器获得输入数据,经运算或处理的结果存放到指定的地址单元或寄存器,这样主程序就能从出口参数中得到调用后的结果。这就是子程序和主程序之间的数据传递;

③ 子程序的嵌套。在一个子程序中可以继续调用另一个子程序。

【例 4-11】　用程序实现 $c=a^2+b^2$,设 a、b 均小于 10。a 存放在 30H,b 存放在 31H,把结果 c 存放在 32H、33H 单元(a、b、c 均为 BCD 码)。

分析:在这里要两次用到平方计算,所以可以将求平方值的程序设计成子程序,需要时在主程序中调用。

主程序:

```
        ORG     0000H
        MOV     A,30H          ;取 a 值
        LCALL   SQR            ;求 a²
        MOV     33H,A          ;暂存
        MOV     A,31H          ;取 b 值
        LCALL   SQR            ;求 b²
        ADD     A,33H          ;a²+b²
        DA      A
        MOV     33H,A
        CLR     A
        ADDC    A,#0
        DA      A
        MOV     32H,A
        SJMP    $
```

子程序:

```
SQR:    MOV     DPTR,#TAB
        MOVC    A,@A+DPTR      ;查表,求平方值
        RET
TAB:    DB      00H,01H,04H,09H,16H,25H,36H,49H,64H,81H
        END
```

4.4.5　其他实用程序

1. 多字节加、减法运算

【例 4-12】　设两个 N 字节的无符号数分别存放在内部 RAM 中以 DATA1 和 DATA2 开始的单元中。相加后的结果要求存放在 DATA2 数据区。

```
NADD:   MOV     R0,#DATA1
        MOV     R1,#DATA2
        MOV     R7,#N          ;置字节数
        CLR     C
NADD1:  MOV     A,@R0
        ADDC    A,@R1          ;求和
```

```
        MOV      @R1,A              ;存结果
        INC      R0                 ;修改指针
        INC      Rl
        DJNZ     R7,NADD1
        RET
```

【例 4-13】 设两个 N 字节的无符号数分别存放在内部 RAM 中以 DATA1 和 DATA2 开始的单元中。相减后的结果要求存放在 DATA2 数据区。

```
NSUB：  MOV      R0,#DATAl
        MOV      R1,#DATA2；
        MOV      R7,#N              ;置字节数
        CLR      C
NSUB1： MOV      A,@R0
        SUBB     A,@R1              ;求差
        MOV      @R1,A              ;存结果
        INC      R0                 ;修改指针
        INC      Rl
        DJNZ     R7,NSUB1
        RET
```

2. 多字节乘法运算

用移位法进行两个无符号二进制数的乘法。

设乘数＝5,被乘数＝7,求其积。

$$
\begin{array}{r}
1\ 1\ 1 \\
\times\ 1\ 0\ 1 \\
\hline
\end{array}
$$

```
            1 1 1    ……乘数 2⁰ 位值为 1,部分积为 7
```
　　　　　　1 1 1 ……乘数 2^0 位值为 1,部分积为 7
　　　0 0 0　　……乘数 2^1 位值为 0,部分积为 0
＋ 1 1 1　　　　……乘数 2^2 位值为 1,部分积为 7
1 0 0 0 1 1 ……部分积之和,即为最后的乘积

采用这种方法时,大致过程如下:

b2 b1 b0
　1 1 1
× 1 0 1
　　0 0 0　　　　　……初始值清 0
＋ 1 1 1　　　　　……b0＝1,加被乘数
　　1 1 1　　　　　……中间结果累加
　　0 1 1 1　　　　……中间结果右移 1 位
＋ 0 0 0　　　　　……b1＝0,加 0
　　0 1 1 1　　　　……中间结果累加
　　0 0 1 1 1　　　……中间结果右移 1 位
＋ 1 1 1　　　　　……b2＝1,加被乘数
1 0 0 0 1 1　　　　……中间结果累加
　1 0 0 0 1 1 ……右移 1 位,得到最后结果

由此可见,采用这种右移移位法计算,每次只要三部分积相加,可以节省所需的寄存器的数目;另外还发现,在两个部分积相加时,只要虚线左边 n 位相加,而右边的其余部分不再参加运算。这样只要用加法器便可实现乘法运算。

综上所述,可以把两个 16 位二进制数相乘的算法归纳如下:

① 将存放乘积的寄存器清零,作为 32 位部分积的累加器(简称 32 位累加器);同时设置位计数,用来表示乘数位数。

② 从最低位开始,检验乘数的每一位是 0 还是 1。若该位是 1,被乘数就加到部分积上;若该位为 0,就跳过去不加。这可以将乘数右移一位,使其最低位进入进位位,然后判值 Cy。

③ 无论哪种情况,部分积都右移 1 位,右移次数等于乘数的位数。

④ 每次判乘数中的一位,乘数位数计数器就减 1,若计数器不为 0,则重复步骤②,否则乘法结束。

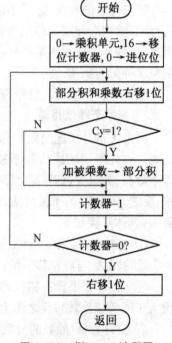

图 4-10 例 4-14 流程图

【例 4-14】 设被乘数存放在 R2、R3 寄存器中,乘数存放在 R6、R7 寄存器中,结果 32 位存放在 R4、R5、R6、R7 寄存器中,即

$$(R2R3) \times (R6R7) = R4R5R6R7$$

程序流程图如图 4-10 所示,程序如下:

```
NMUL:   MOV    R4,#0
        MOV    R5,#0
        MOV    R0,#16
        CLR    C
NMLP:   MOV    A,R4
        RRC    A
        MOV    R4,A
        MOV    A,R5
        RRC    A
        MOV    R5,A
        MOV    A,R6
        RRC    A
        MOV    R6,A         ;R4R5R6 右移一位;
        MOV    A,R7
        RRC    A
        MOV    R7,A
        JNC    NMLN         ;Cy=0,乘数某位=0
        MOV    A,R5         ;Cy=1 加被乘数
        ADD    A,R3
        MOV    R5,A
        MOV    A,R4
        ADDC   A,R2
        MOV    R4,A
NMLN:   DJNZ   R0,NMDP
```

```
        MOV     A,R4
        RRC     A
        MOV     R4,A
        MOV     A,R5
        RRC     A
        MOV     R5,A
        MOV     A,R6
        RRC     A           ;最后右移一位
        MOV     R6,A
        MOV     A,R7
        RRC     A
        MOV     R7,A
        RET
```

带符号数的相乘,除了必须考虑符号外,其他与上述原理相同。最常用的方法是采用原码相乘,乘积求补法。即先检查乘数的符号,是负数的都变成正数,然后求两个正数的乘积。因此,这种算法是在不带符号数的乘法之前加上变负数为正数的操作,而在它的后面加上对乘积求补码的操作。

请读者自行编写 8 位带符号二进制数的乘法程序。

3. 多字节除法运算

两个无符号二进制数相除,可以用减法和移位法来完成。首先采用试减法判断被除数或余数是否大于或等于除数,如果大(即够减,无错位),则商为 1,接着做减法;反之,则商为 0,不做减法,然后再进行下一位商的运算,其具体步骤如下:

① 初始化,商为 0,计数为 8(设除数为 8 位);

② 被除数与商左移一位;

③ 试减,如果没有错位,则商为 1(即被除数的高 8 位大于或等于除数);反之商为 0;

④ 位计数器(除数的位数)减 1,判计数器是否为 0,若不是 0;重复步骤②;否则结束。

【例 4 - 15】 编制一个 16 位除以 8 位的除法程序,假定被除数在 R6、R5 中(R5 中为低位),除数在 R2 中,运算结束时,余数在 R5 中,商在 R6 中。利用 R7 做除法次数的计数单元,计数初值为 8。另设一个地址单元(07H)作标志位,存放中间标志。

程序流程图如图 4 - 11 所示,程序如下:

```
DV:     MOV     R7,#08H     ;设计数初值
DVl:    CLR     C
        MOV     A,R5
        RCL     A
```

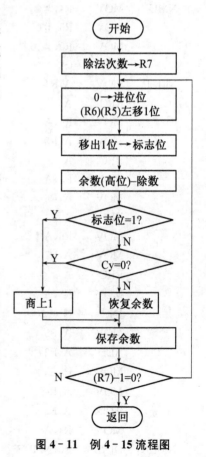

图 4 - 11 例 4 - 15 流程图

```
        MOV     R5,A
        MOV     A,R6
        RLC     A               ;将 R6 R5 左移一位
        MOV     07H,C           ;将移出的一位送 07H 位保存
        CLR     C
        SUBB    A,R2            ;余数(高位)减除数
        JB      07H,GOU         ;若标志位为1,说明够减
        JNC     GOU             ;无错位,也说明够减
        ADD     A,R2            ;否则,恢复余数
        AJMP    DV2
GOU:    INC     R5              ;商上 1
DV2:    MOV     R6,A            ;保存余数(高位)
        DJNZ    R7,DV1
        RET
```

4. 数制转换程序

【例 4-16】 将 R2 中的一位十六进制数转换成 ASCII 码。

程序如下:

```
HTASC:  MOV     A,R2
        ANL     A,#0FH
        PUSH    ACC
        CLR     C
        SUBB    A,#0AH
        POP     ACC
        JC      LOOP
        ADD     A,#07H
LOOP:   ADD     A,#30H
        MOV     R2,A
        RET
```

【例 4-17】 将双字节二进制数(R2R3)转换成 BCD 码(R4R5R6)。

二进制数转换成十进制数可以按照下式的原理:

$$B = b_{n-1} \times 2^{n-1} + b_{n-2} \times 2^{n-2} + \cdots + b1 \times 2 + b0$$
$$= (((b_{n-1} \times 2 + b_{n-2}) \times 2 + b_{n-3}) \times 2 + \cdots + b1) \times 2 + b0$$

程序如下:

```
IBTD:   CLR     A
        MOV     R4,A
        MOV     R5,A
        MOV     R6,A
        MOV     R7,#16
IBTD1:  CLR     C
        MOV     A,R3
        RLC     A
        MOV     R3,A
```

```
MOV    A,R2
RLC    A
MOV    R2,A
MOV    A,R6
ADDC   A,R6
DA     A
MOV    R6,A
MOV    A,R5
ADDC   A,R5
DA     A
MOV    R5,A
MOV    A,R5
ADDC   A,R4
DA     A
MOV    A,R4
DJNZ   R7,IBTD1
RET
```

习题 4

4-1　编写一段程序,实现两个 4 位 BCD 码数相加求和。设被加数存于内部 RAM 的 50H、51H 单元,加数存于 55H、56H 单元,要求和数存于 5AH、5BH 和 5CH 单元(设低地址存放数据的高位)。

4-2　试编写程序,查找在片外 RAM1000H 地址开始的 100 个单元中,数据出现 00H 的次数,并将查找的结果存入片内 30H 单元。

4-3　试编写程序,将外部 RAM 中从 1000H 到 10FFH 有一个数据块,传送到外部 RAM 中 2A00H 开始的单元。

4-4　设晶振频率为 12 MHz,请用循环转移指令编制延时 20 ms 的延时子程序。

4-5　试编写程序,求 16 位带符号二进制补码数的绝对值。假定补码放在内部 RAM 的 30H 和 31H 单元,求得的绝对值仍放在原单元中(设低地址存放数据的高位)。

4-6　试编写程序,将 30H 单元中的两位 BCD 数拆开,并变成相应的 ASCII 码存入 31H 和 32H 单元。

4-7　编写一段程序,将 3000H 单元开始的外部 RAM 中存有 100 个有符号数,要求把它们传送到 3100H 开始的存储区,但负数不传送,编写程序。

4-8　试编写程序,用查表法,求 $y=x!$($x=0\sim7$),x 存放在 30H 中,y 存放在 40H、41H。

4-9　设 a 存放在 30H 中,b 存放在 31H 中,y 存放在 32H 中,编程实现下面功能:

$$y=\begin{cases}a-b & a\geq0\\ a+b & a<0\end{cases}$$

4-10　在内部 RAM 的 30H 单元开始存有 50 个无符号数,试编程找出最小值,并存入 MIN 单元。

4-11　试编写一个程序,将外部存储区 DATA1 单元开始的 20 个单字节数据,依次与 DATA2 单元为起始地址的 20 个单字节数据进行交换。

4-12　设外部 RAM 有 100 个无符号数的数组,起始地址为 1000H,试编写一段程序,把它们由小到大排列到以 2000H 为起始地址的区域中。

第 5 章　MCS - 51 单片机的中断系统

5.1　中断的基本概念

中断是计算机中的一个很重要的概念,中断技术的引入使计算机的发展和应用大大地推进了一步。因此,中断功能的强弱已成为衡量一台计算机功能完善与否的重要指标之一。

1. 中断

中断是指计算机在执行某一程序的过程中,由于计算机系统内、外的某种原因,而必须中止原程序的执行,转去执行相应的处理程序,待处理结束之后,再回来继续执行被中止的原程序的过程。中断流程如图 5 - 1 所示。实现这种功能的硬件系统和软件系统统称为中断系统。

从中断的执行过程看来,计算机的中断过程与子程序的调用有相似之处,但是它们之间有本质的区别:首先,子程序的执行是程序员事先安排好,在程序中通过调用指令来执行的,而中断服务子程序的执行则是由随机事件引起的,程序员也不知道何时中断服务子程序会被执行;其次,子程序一般与主程序有关,它的执行受到主程序或上一级子程序的控制,而中断服务子程序一般是用来处理随机事件的,与被中断的程序没有关系。

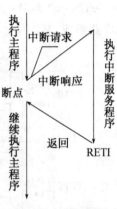

图 5 - 1　中断流程

中断系统是计算机的重要组成部分,中断技术在计算机中得到广泛应用。在单片机应用系统中,中断主要用于实时监测与控制、故障自动处理、人机交互等。中断系统大大提高了单片机的工作效率和实时性,单片机的片内硬件中都带有中断系统。

2. 中断源

中断源是指在计算机系统中向 CPU 发出中断请求的来源,中断可以人为设定,也可以是为响应突发性随机事件而设置。通常有 I/O 设备、实时控制系统中的随机参数和信息、故障源等。

3. 中断优先级

由于在实际的系统中,往往有多个中断源,且中断申请是随机的,故有时可能会有多个中断源同时提出中断申请,但 CPU 一次只能响应一个中断源发出的中断请求,这时 CPU 应响应哪个中断请求? 这就需要用软件或硬件按中断源工作性质的轻重缓急,给它们安排一个优先顺序,即所谓的优先级排队。中断优先级越高,则响应优先权就越高。当 CPU 正在执行中断服务程序时,又有中断优先级更高的中断申请产生,这时 CPU 就会暂停当前的中断服务转而处理高级中断申请,待高级中断处理程序完毕再返回原中断程序断点处继续执行,这一过程称为中断嵌套。

4. 中断响应的过程

① 在每条指令结束后,系统都自动检测中断请求信号,如果有中断请求,且 CPU 处于

开中断状态下,则响应中断;

　　② 保护现场,在保护现场前,一般要关中断,以防止现场被破坏。保护现场一般是用堆栈指令将原程序中用到的寄存器推入堆栈;

　　③ 中断服务,即为相应的中断源服务;

　　④ 恢复现场,用堆栈指令将保护在堆栈中的数据弹出来,在恢复现场前要关中断,以防止现场被破坏。在恢复现场后应及时开中断;

　　⑤ 返回,此时 CPU 将推入到堆栈的断点地址弹回到程序计数器,从而使 CPU 继续执行刚才被中断的程序。

5.2　MCS-51 单片机中断系统

　　MCS-51 单片机的中断系统由与中断有关的特殊功能寄存器、中断入口、顺序查询逻辑电路组成,其结构如图 5-2 所示。

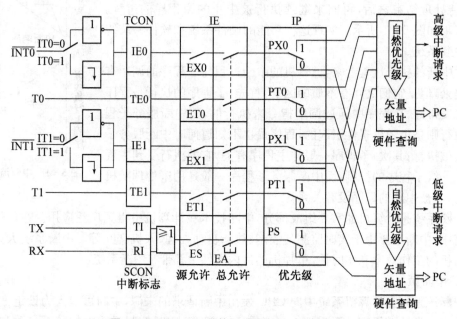

图 5-2　MCS-51 单片机的中断系统结构框图

5.2.1　中断源

　　MCS-51 单片机的中断系统,是 8 位单片机中功能最强的一种。由图 5-2 可知,8051 提供了 5 个中断源(8052 提供了 6 个),其作用如表 5-1 所示。

　　8051 的中断请求分别由特殊功能寄存器 TCON 和 SCON 的相应位锁存。

表 5-1　8051 中断源

中断源	说　明
$\overline{\text{INT0}}$	P3.2 引脚输入,低电平/负跳变有效,在每个机器周期的 S5P2 采样并建立 IE0 标志
定时器 0	当定时器 T0 产生溢出时,置位内部中断请求标志 TF0,发中断申请
$\overline{\text{INT1}}$	P3.3 引脚输入,低电平/负跳变有效,在每个机器周期的 S5P2 采样并建立 IE1 标志
定时器 1	当定时器 T1 产生溢出时,置位内部中断请求标志 TF1,发中断申请
串行口	当一个串行帧接收/发送完成时,使中断请求标志 RI/TI 置位,发中断请求

1. 特殊功能寄存器 TCON 中的标志

TCON 为 8 位的定时器/计数器 T0、T1 的控制寄存器,其字节地址为 88H,位地址为 88H~8FH,图 5-3 示出了 TCON 各位的定义。

D7	D6	D5	D4	D3	D2	D1	D0
TF1	TR1	TF0	TR0	IE1	IT1	IE0	IT0

图 5-3　TCON 格式

TCON 寄存器中包含了定时器/计数器 0 和定时器/计数器 1 的溢出中断请求标志位 TF0 和 TF1,两个外部中断请求标志位 IE0 和 IE1,以及两个外部中断触发请求信号方式控制位 IT1 和 IT0。TCON 寄存器中与中断系统有关的各标志位的位符号及功能如下:

① TF1:定时器/计数器 1 的溢出中断请求标志位。启动 T1 后,T1 从初值开始加 1 计数,计满溢出后,由硬件自动将该位置 1,向 CPU 申请中断。CPU 响应 TF1 中断时,由硬件将该位自动清零,TF1 也可由软件清零;

② TR1:定时器/计数器 1 运行控制位。靠软件置位或清除,置位时,定时器/计数器接通工作,清除时停止工作;

③ TF0:定时器/计数器 0 的溢出中断请求标志位。功能类同于 TF1;

④ TR0:定时器/计数器 0 运行控制位。其作用类同于 TR1;

⑤ IE1:外部中断 1 的中断请求标志位。检测到在 $\overline{\text{INT1}}$ 引脚上出现的外部中断信号有效时,由硬件置位,请求中断。进入中断服务后被硬件自动清除;

⑥ IT1:外部中断 1 的中断信号触发方式控制位。靠软件来设置或清除,以控制外部中断的触发类型。IT1=1 时是下降沿触发,IT1=0 时是低电平触发;

⑦ IE0:外部中断 0 的中断请求标志位。功能类同于 IE1;

⑧ IT0:外部中断 0 的中断信号触发方式控制位。功能类同于 IT1。

2. SCON 寄存器中的中断标志

SCON 为 8 位的串行口控制寄存器,字节地址为 98H,位地址为 98H~9FH,其格式如图 5-4 所示。

D7	D6	D5	D4	D3	D2	D1	D0
SM0	SM1	SM2	REN	TB8	RB8	TI	RI

图 5-4　SCON 格式

SCON 的低 2 位是串行口发送和接收的中断请求标志位,这两位的位符号和功能如下:

① SM0 和 SM1:串行口操作模式选择位;

② SM2:多机通信使能位;

③ REN:允许接收位;

④ TB8:发送数据位 8;

⑤ RB8:接收数据位 8;

以上 6 位定义将在串行口中说明。

TI:串行口发送中断请求标志位。CPU 将一个字节的数据写入串行口发送缓冲寄存器 SBUF 时,就开始一帧串行数据的发送,每发送完 1 帧数据,由硬件将 TI 自动置 1。CPU 响应中断时并不将 TI 清零,TI 必须在中断服务子程序中由指令清零。

RI:串行口接收中断请求标志位。当串行口允许接收时,接收缓冲寄存器 SBUF 每接收完一帧数据,硬件自动将 RI 置 1。CPU 在响应串行口接收中断时,并不将 RI 清零,RI 也必须在中断服务子程序中用指令清零。

当 MCS-51 单片机复位后,TCON 和 SCON 中的各位均被清零。

5.2.2　中断控制

1. 中断允许控制

MCS-51 单片机有 5 个(8052 有 6 个)中断源,为了使每个中断源都能独立地被允许或禁止,以便用户能灵活使用,它在每个中断信号的通道中设置了一个中断屏蔽触发器。只有该触发器无效,它所对应的中断请求信号才能进入 CPU,即此类型中断开放。否则,即使其对应的中断标志位置 1,CPU 也不会响应中断,即此类型中断被屏蔽了。同时 CPU 内还设置了一个中断允许触发器,它控制 CPU 能否响应中断。

中断屏蔽触发器和中断允许触发器由中断允许寄存器 IE 控制,IE 的字节地址为 A8H,位地址为 A8H~AFH,其各位定义如图 5-5 所示,它的各位的置位和复位均由用户通过软件编程实现。

D7	D6	D5	D4	D3	D2	D1	D0
EA	×	ET2	ES	ET1	EX1	ET0	EX0

图 5-5　IE 格式

图 5-5 中各位的作用如下:

① EA:中断允许总控位。中断允许寄存器 IE 对中断的开放和关闭实现两级控制:当 EA=0 时,所有的中断请求被屏蔽,CPU 将不响应任何中断请求;当 EA=1 时,CPU 开放中断,但 5 个中断源的中断请求是否被响应则由 IE 中相应的中断允许位的状态决定,因此 EA 被称为中断允许总控位;

② ET2:内部定时器 2 中断允许位。ET2=0,禁止中断;ET2=1,允许中断;

③ ES:串行口中断允许位。ES=0 时,禁止串行口中断;ES=1 时,允许串行口中断;

④ ET1:定时器/计数器 1 的中断允许位。当 ET1=0 时,禁止定时器/计数器 1 中断,ET1=1 时,允许定时器/计数器 1 中断;

⑤ EX1:外部中断 1 的中断允许位。EX1＝0 时,禁止外部中断 1 中断;EX1＝0 时,允许外部中断 1 中断;

⑥ ET0:定时器/计数器 0 的中断允许位。当 ET0＝0 时,禁止定时器/计数器 0 中断,ET0＝1 时,允许定时器/计数器 0 中断;

⑦ EX0:外部中断 0 的中断允许位。EX0＝0 时,禁止外部中断 0 中断;EX0＝1 时,允许外部中断 0 中断。

当 MCS-51 单片机复位后,IE 被清 0,所有的中断请求均被禁止。若要允许某个中断源中断,除了将该中断源对应的中断允许位置 1 之外,还应将 EA 置 1。改变 IE 的内容,既可通过位指令来实现,也通过字节操作指令来完成。

2. 中断优先级控制

MCS-51 单片机的中断源有两个中断优先级,可由软件设置为高优先级和低优先级,从而可实现二级中断嵌套,即单片机正在执行低优先级的中断的服务程序时,可被高优先级的中断请求所中断,等待高优先级的中断处理完后,再返回低优先级中断服务程序。两级中断嵌套的过程如图 5-6 所示。

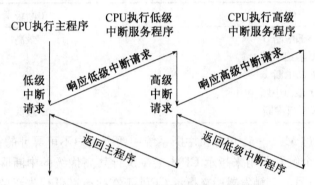

图 5-6　两级中断嵌套过程示意图

每个中断源的中断优先级由 MCS-51 单片机片内的中断优先级寄存器 IP 中的相应位的状态来控制。IP 是一个 8 位的特殊功能寄存器,其字节地址为 B8H,可位寻址,其格式如图 5-7 所示,只要用指令改变其内容,即可设置各中断源的中断优先级。各位的功能如下:

D7	D6	D5	D4	D3	D2	D1	D0
×	×	PT2	PS	PT1	PX1	PT0	PX0

图 5-7　IP 格式

① PT2:内部定时器 2 中断优先级设定位。PT2＝1,设定 T2 为高优先级;PT2＝0,设定 T2 为低优先级;

② PS:串行口中断优先级控制位。当 PS＝0 时,串行口中断优先级设定为低优先级;PS＝1 时,设定为高优先级;

③ PT1:定时器/计数器 1 中断优先级控制位。当 PT1＝0 时,定时器/计数器 1 中断优先器设定为低优先级;PT1＝1 时,设定为高优先级;

④ PX1:外部中断 1 的中断优先级控制位。当 PX1＝0 时,外部中断 1 的中断优先级设

定为低优先级;PX1=1时,设定为高优先级;

⑤ PT0:定时器/计数器0中断优先级控制位。当PT0=0时,定时器/计数器0中断优先级设定为低优先级;PT0=1时,设定为高优先级;

⑥ PX0:外部中断0的中断优先级控制位。当PX0=0时,外部中断0的中断优先级设定为低优先级;PX0=1时,设定为高优先级。

当MCS-51单片机复位后,IP各位均被清0,即5个中断源的中断优先级都被设定为低优先级。改变IP的内容可通过位操作指令实现,也可通过字节操作指令来完成。

MCS-51单片机的中断系统运行时遵循以下几条规则:

① 正在进行的中断过程不能被新的同级或低优先级的中断请求所中断;

② 正在进行的低优先级中断能被高优先级的中断请求所中断,实现两级中断嵌套;

③ CPU同时接收到几个中断请求时,首先响应优先级最高的中断请求。若同时接收到几个同一优先级的中断请求,CPU通过查询硬件优先级排队电路确定响应的先后顺序,其优先级顺序如表5-2所示。

表5-2　同级内第二优先级次序

中断源	中断级别
外部中断0 T0溢出中断 外部中断1 T1溢出中断 串行口中断	最高 ↓ 最低

以上规则是通过MCS-51单片机中断系统中两个用户不可寻址的优先级状态触发器来实现的。其中一个触发器用来指示CPU正在执行某高优级的中断服务子程序,所有后来的中断均被阻止;另一个触发器用来指示CPU正在执行某低优先级的中断服务子程序,所有同级的中断都被阻止,但不阻断高优先级的中断请求。当某个中断得到响应时,由硬件根据其优先级自动地将相应的一个优先级状态触发器置1。若高优先级的状态触发器为1,则屏蔽所有后来的中断请求;若低优先级的状态触发器为1,则屏蔽后来的同一级的中断请求。当中断响应结束时,对应优先级的状态触发器由硬件清零。

例如,某软件中对寄存器IE、IP设置如下:

MOV　IE,#8FH
MOV　IP,#06H

则此时该系统中:

① CPU中断允许;

② 允许外部中断0、外部中断1、定时器/计数器0、定时器/计数器1提出的中断申请;

③ 允许中断源的中断优先次序为:定时器/计数器0>外部中断1>外部中断0>定时器/计数器1。

5.2.3　中断响应

1. 中断响应的条件

MCS-51单片机系列,在CPU允许中断(EA=1),中断源允许中断的标志位被软件置

1 的前提下,CPU 将在每一个机器周期的 S5P2 期间顺序检测所有的中断源。这样到任意一周期的 S6 状态时,找到了所有已激活的中断请求,并排好了优先权。在下一个机器周期的 S1 状态,只要不受阻断就开始响应其中最高优先级的中断请求。若发生下列情况,中断的响应会受到阻断:

① 同级或高优先级的中断已在进行中;

② 当前的机器周期还不是正在执行指令的最后一个机器周期(换言之,正在执行的指令完成前,任何中断请求都得不到响应);

③ 正在执行的是一条 RETI 或者访问特殊功能寄存器 IE 或 IP 的指令(换言之,在 RETI 或读写 IE 或 IP 之后,不会马上响应中断请求,而至少执行一条其他指令之后才会响应)。

若下一周期上述条件不满足,中断标志有可能已经消失,因此会拖延了的中断请求可能不会再得到响应。

2. 中断响应过程

单片机一旦响应中断请求,就由硬件完成以下功能:

① 根据响应的中断源的中断优先级,使相应的优先级状态触发器置 1;

② 执行硬件中断服务子程序调用,并把当前程序计数器 PC 的内容压入堆栈;

③ 清除相应的中断请求标志位(串行口中断请求标志 RI 和 TI 除外);

④ 把被响应的中断源所对应的中断服务程序的入口地址(中断矢量)送入 PC,从而转入相应的中断服务程序。

MCS-51 系统的中断响应入口地址即中断矢量是由硬件自动生成的。各中断源与它所对应的中断服务程序入口地址见表 5-3 所示。中断响应的过程,相当于执行了一条调用指令,或称隐指令。如当 TF0 出现高电平且响应中断时,CPU 就自动执行一条隐指令 "CALL 000BH"。应当注意,在中断服务子程序的调用过程中,只保存了 PC 的信息,其余的信息都要编程者通过软件来保护。

表 5-3　中断服务程序入口地址表

中断源	中断入口地址
外部中断 0	0003H
定时器/计数器 0	000BH
外部中断 1	0013H
定时器/计数器 1	001BH
串行口中断	0023H
定时器 T2 中断(仅 8052 有)	002BH

例如,现有外部中断 1 提出申请,且主程序中有 R0、R1、DPTR、累加器 A 需保护,则编制程序应为:

```
ORG    0000H
AJMP   MAIN
ORG    0013H
LJMP   INT1
   ⋮
```

```
         ORG      0100H
MAIN：┊                           ;主程序
     ┊
         ORG      1000H
INT1：PUSH    ACC              ;中断服务程序
     PUSH    DPH
     PUSH    DPL
     PUSH    0
     PUSH    1
     ┊
     POP     1
     POP     0
     POP     DPL
     POP     DPH
     POP     ACC
     RETI
```

编程中应注意：

① 在 0000H 放一条跳转到主程序的跳转指令，这是因为 MCS-51 单片机复位后，PC 的内容变为 0000H，程序从 0000H 开始执行，紧接着 0003H 是中断程序入口地址，故在此中间只能插入一条转移指令；

② 响应中断时，先自动执行一条隐指令"LCALL 0013H"，而 0013H 至 001BH（定时器 1 溢出中断入口地址）之间可利用的存储单元不够，故放一条无条件转移指令；

③ 在中断服务程序的末尾，必须安排一条中断返回指令 RETI，使程序自动返回主程序。

5.3　中断系统的应用

设计外部中断服务子程序时，应根据硬件连接电路及中断源的情况设置中断系统，即进行中断允许和中断优先级控制，并设计中断服务子程序。

【例 5-1】 如图 5-8 所示是单片机控制的数据传输系统。将 P1 口设置成数据输入口，外部设备每准备好一个数据时发出一个正脉冲，使 D 触发器 Q 端置 0，向 $\overline{INT0}$ 送入一个低电平中断请求信号。中断响应后，利用 P3.0 向 D 触发器的直接置位端 SD 输出一个负脉冲，使 D 触发器的 Q 端置 1，撤销低电平的中断请求信号，从而撤销中断请求。

程序如下：

```
         ORG      0000H
START：  LJMP     MAIN             ;跳转到主程序
         ORG      0003H
         LJMP     INT0             ;转向中断服务程序
         ORG      0030H            ;主程序
MAIN：   CLR      IT0              ;设置低电平触发方式
         SETB     EA               ;CPU 开放中断
         SETB     EX0              ;允许外部中断 0 中断
```

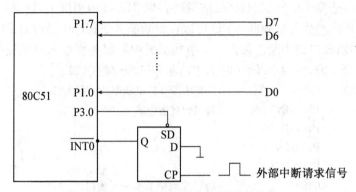

图 5-8　单片机数据传输系统示意图

```
        MOV     DPTR,♯1000H        ;设置数据指针
        ⋮
        ORG     0100H              ;中断服务子程序
INT0：  PUSH    PSW                ;现场保护
        PUSH    A
        CLR     P3.0               ;由 P3.0 输出负脉冲
        NOP
        NOP
        SETB    P3.0
        MOV     A,P1               ;输入数据
        MOVX    @DPTR,A            ;存入数据存储器
        INC     DPTR               ;修改数据指针,指向下一个单元
        ⋮
        POP     A                  ;现场恢复
        POP     PSW
        RETI    ;中断返回
```

【例 5-2】　某工业监控系统,具有温度、压力、PH 值等多路监控功能,中断源的接口电路如图 5-9 所示。对于 PH 值,在小于 7 时向 CPU 申请中断,CPU 响应中断后使 P3.0 引脚输出高电平,经驱动,使加碱管道电磁阀接通 1 秒,以调整 PH 值。

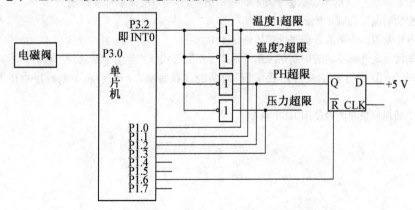

图 5-9　多个外部中断源公用 $\overline{INT0}$ 引脚接线示意图

分析：电路中把多个中断源通过"线或"接到 P3.2(INT0)引脚上，任意一个中断源申请中断，都将使单片机产生外部中断，CPU 可以在中断服务子程序中通过对 P1 口线逐一检测来确定是哪个中断源申请中断。假设 4 个中断源的中断服务程序入口地址分别为 INT00、INT01、INT02、INT03，针对 PH＜7 时的中断服务子程序编制如下：

```
              ORG0    030H              ;外部中断 0 的中断服务子程入口
              JB      P1.0,INT00        ;检测转移指令表
              JB      P1.1,INT01
              JB      P1.2,INT02
              JB      P1.3,INT03
              ORG     0080              ;PH＜7 时中断服务子程序
INT02：PUSH    PSW               ;现场保护
              PUSH    A
              SETB    PSW.3             ;工作寄存器设置为 1 组,以保护原
                                        ;0 组的内容
              SETB    P3.0              ;接通加碱管道电磁阀
              ACALL   DELAY             ;调用 1 秒延时子程序
              CLR     P3.0              ;1 秒到关闭加碱管道电磁阀
              ANL     P1,#BFH
              ORL     P,#40H            ;产生一个 P1.6 的负脉冲,用来撤除
                                        ;PH＜7 的中断请求
              POP     A                 ;现场恢复
              POP     PSW
              RETI
```

习题 5

5-1　什么是中断？中断与子程序调用有什么区别？

5-2　MCS-51 单片机中断源分为几个优先级？怎样设置每个中断源的优先级？同一优先级的中断源同时提出中断请求,CPU 按什么顺序响应？

5-3　MCS-51 单片机的五个中断源中哪几个中断源在 CPU 响应中断后可自动撤除中断请求,哪几个不能撤除中断请求？CPU 不能撤除中断源的中断请求时,用户应采取什么措施？

5-4　中断响应需要满足什么条件？

5-5　各中断源的中断服务程序入口地址是多少？

5-6　如何设定外部中断的中断请求信号形式？不同形式所产生的中断处理过程有何不同？

5-7　MCS-51 单片机响应中断后,CPU 自动进行哪些操作？用户在中断程序中还需进行什么操作？

5-8　中断返回指令能否使用 RET 指令？

第6章 MCS-51单片机内部定时器/计数器

定时器/计数器是 MCS-51 单片机的重要功能模块之一。在工业检测与控制中,很多场合都要用到计数或定时功能,如对外部事件计数,产生精确的定时时间等。MCS-51 单片机片内有两个 16 位可编程的定时器/计数器,分别用定时器/计数器 0(记为 T0)和定时器/计数器 1(记为 T1)来表示,它们均可作为定时器或计数器使用。

6.1 定时器/计数器的结构及工作原理

MCS-51 单片机的定时器/计数器结构如图 6-1 所示。定时器/计数器 T0 的高 8 位和低 8 位分别由特殊功能寄存器 TH0(地址为 8CH)和 TL0(地址为 8AH)组成,定时器/计数器 T1 的高 8 位和低 8 位分别由特殊功能寄存器 TH1(地址为 8DH)和 TL1(地址为 8BH)组成。

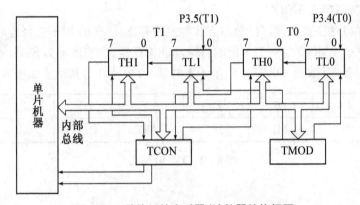

图 6-1 单片机的定时器/计数器结构框图

MCS-51 单片机的两个定时器/计数器都属于增 1 计数器,具有定时和计数功能。

1. 计数功能

定时器/计数器的计数是指对外部事件计数。外部事件以脉冲信号的形式来表示,计数的实质是对脉冲信号进行计数。外部事件脉冲信号通过引脚 T0(P3.4)或 T1(P3.5)输入给单片机内部的定时器/计数器,负跳变有效。在收到有效的负跳变信号后,定时器/计数器在初值基础上进行加 1 操作。单片机复位后计数器的初值为 0,可通过指令给计数器装入一个新的初值。

MCS-51 单片机在每个机器周期的 S5P2 期间对外部输入引脚 T0 或 T1 进行采样。如在第一个机器周期中采样值为 1,在下一个机器周期中采样值为 0,则在紧接着的再一个机器周期的 S3P1 期间将定时器/计数器 T0 或 T1 的值加 1。因为对计数脉冲的采样是在 2 个机器周期中完成的,即 24 个振荡周期,因此外部输入的计数脉冲的最高频率为系统振荡频率的 1/24。

2. 定时功能

定时器/计数器的定时功能也是通过计数来实现的。当定时器/计数器工作在定时方式下时,将对单片机内部的时钟振荡器信号经片内 12 分频后的内部脉冲信号计数。由于一个机器周期等于 12 个振荡周期,因此,在定时方式下,定时器/计数器对内部机机器周期脉冲计数,由于时钟频率是定值,所以可根据计数值计算出定时时间。

这里要注意的是:加法计数器是计满溢出时才申请中断,所以在给计数器赋初值时,不能直接输入所需的计数值,而应输入的是计数器计数的最大值与这一计数值的差值,设最大值为 M,计数值为 N,初值为 X,则 X 的计算方法如下:

计数状态:X=M−N

定时状态:X=M−定时时间/T

其中 T=12÷晶振频率

6.2　定时器/计数器的方式和控制寄存器

定时器/计数器有 4 种工作方式,由 TMOD 设置,并由 TCON 控制。TMOD 和 TCON 都属于特殊功能寄存器。

1. 方式控制寄存器 TMOD

MCS−51 单片机的定时器/计数器方式控制寄存器 TMOD 用于选择定时器/计数器的工作模式和方式。TMOD 是一个 8 位的特殊功能寄存器,字节地址为 89H,不可位寻址,其低 4 位用于定时器/计数器 T0,高 4 位用于定时器/计数器 T1,其格式如图 6−2 所示。

D7	D6	D5	D4	D3	D2	D1	D0
GATE	C/$\overline{\text{T}}$	M1	M0	GATE	C/$\overline{\text{T}}$	M1	M0

图 6−2　TMOD 格式

各位定义如下:

(1) GATE:门控位。

GATE=0 时,仅由运行控制位 TR0 或 TR1 来控制定时器/计数器的运行;

GATE=1 时,用外部中断引脚$\overline{\text{INT0}}$或$\overline{\text{INT1}}$上的电平与运行控制位 TR0 或 TR1 共同控制定时器/计数器的运行。

(2) M1M0:方式选择位。

M1M0 共有 4 种编码,对应于定时器/计数器的 4 种方式,如表 6−1 所示。

表 6−1　M1、M0 方式选择

M1	M0	工作方式
0	0	方式 0,为 13 位定时器/计数器
0	1	方式 1,为 16 位定时器/计数器
1	0	方式 2,8 位的常数自动重新装载的定时器/计数器
1	1	方式 3,仅适用于 T0,此时 T0 分成两个 8 位计数器,T1 停止计数

（3）C/$\overline{\text{T}}$：计数模式和定时模式选择位。

C/$\overline{\text{T}}$＝1 时，选择计数方式，定时器/计数器对外部输入引脚 T0（P3.4）或 T1（P3.5）的外部事件脉冲信号进行计数；C/$\overline{\text{T}}$＝0 时，选择定时方式，对单片机的时钟振荡器 12 分频后的脉冲进行计数。

2. 定时器/计数器控制寄存器 TCON

TCON 也是一个 8 位的特殊功能寄存器，字节地址为 88H，可位寻址，其格式如图 6-3 所示。其各位定义及功能已在中断系统的相关章节中介绍，此处不再详述。

D7	D6	D5	D4	D3	D2	D1	D0
TF1	TR1	TF0	TR0	IE1	IT1	IE0	IT0

图 6-3　TCON 格式

（1）TF1、TF0：定时器/计数器 T1 和定时器/计数器 T0 计数溢出中断请求标志位。

当定时器/计数器计数溢出时，由硬件将该位置 1，表示定时时间已到或计数已满。使用中断方式时，CPU 响应中断后，由硬件将该标志位清零。若使用查询方式，即禁止定时器/计数器中断，该标志位可作为查询测试标志，查询有效后要由指令将该位清零。

（2）TR1、TR0：定时器/计数器 T1 和定时器/计数器 T0 的运行控制位。

TR1 或 TR0＝1，启动定时器/计数器 T1 或 T0 工作的必要条件。TR1 或 TR0＝0，停止定时器/计数器 T1 或 T0 工作。该两位可由指令清零或置 1。如：SETB TR0 或 CLR TR0。

6.3　定时器/计数器的工作方式

通过指令对 TMOD 中的控制位 C/$\overline{\text{T}}$进行设置，可选择定时器/计数器的定时或计数功能；对控制位 M1M0 进行设置，可选择定时器/计数器的方式。定时器/计数器有 4 种方式：方式 0、方式 1、方式 2、方式 3。

6.3.1　方式 0

当 M1M0 为 00 时，定时器计数器被设置为方式 0，是一个 13 位的计数器，16 位的寄存器（TH0、TL0、TH1、TL1）只用了 TH0（TH1）8 位和 TL0（TL1）的低 5 位，TL0（TL1）的高 3 位不用。当 TL0（TL1）计数溢出时则向 TH0（TH1）溢出，TH0（TH1）计数溢出则把 TCON 中的溢出标志位 TF0（TF1）置 1。在方式 0 下，定时器/计数器 T0 和定时器/计数器 T1 的逻辑结构和操作是完全相同的。下面以定时器/计数器 T0 为例说明其操作方法，其逻辑结构如图 6-4 所示。

（1）C/$\overline{\text{T}}$位控制的多路开关决定了定时器/计数器的工作模式。

当 C/$\overline{\text{T}}$＝0 时，多路开关打在上面，连接振荡器的 12 分频输出，此时，定时器/计数器 T0 工作在定时模式，对单片机内部机器周期脉冲计数。对一次溢出而言，其定时时间为：

（2^{13}－定时器/计数器初值）×机器周期或（2^{13}－定时器/计数器初值）×12/f_{osc}

则最小定时时间为：$[2^{13}-(2^{13}-1)]\times 12/f_{\text{osc}}$

最长定时时间为：（2^{13}－0）×12/f_{osc}

当 C/$\overline{\text{T}}$＝1 时，多路开关打在下面，连接 T0 引脚，此时，定时器/计数器 T0 工作在计数

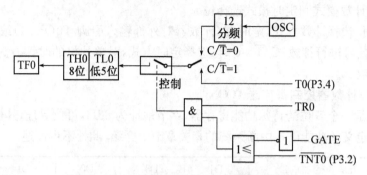

图 6-4　定时器/计数器方式 0 逻辑结构图

模式,对外部输入脉冲计数。对一次溢出而言,其计数值范围为:$1\sim2^{13}$(8192)。

(2) GATE 位的状态决定了定时器/计数器 T0 的运行控制取决于 TR0 一个条件,还是取决于 TR0 和$\overline{INT0}$引脚状态这两个条件。

当 GATE=0 时,由图 6-4 可知,此时,或门被封锁,输出恒为 1,与门打开,由 TR0 来控制定时器/计数器 T0 的开启和关闭:TR0=1,与门输出 1,定时器/计数器 T0 开启;TR0=0,与门输出 0,定时器/计数器 T0 关闭。

当 GATE=1 时,由 TR0 和$\overline{INT0}$引脚状态共同决定定时器/计数器 T0 的开启和关闭。当 GATE=1,TR0=1 时,由图 6-4 可知,或门、与门都被打开,由$\overline{INT0}$引脚信号控制定时器/计数器 T0 的开启和关闭。$\overline{INT0}$=1,与门打开,定时器/计数器 T0 开启,$\overline{INT0}$=0,与门输出 0,定时器/计数器 T0 关闭。

6.3.2　方式 1

当 M1M0 为 01 时,定时器/计数器被设置为方式 1。在方式 1 下,定时器/计数器 T0 和定时器/计数器 T1 的逻辑结构和操作是完全相同。两个定时器/计数器都是 16 位计数器,由 TH0(TH1)8 位和 TL0(TL1)8 位构成,工作原理和工作过程与方式 0 时完全相同,在此不再赘述。

对一次溢出而言,其定时时间为:

(2^{16}-定时器/计数器初值)×机器周期或(2^{16}-定时器/计数器初值)×$12/f_{OSC}$

则最小定时时间为:$[2^{16}-(2^{16}-1)]\times12/f_{OSC}$

最长定时时间为:$(2^{16}-0)\times12/f_{OSC}$

计数值范围为:$1\sim2^{16}$(65536)

6.3.3　方式 2

当 M1M0 为 10 时,定时器/计数器被设置为方式 2。在方式 2 下,定时器/计数器 T1 和定时器/计数器 T0 的逻辑结构和操作完全相同,均为可重置初值的 8 位计数器,以定时器/计数器 T0 为例,其逻辑结构如图 6-5 所示。

在方式 2 下,以 TL0 作为 8 位计数器,以 TH0 作为预置寄存器,用来保存初值。当 TL0 计数满溢出时,硬件在将溢出标志位 TF0 置 1 的同时,还自动将 TH0 保存的初值送入 TL0 中,使定时器/计数器又开始新一轮的计数。

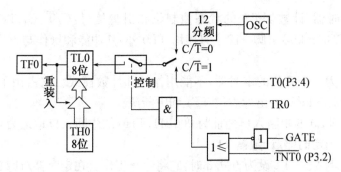

图 6-5　定时器/计数器方式 2 逻辑结构图

对一次溢出而言,其定时时间为:

$(2^8-$ 定时器/计数器初值$)\times$ 机器周期或$(2^8-$ 定时器/计数器初值$)\times 12/f_{OSC}$

则最小定时时间为:$[2^8-(2^8-1)]\times 12/f_{OSC}$

最长定时时间为:$(2^8-0)\times 12/f_{OSC}$

计数值范围为:$1\sim 2^8(256)$

这种方式非常适合循环定时或循环计数的场合,可以省去用户软件中重装初值的指令的执行时间,简化定时初值的计算,实现相当精确的定时。

6.3.4　方式 3

当 M1M0 为 11 时,定时器/计数器被设置为方式 3。方式 3 是为了增加一个附加的 8 位定时器/计数器而设置的,从而使 MCS-51 单片机有 3 个定时器/计数器。在方式 3 下,定时器/计数器 T1 和定时器/计数器 T0 的设置和使用是不同的。方式 3 只适用于定时器/计数器 T0,定时器/计数器 T1 不能工作在方式 3 下。当将定时器/计数器 T1 设置为方式 3 时相当于使 TR1=0,将停止工作。

1. 方式 3 下的定时器/计数器 T0

当 TMOD 低 2 位被设置为 11 时,定时器/计数器被设置为方式 3。在方式 3 下,定时器/计数器 T0 被拆成 2 个独立的 8 位计数器 TH0 和 TL0,其逻辑结构如图 6-6 所示。

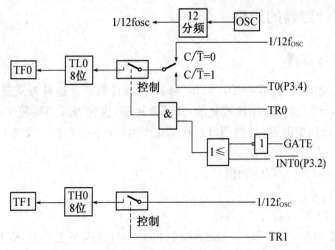

图 6-6　定时器/计数器 T0 方式 3 逻辑结构

TL0 使用定时器/计数器 T0 的状态控制位和引脚信号：C/$\overline{\text{T}}$、GATE、TR0、TF0、T0 (P3.4)引脚和$\overline{\text{INT0}}$(P3.2)引脚。除了只使用 TL0 外,其功能和操作与方式 0、方式 1 完全相同。

TH0 被固定为一个 8 位的定时器,不能用作外部计数模式。它占用了原定时器/计数器 T1 的运行控制位 TR1、溢出标志位 TF1 和中断源。

在方式 3 下,TL0 的中断入口地址为 000BH,TH0 的中断入口地址为 0001BH。

2. 方式 3 下的定时器/计数器 T1

当将定时器/计数器 T1 设为方式 3 时,它将停止工作。在定时器/计数器 T0 工作在方式 3 时,定时器/计数器 T1 仍可工作在方式 0～2,但是由于 TR1、TF1 均由定时器/计数器 T0 使用,定时器/计数器 T1 一般作为串行口的波特率发生器使用。在实际使用中,常把定时器/计数器 T1 设置为方式 2 作为串行口的波特率发生器来用。逻辑结构如图 6-7 所示。

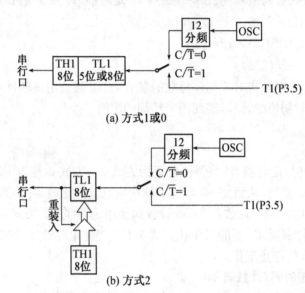

图 6-7　定时器/计数器 T0 方式 3 时定时器/计数器 T1 的工作逻辑结构图

6.4　定时器/计数器的应用

6.4.1　方式 0 的应用

在方式 0 下,定时器/计数器 T0、T1 均为 13 位的计数器。这种方式是为兼容 MCS-48 单片机而设置的,计数初值的计算较复杂,实际使用中,这种方式用得较少。

【例 6-1】　选用定时器/计数器 T1 方式 0 产生 500 μs 定时,在 P1.1 引脚上输出周期为 1 ms 的方波,设晶振频率 $f_{OSC} = 6$ MHz。

（1）计算定时器/计数器的初值

机器周期 = 2 μs

设需要装入 T1 的初值为 X,则有

$(2^{13} - X) \times 2 = 500$,可得 X = 7942D = 1111100000110B,低五位送入 TL1 的低五位,高

八位送入 TH1,即(TL1)＝00110B＝06H,(TH1)＝11111000B＝F8H

（2）初始化程序设计

根据题意,对 TMOD 进行初始化。GATE＝0,用 TR1 控制定时器的启动和停止,C/$\overline{T}$＝0,设为定时工作模式,M1M0＝00,设为方式 0,定时器/计数器 T0 不用,TMOD 低四位置零即可,则(TMOD)＝00H

（3）程序设计

程序的实现可以采用查询方式或中断方式。

采用查询方式,参考程序如下:

```
            ORG     0000H
            LJMP    MAIN
            ORG     0300H
MAIN:       MOV     TMOD,#00H        ;对 TMOD 初始化
            MOV     TH1,#0F8H        ;设置计数初值
            MOV     TL1,#06H
            MOV     IE,#00H          ;禁止中断
            SETB    TR1              ;启动 T1
LOOP:       JBC     TF1,ZCZ          ;查询计数是否溢出
            AJMP    LOOP
ZCZ:        CLR     TR1              ;停止 T1
            MOV     TL1,#06H         ;重置计数初值
            MOV     TH1,#0F8H
            CPL     P1.1             ;输出取反
            SETB    TR1              ;启动 T1
            AJMP    LOOP             ;重复循环
```

若采用中断方式,参考程序如下:

```
            ORG     0000H
            LJMP    MAIN
            ORG     001BH            ;定时器/计数器 T1 的中断服务程序入
                                     ;口地址
            AJMP    ZCZ
            ORG     0300H
MAIN:       MOV     TMOD,#00H        ;对 TMOD 初始化
            MOV     TH1,#0F8H        ;设置计数初值
            MOV     TL1,#06H
            SETB    ET1              ;允许 T1 中断
            SETB    EA               ;总中断允许
            SETB    TR1              ;启动 T1
$:          SJMP    $                ;等待中断
ZCZ:        CLR     TR1              ;T1 中断服务子程序,停止 T1
            MOV     TL1,#06H         ;重置计数初值
            MOV     TH1,#0F8H
            CPL     P1.1             ;输出取反
```

```
        SETB    TR1             ;启动 T1
        RETI                    ;中断返回
```

6.4.2　方式 1 的应用

方式 1 是 16 位的定时器/计数器,初值的计算较方式 0 简单,应用较广。

【例 6-2】　假设系统时钟频率为 12 MHz,使用定时器/计数器 T0 工作在方式 1,在 P1.0 端输出周期为 20 ms 的方波。

(1) 计算定时器/计数器的初值

要输出周期 20 ms 的方波,只需在 P1.0 引脚每隔 10 ms 交替输出高、低电平即可,因此定时时间为 10 ms。机器周期＝1 μs。设计数初值为 X,则有

$(2^{16}-X)\times 1=10000,X=55536D=0D8F0H$。

低 8 位送 TL0,高八位送 TH0,即(TL0)＝0F0H,(TH0)＝0D8H。

(2) 对 TMOD 初始化

由题意,GATE＝0,C/$\overline{T}$＝0,M1M0＝01,定时器/计数器 T1 不用,TMOD 高 4 位置 0,则(TMOD)＝01H。

(3) 程序设计

采用中断方式实现,参考程序如下:

```
        ORG     0000H
        LJMP    MAIN
        ORG     000BH           ;定时器/计数器 T0 的中断服务程序入
                                ;口地址
        LJMP    ZCZ
        ORG     0300H
MAIN:   MOV     TMOD,#01H       ;对 TMOD 初始化
        MOV     TH0,#0D8H       ;设置计数初值
        MOV     TL0,#0F0H
        SETB    ET0             ;允许 T0 中断
        SETB    EA              ;总中断允许
        SETB    TR0             ;启动 T0
HERE:   AJMP    HERE            ;等待中断
ZCZ:    CLR     TR0             ;T0 中断服务子程序,停止 T0
        MOV     TL0,#0D8H       ;重置计数初值
        MOV     TH0,#0F0H
        CLP     P1.0            ;输出取反
        SETB    TR0             ;启动 T0
        RETI                    ;中断返回
```

6.4.3　方式 2 的应用

方式 2 是可重装初值的 8 位定时器/计数器,这种方式可以免去用户在计数溢出后用指令重装初值的麻烦。

【例 6-3】　使用定时器/计数器 T1 工作在方式 2 下,对外部信号计数,要求每计满 100

个数,进行累加器加1操作。

(1) 计算定时器/计数器的初值

设计数初值为 X,则 $(2^8-X)=100$,$X=156=9CH$。所以,$(TL1)=9CH$,$(TH1)=9CH$。

(2) 对 TMOD 初始化

由题意,外部信号由 T1(P3.5)引脚输入,每发生一次负跳变计数器加1,每100个脉冲,T1溢出产生中断,在中断服务器程序中进行累加器加1操作。因此,有:GATE=0,由 TR1 控制定时器/计数器 T1 的运行;$C/\overline{T}=1$,工作在计数模式;M1M0=10,设为方式2;定时器/计数器 T0 不用,低四位任意,但不能使 T0 工作在方式3,这里低4位全置0,因此 (TMOD)=60H。

(3) 程序设计

采用中断方式实现,参考程序如下:

```
          ORG    0000H
          LJMP   MAIN
          ORG    001BH        ;定时器/计数器 T1 的中断服务程序入
                              ;口地址
          INC    A
          RETI
          ORG    0300H
MAIN: MOV    TMOD,#60H    ;对 TMOD 初始化
          MOV    TH1,#9CH     ;设置计数初值
          MOV    TL1,#9CH
          SETB   ET1          ;允许 T1 中断
          SETB   EA           ;总中断允许
          SETB   TR1          ;启动 T1
HERE: AJMP   HERE         ;等待中断
          END
```

由于 T1 的中断服务子程序只有两条指令,不超过8个字节,所以进入 T1 中断服务子程序入口后,直接执行这两条指令,没有选择再跳转。

6.4.4　方式3的应用

只有定时器/计数器 T0 可以工作在方式3下。当定时器/计数器 T0 工作在方式3时,TL0 和 TH0 被分成两个独立的8位定时器/计数器,TL0 可作为8位的定时器/计数器使用,而 TH0 只能作为8位的定时器用。

【例6-4】 假设系统晶振频率为12 MHz,定时器/计数器 T1 工作在方式2下,已作为波特率发生器使用。现要求利用定时器/计数器 T0(P3.4)增加一个外部中断源,并控制从 P1.0 引脚输出周期为 200 μs 的方波。

分析:由于定时器/计数器 T1 用作波特率发生器,因此,T0 应工作在方式3。在方式3下,TL0 初值设为 0FFH,工作于计数模式,当 T0 引脚收到负跳变信号时,即产生中断,TH0 控制从 P1.0 引脚输出周期 200 μs 方波,即完成 100 μs 定时。

（1）计数初值

（TL0）＝0FFH,机器周期＝1 μs,设 TH0 的初值为 X,则

（2^8－X）×1＝100,X＝156D＝9CH,（TH0）＝9CH。

（2）TMOD 初始化

定时器/计数器 T1 设为方式 2,定时器/计数器 T0 设为方式 3,TL0 工作于计数模式,则（TMOD）＝00100111B＝27H

（3）程序设计

采用中断方式实现,参考程序如下:

```
            ORG    0000H
            LJMP   MAIN
            ORG    000BH          ;TL0 的中断服务程序入口地址
            LJMP   TL0INT
            ORG    001BH          ;TH0 的中断服务程序入口地址
            LJMP   TH0INT

            ORG    0300H
MAIN:       MOV    TMOD,#27H      ;对 TMOD 初始化
            MOV    TH0,#9CH       ;设置初值
            MOV    TL0,#0FFH
            SETB   ET0            ;允许 TL0 中断
            SETB   ET1            ;允许 TH0 中断
            SETB   EA             ;总中断允许
            SETB   TR0            ;启动 TL0
HERE:       AJMP   HERE           ;等待中断
TH0INT:     MOV    TL0,#0FFH      ;重置 TH0 初值
            SETB   TR1            ;启动 TH0
            RETI                  ;中断返回
TH0INT:     MOV    TH0,#9CH       ;重置 TH0 初值
            CPL    P1.0           ;输出取反
            RETI                  ;中断返回
```

6.4.5 门控位 GATE 的应用

下面以测量$\overline{INT0}$引脚上出现的正脉冲的宽度为例为说明门控位的应用。

【例 6-5】 测量$\overline{INT0}$引脚上出现的正脉冲宽度,并以机器周期数的形式存放在 R0、R1 内,低位放在 R0 内,高位放在 R1 内。

分析:由定时器/计数器 T0 的逻辑结构可知,当 GATE＝1 且 TR1＝1 时,T0 的启动和停止由$\overline{INT0}$引脚上的信号控制。因此,将定时器/计数器 T0 设置为定时功能,当$\overline{INT0}$＝1 时,T0 启动,当$\overline{INT0}$＝0 时,T0 停止,根据 T0 的计数值可以计算出$\overline{INT0}$引脚上正脉冲的宽度。

（1）计数初值

定时器/计数器初值可取为 00H。

（2）TMOD 初始化

GATE=1,C/$\overline{\text{T}}$=0,M1M0=01,TMOD 高 4 位置为 0,则（TMOD）=09H。

（3）程序设计

参考程序如下：

```
          ORG    0000H
          AJMP   MAIN
          ORG    0300H
MAIN：    MOV    TMOD,#09H      ;对 TMOD 初始化
          MOV    TH0,#00H       ;设置初值
          MOV    TL0,#00H
LOOP1：   JB     P3.2,LOOP1     ;等待 INT0 降低
          SETB   TR0            ;INT0 降低时,TR0 置 1,开放运行 T0
LOOP2：   JNB    P3.2,LOOP2     ;等待 INT0 升高,以启动 T0 计数
LOOP3：   JB     P3.2,LOOP3     ;等待 INT0 降低,以停止 T0 计数
          CLR    TR0            ;关闭 T0
          MOV    R0,TL0         ;保存结果
          MOV    R1,TH0
          SJMP   $
```

习题 6

6-1　MCS-51 单片机内部有几个定时器/计数器? 它们由哪些特殊功能寄存器组成?

6-2　定时器/计数器用作定时模式时,其计数脉冲由谁提供? 其定时时间与哪些因素有关? 用作计数模式时,对外界计数脉冲有何限制?

6-3　当定时器/计数器 T0 工作于方式 3 时,应如何控制定时器/计数器 T1 的启动和关闭?

6-4　假设单片机晶振频率为 12 MHz,则定时器/计数器工作在不同的方式时,其最大定时范围是多少?

6-5　采用定时器/计数器 T1 对外部脉冲进行计数,编程实现:每计满 100 个脉冲后,T1 转为定时工作模式。定时 200 μs 后,又转为计数模式,如此循环下去。假设单片机晶振频率为 6 MHz。

6-6　编写一段程序,要示:当 P1.0 引脚的电平正跳变时,对 P1.1 的输入脉冲进行计数;当 P1.2 引脚电平负跳变时,停止计数,并将计数值写入 R0、R1(高位存入 R1,低位存 R0)。

6-7　设单片机晶振频率为 6 MHz,试编程实现,从 P1.0 引脚输出 1 000 Hz 的方波。

6-8　要求用单片机内部定时器/计数器定时 1 分钟,试编程实现。

6-9　设单片机晶振频率为 6 MHz,试用定时器/计数器 T0 在 P1.0 引脚输出周期为 400 μs、占空 1:9 的矩形脉冲。

第 7 章　MCS – 51 单片机的串行接口

7.1　串行通信的一般概念

7.1.1　通信的基本方式

不同的独立系统利用线路(传输介质)互相交换信息(数据)称之为通信。

通信的基本方式分为并行通信和串行通信两种。

1. 并行通信是将构成一组数据的各位在并行信道上同时传送的方式,例如一次传送8位二进制数。这种通信方式的特点是数据传送速度快,效率高,但所需要的数据线较多,成本高且控制复杂,仅适用于近距离数据通信,如系统内部数据总线采用的即是并行通信方式。

2. 串行通信是将要传送字符中的各数据位在一条信道上一位接一位地顺序传送。数据传送时,发送方按位发送,接收方按位接收。这种通信方式线路简单,只需要一对传输线即可完成,数据传送速度低于并行传送,但成本低,易于控制,适用于长距离数据通信。

7.1.2　串行通信的方式

串行通信又可分为异步传送和同步传送两种方式。

1. 在异步传送方式下,数据以一个字符为单位进行传送。字符在传送时,以一个起始位表示字符的开始,以一个停止位表示字符的结束。一个字符又称为一帧信息,它包括起始位、数据位、奇偶校验位和停止位。其中,起始位占一位,用逻辑“0”表示。当发送方要发送一个字符时,首先发送一个逻辑“0”信号,这个逻辑“0”信号就是起始位。其后是数据位,数据位的个数可以是5、6、7、8或9位。发送时,低位在前,高位在后,按位发送。紧跟在数据位后的是奇偶校验位,用于对所发送的数据位和奇偶校验位进行奇偶校验。奇偶校验位为可选位,可要可不要。最后一位是停止位,用来表示一帖信息的结束,可以是1位、1位半或2位。在异步传送中,字符间隔不固定,在停止位后可加若干个空闲位,空闲位用高电平表示,用来等待数据的传送。异步传送的字符格式如图7 – 1所示。

在串行异步传送方式下,通信双方必须事先约定好字符格式和数据传送的速度。字符格式包括字符的编码格式、奇偶校验形式以及起始位和停止位。如字符编码格式采用ASCII 码,则数据位占 7 位,再加上一个起始位、奇偶校验位和停止位,传送一个字符共 10位。数据传送速度通常以波特率表示,即每秒传送的二进制数的位数,单位为 bps(位/秒)。如数据以每秒 200 个二进位传送,则数据传送的速度即为 200 bps。

2. 在同步传送方式下,数据的传送是以数据块的形式进行的,每个数据块开头以同步字符 SYN 来指示。一个数据块由若干个字符组成,各字符之间取消了起始位和停止位连续发送。通信双方为了实现通信,必须建立准确的位定时信号,正确区分每位数据信号。由于数据块的各字符之间取消了起始位和停止位,因此同步传送的通信速度高,但实现起来控制电路比较复杂。同步传送的格式如图 7-2 所示。

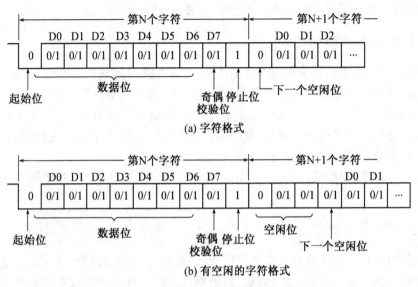

(a) 字符格式

(b) 有空闲的字符格式

图 7-1　串行异步传送的字符格式

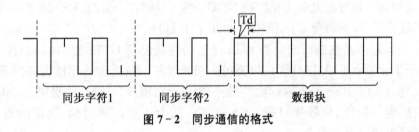

同步字符1　　　同步字符2　　　　　数据块

图 7-2　同步通信的格式

7.1.3　双工通信方式

　　双工通信方式是对相互通信的两台设备间数据传送方向的描述。根据通信时,数据流在通信双方的传送方向的不同,串行通信有以下三种方式:

　　① 单工方式:在该方式下,数据传送方向是单向的,通信双方中一方固定作为数据的发送位,另一方固定作为接收方。单工方式只需一个数据线即可完成通信,如图 7-3(a)所示。

　　② 半双工方式:半双工的数据传送方向是双向的,即通信双方任何一方都可作为数据的发送方和接收方,但同一时刻只能作为发送方或接收方,不能同时既发送数据又接收数据。半双工通信可以使用一条数据线也可使用两条数据,如图 7-3(b)所示。

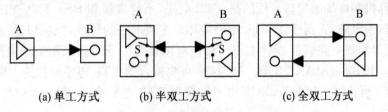

(a) 单工方式　　　(b) 半双工方式　　　(c) 全双工方式

图 7-3　串行通信数据传送的三种方式

③ 全双工方式:全双工通信的数据传送方向是双向的,通信双方任一方都可以同时发送和接收数据。全双工通信需要两条数据线,如图 7 - 3(c)所示。

7.1.4　串行通信的接口电路

要完成串行通信需要相应的接口电路。该接口电路应具备的功能包括:接收 CPU 的并行数据,转变成串行数据通过接口数据线发送出去,或者从接口数据线上接收串行数据并转变成并行数据传送给 CPU。能够完成串行通信的接口电路有很多,如通用异步收发器(UART),它能够完成串行异步通信;通用同步收发器(USRT),它能够完成串行同步通信;通用同步/异步收发器,它能够完成串行同步/异步两种通信方式。

MCS - 51 单片机内部集成了一个全双工的串行异步通信接口,能够同时完成数据的收发。

7.1.5　串行通信总线标准接口

所谓标准接口,是指明确定义了若干信号线,使接口电路标准化,通用化。通过标准接口,不同类型的数据通信设备,如计算机、打印机,扫描仪、各种智能仪器仪表等可以很方便地实现数据交换。

串行通信接口标准由几种,如 RS - 232C、RS - 449、RS - 422、RS - 423 等,其中 RS - 232C 应用最为广泛,下面着重介绍 RS - 232C 接口标准。

RS - 232C 标准是数据通信设备 DCE 与数据终端设备 DTE 之间的接口技术标准,是由美国电子工业协会 EIA 与 BELL 等公司一起开发的,并在 1966 年成为串行通信接口标准,因此又称为 EIA-RS - 232C 标准。它是一种串行物理接口标准,明确规定了串行通信的信号线功能、电气特性、信号接口等。RS - 232C 适合于短距离通信,通信距离不超过 15 米,数据传送的速度不大于 20 000 bps。

1. RS - 232C 标准的电气特性

RS - 232C 标准规定了电气特性、逻辑电平以及各种信号线的功能。由于 RS - 232C 标准早于 TTL 电路出现的时间,对于数据信号,它采用的电平不是+5 和 0,而是采用负逻辑,即:

逻辑"1":-3 V~-15 V
逻辑"0":+3 V~+15 V
而对于控制信号,则规定:
信号有效:+3 V~+15 V
信号无效:-3 V~-15 V

由于计算机和终端的接口采用的是 TTL 电平,不能直接和 RS - 232C 相连,必须加上适当的电平转换电路,否则会使 TTL 电路烧坏。完成电平的转换,既可以通过分立元器件实现,也可通过集成电路转换器件实现。目前应用较为广泛的是采用集成电路转换器件,如:MC1488、MC1489、MAX232 等。MC1488 可将输入的 TTL 电平转换为 RS - 232C 电平输出;MC1489 可将输入的 RS - 232C 电平转换为 TTL 电平输出;而 MAX232 可完成双向的电平转换。

2. 信号接口

RS-232C 总线标准接口规定了 21 个信号,有
25 条引脚线,提供了一个主信道和一个辅助信道,在
多数情况下主要使用主信道。对于一般的串行异步
双工通信,仅需要几条信号线就可实现,如一条发送
线、一条接收线和一条地线。与 RS-232C 相匹配的
D 型连接器主要有两种:DB-25、DB-9,它们的引脚
排列分别如图 7-4(a)、(b)所示,引脚信号定义如表
7-1、7-2 所示。

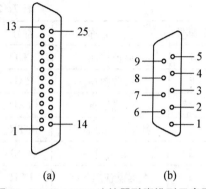

(a)　　　　　　(b)

图 7-4　RS-232C 连接器引脚排列示意图

表 7-1　DB-25 连接器引脚说明

引脚	信号名称	符号	流向	功能
1	保护地	GND		设备外壳接地
2	发送数据	TXD	从 DTE 至 DCE	DTE 发送串行数据
3	接收数据	RXD	从 DCE 至 DTE	DTE 接收串行数据
4	请求发送	RTS	从 DTE 至 DCE	DTE 请求 DCE 将线路切换到发送方式
5	允许发送	CTS	从 DCE 至 DTE	DCE 告诉 DTE 线路接通可以发送数据
6	数据设备准备好	DSR	从 DCE 至 DTE	DCE 准备好
7	信号地	SGND		
8	载波检测	DCD	从 DCE 至 DTE	接收到远程载波信号
9	空			留作调试用
10	空			留作调试用
11	空			未用
12	载波检测	DCD	从 DCE 至 DTE	在第二信道检测到远程载波信号
13	允许发送(2)		从 DCE 至 DTE	第二信道允许发送
14	发送数据(2)	TXD(2)	从 DTE 至 DCE	第二信道发送数据
15	发送时钟		从时钟至 DTE	提供发送器定时信号
16	接收数据(2)	RXD(2)		第二信道接收数据
17	接收时钟			为接口和终端提供定时信号
18	空			未用
19	请求发送(2)		从 DTE 至 DCE	连接第二信道的发送器
20	数据终端准备好	DTR	从 DTE 至 DCE	DTE 准备就绪
21	空			
22	振铃指示	RI	从 DCE 至 DTE	表示 DCE 与线路接通,出现振铃
23	数据率选择		从 DTE 至 DCE	选择两个同步数据率
24	发送时钟		从 DTE 至 DCE	为接口和终端提供定时信号
25	空			未用

表 7 - 2 DB - 9 连接器引脚说明

引脚号	信号名称	符号	数据流向	功　能
1	载波检测	DCD	从 DCE 至 DTE	接收到远程载波信号
2	接收数据	RXD	从 DCE 至 DTE	DTE 接收串行数据
3	发送数据	TXD	从 DTE 至 DCE	DTE 发送串行数据
4	数据终端准备好	DTR	从 DTE 至 DCE	DTE 准备就绪
5	信号地	SGND		
6	数据设备准备好	DSR	从 DCE 至 DTE	DCE 准备就绪
7	请求发送	RTS	从 DTE 至 DCE	DTE 请求 DCE 将线路切换到发送方式
8	允许发送	CTS	从 DCE 至 DTE	DCE 告诉 DTE 线路已接通可以发送数据
9	振铃指示	RI	从 DCE 至 DTE	表示 DCE 与线路接通,出现振铃

RS - 232C 标准规定的 25 条线中,包括 4 条数据线、11 条控制线、3 条定时线、7 条备用和未定义线,其中常用的有 9 条,传送的信号可分为三类。

(1) 传送信息的信号线

① 发送数据 TXD:由发送端(DTE)以串行数据格式向接收端(DCE)发送数据;

② 接收数据 RXD:由接收端(DCE)以串行数据格式接收数据。

(2) 联络控制信号线

① 请求传送信号 RTS:由发送端(DTE)向接收端(DCE)发送的联络信号,表示 DTE 请求向 DCE 发送数据。

② 允许发送信号 CTS:由 DCE 向 DTE 发出的联络信号,表示本地 DCE 响应 DTE 向 DCE 发出的 RTS 信号,且本地 DCE 准备向远程 DCE 发送数据。

③ 数据准备就绪信号 DSR:是 DCE 向 DTE 发出的联络信号,指出本地 DCE 的状态。当 DSR=1 时,表示 DCE 没有处于测试通话状态,此时 DCE 可以和远程 DCE 建立通道。

④ 数据终端就绪信号 DTR:由 DCE 向 DTE 发送,指出本地 DTE 的当前状态。当 DTR=1 时,表示 DTE 处于就绪状态,本地 DCE 和和远程 DCE 之间可以建立通信通道。

⑤ 数据载波检测信号 DCD:DCE 向 DTE 发出的状态信息,当 DCE=1 时,表示已接通通信链路,告知 DTE 准备接收数据。

⑥ 振铃指示信号 RI:DCE 向 DTE 发出的状态信息,当 RI=1 时,表示本地 DCE 接收到远程 DCE 的振铃信号。

(3) 地线

SG、PE:信号地和保护地。

7.2　MCS - 51 单片机的串行通信接口

MCS - 51 单片机片内含有一个全双工的串行通信接口,可以完成串行异步通信,同时也可以通过外接同步移位寄存器作为串行扩展口使用。

7.2.1　数据缓冲器 SBUF

MCS-51 单片机的串行口内部结构如图 7-5 所示。它内部有两个物理上独立的缓冲器,这两个缓冲器都属于特殊功能寄存器,使用同一符号 SBUF 来表,共用一个字节地址 99H。其中发送缓冲器只能写不能读,它具有移位功能,用来实现发送数据的并转串和数据格式化的功能。当 CPU 将要发送的数据写入发送缓冲器后,发送过程就自动开始了。接收缓冲器用来接收输入移位寄存并行传送过来的数据,并将数据传送到内部总线上,它只能读不能写。对单片机的 CPU 而言,串行口只是一个可读、写的寄存器,通过读、写指定来区分要访问的是发送缓冲器还是接收缓冲器。当 CPU 对串行口执行读操作时,如 MOV A, SBUF 访问的是接收缓冲器,当 CPU 对串行口执行写操作时,如 MOV SBUF,A 访问的是发送缓冲器。

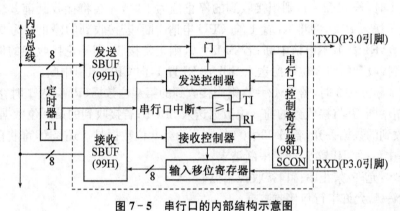

图 7-5　串行口的内部结构示意图

7.2.2　串行口的控制寄存器

串行口的控制寄存器有两个:SCON 和 PCON,通过对这两个特殊寄存器的编程可以对串行口的工作方式和工作过程进行设置。

1. 串行口控制寄存器 SCON

串行口控制寄存器 SCON,字节地址 98H,可位寻址,它的格式如图 7-6 所示:

D7	D6	D5	D4	D3	D2	D1	D0
SM0	SM1	SM2	REN	TB8	RB8	TI	RI

图 7-6　SCON 格式

各位功能如下:

(1) SM0、SM1:串行口的工作方式选择位

SM0、SM1 两位的编码所对应的 4 种工作方式和相应的功能如表 7-3 所示。

表 7-3　串行口的 4 种工作方式

M1	M0	方式和功能
0	0	方式 0,同步移位寄存器方式(用于扩展 I/O 口)
0	1	方式 1,8 位异步收发,波特率可变(由定时器/计数器控制)
1	0	方式 2,9 位异步收发,波特率为 $f_{osc}/64$ 或 $f_{osc}/32$
1	1	方式 3,9 位异步收发,波特率可变(由定时器/计数器控制)

(2) SM2:多机通信时的接收允许标志位

在方式 2 和 3 中,若 SM2＝1,且接收到的第 9 位数据(RB8)是 0,则接收中断标志(RI)不会被激活。在方式 1 中,若 SM2＝1 且没有接收到有效的停止位,则 RI 不会被激活。

在方式 0 时,SM2 必须为 0。

在方式 1 时,若 SM2＝1,则当接收到的停止位为 1 时,才会将接收到前 8 位数据送入SBUF,停止位送入 RB8,并将 RI 置 1,向 CPU 申请中断;若接收到的停止位为 0,则将接收到的数据丢弃,RI 清 0,不申请中断;若 SM2＝0,则正常接收,即不论接收到的停止位是什么状态,都将接收到的前 8 位数据送入 SBUF,RI 置 1,向 CPU 申请中断。

在方式 2 和方式 3 时,若 SM2＝1,则当接收到的第 9 位数据(RB8)为 1 时,将 RI 置 1,向 CPU 申请中断,并将接收到的前 8 位数据送入 SBUF;若接收到的第 9 位数据(RB8)为 0时,则将接收到的数据丢弃;若 SM2＝0 时,则不论第 9 位数据是 1 还是 0,都将前 8 位数据送入 SBUF 中,并使 RI 置 1,产生中断请求。

(3) REN:允许/禁止串行口接收控制位

若 REN＝1,允许串行口接收数据。

若 REN＝0,禁止串行口接收数据。

(4) TB8:发送的第 9 位数据

在方式 2 和方式 3 时,TB8 是要发送的第 9 位数据,它的值可由软件置 1 或清 0。在双机串行通信时,TB8 常作为奇偶校验位使用。在多机串行通信时,TB8 常作为地址信息和数据信息的区别标志。在方式 1 中,TB8 是停止位,方式 0 不使用 TB8。

(5) RB8:接收的第 9 位数据

在方式 2 和方式 3 时,RB8 存放接收到的第 9 位数据。在方式 1 时,RB8 是接到的停止位。方式 0 时不使用 RB8。

(6) RI:接收中断标志位

在方式 0 时,接收完第 8 位数据时,RI 由硬件置 1;在其他方式时,该位在串行口接收到停止位时由硬件自动置 1。RI＝1,表示一帧接收结束,该位的状态可供软件查询或形成中断请求。RI 不能由硬件清 0,必须由软件清 0。

(7) TI:发送中断标志位

在方式 0 时,发送完第 8 位数据时,TI 由硬件置 1。在其他方式时,串行口发送停止位的开始时置为 1。TI＝1,表示一帧发送完毕。TI 的状态可供软件查询或形成中断请求。TI 也不能由硬件清 0,必须由软件清 0。

2. 电源控制寄存器 PCON

PCON 也是一个特殊功能寄存器,字节地址为 87H,不可位寻址。PCON 的格式如图

7－7 所示。

D7	D6	D5	D4	D3	D2	D1	D0
SMOD	×	×	×	GF1	GF0	PD	IDL

图 7－7　PCON 格式

（1）SMOD：波特率倍增位

串行口工作在方式 1 或方式 3 时，其波特率是可调的。若 SMOD＝0，波特率不倍增，若 SMOD＝1 时，波特率倍增。

（2）GF1、GF0、PD、IDL：此 4 位用于 CHMOS 型单片机的掉电方式控制，对 HMOS 型单片机无定义。

7.2.3　串行口的工作方式

MCS－51 单片机的串行口有四种工作方式，可以通过编程设置 SCON 中的 SM0、SM1 两位来选择，见表 7－3。

1. 方式 0

串行口方式 0 为同步移位寄存器输入/输出方式，在这种方式下，串行口需要外接同步移位寄存器，用于实现单片机 I/O 口的扩展，即外接"串入并出"移位寄存器以扩展输出端口，外接"并入串出"移位寄存器以扩展输入端口。此时，引脚 RXD(P3.0)固定作为数据移位的输入/输出端，TXD(P3.1)固定作为提供移位时钟脉冲的输出端。移位数据的发送和接收均按照低位在前高位在后的方式进行，数据传送的波特率是固定的，为 $12/f_{osc}$。方式 0 以 8 位数据为一帧，没有起始位和停止位，其帧格式如图 7－8 所示。

…	D0	D1	D2	D3	D4	D5	D6	D7	…

图 7－8　方式 0 的帧格式

（1）方式 0 发送过程

MCS－51 单片机的串行口内部结构如图 7－5 所示。

它内部有两个物理上独立的缓冲器，这两个缓冲器都属于特殊功能寄存器，使用同一符号 SBUF 来表示，共用一个字节地址 99H。其中发送缓冲器只能写不能读，它具有移位功能，用来实现发送数据的并转串和数据格式化的功能。当 CPU 将要发送的数据写入发送缓冲器后，发送过程就自动开始了。接收缓冲器用来接收输入移位寄存并行传送过来的数据，并将数据传送到内部总线上，它只能读不能写。对单片机的 CPU 而言，串行口只是一个可读、写的寄存器，通过读、写指定来区分要访问的是发送缓冲器还是接收缓冲器。当 CPU 对串行口执行读操作时，如 MOV A,SBUF 访问的是接收缓冲器，当 CPU 对串行口执行写操作时，如 MOV SBUF,A 访问的是发送缓冲器。

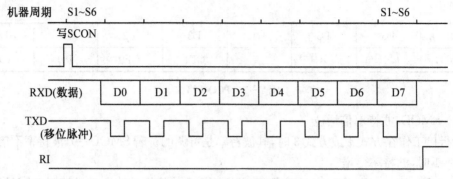

图 7-9　方式 0 的发送时序

　　这是将单片机的串行口扩展为若干并行输出口的工作方式,常用的外接扩展芯片是串行输入/8 位并行输出的移位寄存器 74LS164。它与单片机的连接电路如图 7-10 所示。

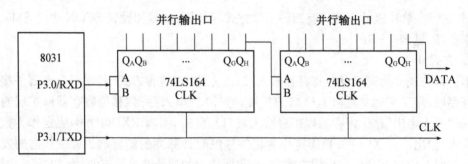

图 7-10　外接移位寄存器输出

　　每片 74LS164 有两个串行数据输入端和一个同步移位脉冲输入端,以及 8 个并行输出口。时钟 CLK 端上每一个上升沿都会使该芯片的 8 位数据输出右移一位。

　　(2) 方式 0 接收过程

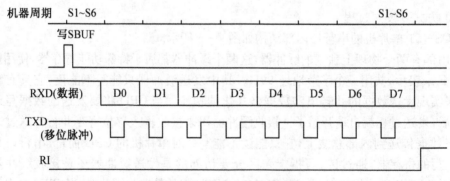

图 7-11　方式 0 的接收时序

　　方式 0 接收数据时,串行口需要外接"串出并入"移位寄存器,如 CD4014 或 74LS165,将串行口扩展为并行输出口。接收数据时,应先将 REN 置 1,否则将禁止串行口接收数据。当 CPU 将控制字写入 SMOD 时,产生一个正脉冲,接收过程便开始了。数据通过 RXD 引脚以串行的方式送入接收缓冲器 SBUF,TXD 则提供同步移位时钟。当接收完 8 位数据时,由硬件将 RI 置 1,向 CPU 申请中断。接收过程时序如图 7 - 11 所示。

　　这是将单片机的串行口扩展为若干并行输入口的工作方式,常用的外接扩展芯片是 8 位并行输入/串行输出移位寄存器 74LS165。它与单片机的连接电路如图 7 - 12 所示。74LS165 有 8 个并行输入端,一个串行输出端,以及一个用于移位的时钟输入端。在同步移位脉冲的作用下,每个脉冲使 8 位并行输入数据左移一位,最高位移入单片机 RXD 端,8 个移位脉冲可以使 1 个字节信息通过 RXD 引脚送入单片机的 SBUF 中。

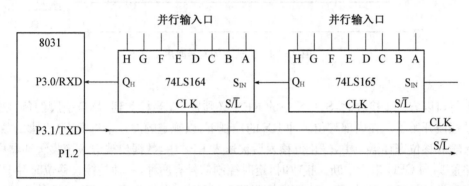

图 7 - 12　外接移位寄存器输入

2. 方式 1

　　当 SM0、SM1 设为 01 时,串行口设置为方式 1,该方式为双机串行通信方式。TXD 用于数据的发送,RXD 用于数据的接收,一帧数据为 10 位,其中 1 位起始位、8 位数据位、1 位停止位,其帧格式如图 7 - 13 所示。

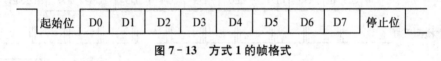

图 7 - 13　方式 1 的帧格式

　　在方式 1 时,串行口的波特率由下式确定:

$$方式 1 的波特率 = \frac{2^{SMOD}}{32} \times 定时器/计数器 1 的溢出率$$

$$定时器/计数器 T1 的溢出率 = \frac{1}{定时时间}$$

　　(1) 方式 1 发送过程

　　当 CPU 执行一条写发送缓冲器指令时,发送过程就开始了。发送开始时,内部控制信号 $\overline{SEND}$ 有效,将起始位由 TXD 引脚输出,在单片机内部移位脉冲 TX 的作用下以设定好的波特率从 TXD 引脚发送出去。当 8 位数据位全部发送完后,由硬件将中断标志位 TI 置 1,向 CPU 申请中断。方式 1 发送时序如图 7 - 14 所示。

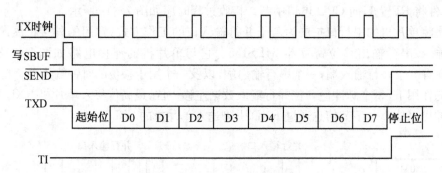

图 7 - 14 方式 1 的发送时序

（2）方式 1 接收过程

串行口以方式 1 接收时，SCON 中的 REN 必须置 1。当检测到 RXD 引脚的负跳变时，接收过程便开始了。在内部移位脉冲 RX 的控制下，以规定的波特率将 RXD 引脚的数据逐位移入输入移位寄存器当中，停止位移入后被送入 RB8 中，数据位被送入接收缓冲器中，RI 由硬件置 1，向 CPU 申请中断。接收时，定时控制信号有两种，一种是接收移位时钟 RX，它的频率和发送的 TX 相同，另一种是位检测器采样脉冲，它的频率是 RX 时钟的 16 倍。位检测器在每个 RX 时钟内对接收的数据位进行连续 3 次采样，至少检测到两次相同的值，以保证接收到正确的值。方式 1 接收时序如图 7 - 15 所示。

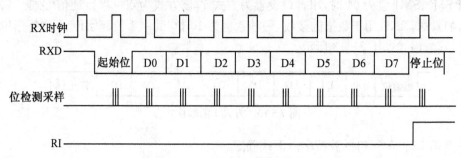

图 7 - 15 方式 1 的接收时序

3. 方式 2

串行口工作在方式 2 时，被定义为 11 位的异步通信接口，每帧数据由 11 位构成，包括 1 位起始位，8 位数据位，可编程的第 9 位数据和 1 位停止位。其中第 9 位数据位通过编程用于实现双机通信的奇偶校验或在多机通信时用于表明数据的性质，如该帧是地址帧还是数据帧。帧格式如图 7 - 16 所示。

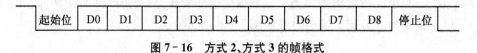

图 7 - 16 方式 2、方式 3 的帧格式

在方式 2 时，串行口的波特率由下式确定：

$$方式 2 的波特率 = \frac{2^{\text{SMOD}}}{64} \times f_{\text{OSC}}$$

（1）方式 2 发送过程

发送前，根据通信协议确定第 9 位数据位的性质，由指令"SETB TB8"或"CLR TB8"将其写入 SCON 中，然后将要发送的数据写入发送缓冲器 SBUF 中，内部产生 $\overline{\text{SEND}}$ 信号，发送过程就开始了。串行口自动将 TB8 装入第 9 位数据位发送出去。发送完成，由硬件将中断标志位 TI 置 1，向 CPU 申请中断。方式 2 发送时序如图 7-17 所示。

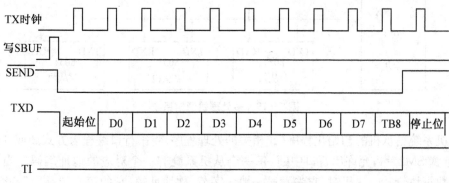

图 7-17 方式 2 和发式 3 的发送时序

（2）方式 2 接收过程

首先将 SCON 中 REN 置 1，当串行口采样到 RXD 引脚由 1 到 0 的负跳变且起始位有效后，接收过程便开始了。串行口以规定的波特率从 RXD 引脚接收数据，送入串行口中的输入移位寄存器中，接收完毕，将数据位 D0～D7 送入接收缓冲器 SBUF 中，第 9 位数据送入 RB8 中，由硬件将 RI 置 1，接收过程结束。方式 2 接收时序如图 7-18 所示。

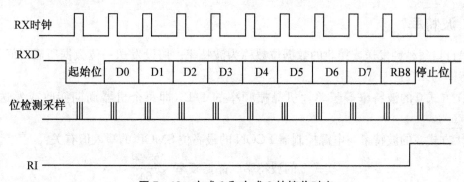

图 7-18 方式 2 和方式 3 的接收时序

4. 方式 3

方式 3 的帧格式、发送和接收过程与方式 2 均相同，唯一不同的是方式 3 的波特率。方式 3 的波特率由下式确定：

$$\text{方式 3 的波特率} = \frac{2^{\text{SMOD}}}{32} \times \text{定时器/计数器 1 的溢出率}$$

7.3 多机通信

如前所述，串行口以方式 2 或 3 接收时，若 SM2 为"1"，则只有接收到的第 9 位数据为"1"时，数据才装入接收缓冲器，并将中断标志 RI 置"1"，向 CPU 发出中断请求；如接收到的第 9 位数据为"0",则不产生中断标志(RI=0),信息将丢失。而当 SM2=0 时,则接收到一个字节后,不管第 9 位数据是"1"还是"0",都产生中断标志(RI=1),将接收到的数据装入接收缓冲器 SBUF。利用这一特点,可实现多个处理机之间的通信。如图 7 - 19 所示为一种简单的主从式多机通信系统。

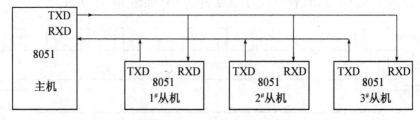

图 7 - 19   多处理机通信系统

从机系统由从机的初始化程序(或相关的处理程序)将串行口编程为方式 2 或 3 的接收方式,且置 SM2=1,允许串行口中断,每一个从机系统有一个对应的地址编码。当主机要发送一数据块给某一从机时,它先发送一地址字节,称地址帧,它的第 9 位是"1",此时各从机的串行口接收到的第 9 位(RB8)都为"1",则置中断标志 RI 为"1",这样使每一台从机都检查一下所接收的主机发送的地址是否与本机相符。若为本机地址,则清除 SM2,而其余从机保持 SM2=1 状态。接下来主机可以发送数据块,称数据帧,它的第 9 位是"0",各从机接收到的 RB8 为"0"。因此只有与主机联系上的从机(此时 SM2=0)才会置中断标志 RI 为"1",接收主机的数据,实现与主机的信息传递。其余从机因 SM2=1,且第 9 位 RB8=0,不满足接收数据的条件,而将接收的数据丢弃。

7.4   波特率

串行口每秒钟发送或接收的数据位数称为波特率。假设发送一位数据所需时间为 T,则波特率为 1/T。

① 方式 0 的波特率等于单片机晶振频率的 1/12,即每个机器周期接收或发送一位数据。

② 方式 2 的波特率与电源控制器 PCON 的最高位 SMOD 的写入值有关:

$$\text{模式 2 的波特率} = \text{晶振频率} \times \frac{2^{\text{SMOD}}}{64}$$

即 SMOD=0,波特率为 $(1/64)f_{\text{OSC}}$;SMOD=1,波特率为 $(1/32)f_{\text{OSC}}$。

③ 方式 1 和方式 3 的波特率除了与 SMOD 位有关之外,还与定时器 T1 的溢出率有关。定时器 T1 作为波特率发生器,常选用定时方式 2(8 位重装载初值方式),并且禁止 T1中断。此时 TH1 从初值计数到产生溢出,它每秒钟溢出的次数称为溢出率。于是:

$$\text{模式 1 或 3 的波特率} = \text{T1 的溢出率} \times \frac{2^{\text{SMOD}}}{32}$$

$$= \frac{2^{\text{SMOD}}}{32} \times \frac{f_{\text{OSC}}}{12 \times (256 - \text{TH1})}$$

表 7 - 4 列出了单片串行口方式 1 或方式 3 的常用波特率及设置方法,以便简化波特率软件设计。

表 7-4　定时器 T1 产生的常用波特率

串行口模式	波特率/MHz	晶振频率 f_{osc}/MHz	SMOD	定时器 T1		
				C/T	定时器方式	重装载值
模式 0	最大 1 M	12	×	×	×	×
模式 2	最大 375 k	12	1	×	×	×
模式 1 或 模式 3	62.5 k	12	1	0	2	FFH
	19.2 k	11.059	1	0	2	FDH
	9.6 k	11.059	0	0	2	FDH
	4.8 k	11.059	0	0	2	FAH
	2.4 K	11.059	0	0	2	F4H
	1.2 k	11.059	0	0	2	E8H
	137.5	11.986	0	0	2	1DH
	110	6	0	0	2	72H
	110	12	0	0	1	FEEBH

如果需要很低的波特率,可以把 T1 设置成为其他工作方式,并且允许 T1 中断,在中断服务子程序中实现初始值的重装。

假设某 MCS-51 单片机系统,串行口工作于模式 3,要求传送波特率为 1 200 Hz,作为波特率发生器的定时器 T1 工作在方式 2 时,请求出计数初值为多少? 设单片机的振荡频率为 6 MHz。

因为串行口工作于方式 3 时的波特率为:

$$模式\ 3\ 的波特率 = \frac{2^{SMOD}}{32} \times \frac{f_{OSC}}{12 \times (256 - TH1)}$$

所以

$$TH1 = 256 - \frac{f_{OSC}}{波特率 \times 12 \times (32/2^{SMOD})}$$

当 SMOD=0 时,初值 TH1＝256－6×10⁶/(1 200×12×32/1)＝243＝0F3H

当 SMOD=1 时,初值 TH1＝256－6×10⁶/(1 200×12×32/2)＝230＝0E6H

7.5　串行口的应用

1. 串行口的编程

串行口需初始化后,才能完成数据的输入、输出。其初始化过程如下:

① 按选定串行口的操作方式设定 SCON 的 SM0、SM1 两位二进制编码;

② 对于操作方式 2 或 3,应根据需要在 TB8 中写入待发送的第 9 位数据;

③ 若选定的操作方式不是方式 0,还需设定接收/发送的波特率。

设定 SMOD 的状态,以控制波特率是否加倍。

若选定操作方式 1 或 3,则应对定时器 T1 进行初始化以设定其溢出率。

2. 串行口的应用

(1) 方式 0 应用

【例 7-1】　使用 CD4014"并入串出"移位寄存器的并行输入端外接 8 个开关,作为单片机系统的输入设备,使用 CD4094"串入并出"移位寄存器的并行输出端外接 8 个发光二极管作为单片机系统的输出设备,连接图如图 7－20 所示,试编写程序完成将开关的状态读入,并由发光二极管进行显示(开关合上为亮,断开为暗)的任务。

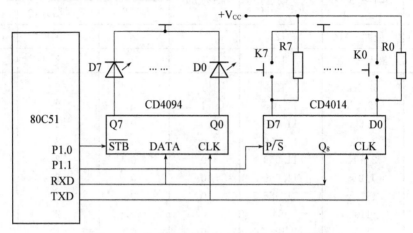

图 7－20　方式 0 实现并行 I/O 端口扩展结构图

采用查询方式,参考程序如下:

```
        MOV     SCON,♯00H
        CLR     ES              ;关中断
LOOP：  CLR     P1.0            ;关 CD4094 并出
        CLRP    1.1             ;开 CD4014 串出
        MOV     SCON,♯10H       ;启动单片机输入
        JNB     RI,$            ;等待接收完成
        SETB    P1.1            ;关 CD4014 串出
        CLR     RI              ;清接收结束标志
        MOV     SCON,♯00H       ;关单片机输入
        MOV     A,SBUF          ;读取开关输入状态
        CPL     A               ;状态取反
        MOV     SBUF,A          ;启动单片机串行口输出
        JNB     TI,$            ;等待发送完成
        SETB    P1.0            ;开 CD4094 并出
        ACALL   DELAY           ;调用延时子程序,保持输出延时
        CLR     TI              ;清发送结束标志
        AJMP    LOOP            ;继续循环
```

（2）方式 1 应用

【例 7－2】 设单片机采用 12 MHz 晶振频率,串行口以工作方式 1 工作,定时器/计数器 T1 工作于定时器方式 2 作为其波特率发生器,波特率选定为 1 200 bps。试编程实现单片机从键盘上接收所键入的字符,并把它送到 CRT 显示器显示的功能。

分析:由题设,GATE＝0,C/$\overline{T}$＝0,M1M0＝10,则(TMOD)＝20H(假设定时/计数器 T0 相关控制位全为 0),由公式:波特率＝$\dfrac{2^{\text{SMOD}}}{32}$×定时/计数器 1 的溢出率,设 SMOD＝0,不倍增,定时器/计数器 1 的溢出率＝$\dfrac{1}{\text{定时时间}}$＝$\dfrac{f_{\text{OSC}}}{12\times(256-\text{初值})}$,可得:

初值 $= 256 - \dfrac{f_{osc} \times 2^{SMOD}}{384 \times 波特率} = 256 - \dfrac{12 \times 10^6 \times 2^0}{384 \times 1\,200} = 230$，则（TH1）＝（TL0）＝230＝0E6H。

串行口工作在方式 1，则（SCON）＝40H。

采用查询方式，参考程序如下：

```
CRT:    MOV     SP,#60H         ;设栈指针
        MOV     TMOD,#20H       ;设 T1 为方式 2,作定时器使用
        MOV     TL1,#0E6H       ;设波特率为 1 200 bps
        MOV     TH1,#0E6H       ;设置重置值
        SETB    TR1             ;启动 T1 运行
        MOV     PCON,#00H       ;SMOD=0,波特率不倍增
        MOV     SCON,#40H       ;设串行口为方式 1,关接收
        MOV     SBUF,#3FH       ;启动发送提示符"?"到 CRT
        JNB     TI,$            ;等待发送结束
KEY:    MOV     SCON,#50H       ;设串行口工作方式 1 接收,同时将 TI 清零
WAIT:   JBC     RI,GET          ;等待输入字符接收结束后将 RI 清零,
                                ;并转移程序
        AJMP    WAIT
GET:    MOV     A,SBUF          ;接收键入字符
DIR:    MOV     SCON,#40H       ;设置串口为方式 1,关接收
        MOV     SBUF,A          ;发送字符到显示器
        JNB     TI,$            ;等待发送结束
        CLR     TI              ;清发送标志
        AJMP    KEY             ;循环至下一字符的键入
```

（3）方式 2 应用

【例 7-3】　下面的子程序为方式 2 时的双机通信的发送子程序，以 TB8 作为奇偶校验位，其功能是将片外 2000H～200FH 单元内容从串行口中发送出去。

```
TRT:    MOV     SCON,#80H       ;方式 2 编程
        MOV     PCON,#80H       ;取波特率为倍频
        MOV     DPTR,#2000H     ;数据块起始地址 2000H 送 DPTR
        CLR     ES              ;关中断
        MOV     R7,#10H         ;字节数 10H 送 R7
LOOP:   MOVX    A,@DPTR         ;取数据送 A
        MOV     C,P             ;A 中数据的奇偶标志 P 送 TB8
        MOV     TB8,C
        MOV     SBUF,A          ;数据送 SBUF,启动发送
WAIT:   JBC     TI,CONT         ;判断发送过程是否结束?
        SJMP    WAIT
CONT:   INC     DPTR
        DJNZ    7,LOOP
        RET
```

（4）方式 3 应用

【例 7 - 4】 下面的子程序为方式 3 时的双机通信的发送子程序,以 TB8 作为奇偶校验位,其功能是将片外 2000H～200FH 单元内容从串行口中发送出去。晶振频率为 6 MHz,波特率为 4 800 bps。

```
TRT:    MOV     SCON,#0D0H      ;工作方式为方式3发送
        MOV     PCON,#00H       ;取波特率为不倍频
        MOV     DPTR,#2000H     ;数据块起始地址 2000H 送 DPTR
        MOV     TMOD,#20H
        MOV     TH1,#0FDH       ;设置波特率为 4 800 bps
        MOV     TL1,#0FDH
        SETB    TR1
        CLR     ES              ;关中断
        MOV     R7,#10H         ;字节数 10H 送 R7
LOOP:   MOVX    A,@DPTR         ;取数据送 A
        MOV     C,P             ;A 中数据的奇偶标志 P 送 TB8
        MOV     TB8,C
        MOV     SBUF,A          ;数据送 SBUF,启动发送
WAIT:   JBC     TI,CONT         ;判断发送过程是否结束?
        SJMP    WAIT
CONT:   INC     DPTR
        DJNZ    7,LOOP
        RET
```

（5）多机通信应用

【例 7 - 5】 利用串行口进行双机通信。

如图 7 - 21 所示是双机通信系统,要求将甲机 8051 芯片内 RAM 中的 40H～4FH 的数据串行发送到乙机。甲机工作于方式 2,TB8 为奇偶校验位;乙机用于接收串行数据,工作于方式 2,并对奇偶校验位进行校验,接收数据存于 60H～6FH 中。

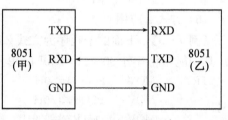

图 7 - 21 双机通信系统

程序清单如下:

甲机发送（采用查询方式）:

```
        MOV     SCON,#80H       ;设置工作方式2
        MOV     PCON,#00        ;置 SMOD=0,波特率不加倍
        MOV     R0,#40H         ;数据区地址指针
        MOV     R2,#10H         ;数据长度
LOOP:   MOV     A,@R0           ;取发送数据
        MOV     C,P             ;奇偶位送 TB8
        MOV     TB8,C
        MOV     SBUF,A          ;送串口并开始发送数据
WAIT:   JB      CTI,NEXT        ;检测是否发送结束并清 TI
```

```
        SJMP    WAIT
NEXT:   INC     R0              ;修改发送数据地址指针
        DJNZ    R2,LOOP
        RET
```

乙机接收(查询方式)：

```
        MOV     SCON,#90H       ;置工作方式 2,并允许接收
        MOV     PCON,#00H       ;置 SMOD=0
        MOV     R0,#60H         ;置数据区地址指针
        MOV     R2,#10H         ;等待接收数据长度
LOOP:   JBC     RI,READ         ;等待接收数据并清 RI
        SJMP    LOOP
READ:   MOV     A,SBUF          ;读一帧数据
        MOV     C,P
        JNC     LP0             ;C 不为 1 转 LP0
        JNB     RB8,ERR         ;RB8=0,即 RB8 不为 P 转 ERR
        AJMP    LP1
LP0:    JB      RB8,ERR         ;RB8=1,即 RB8 不为 P 转 ERR
LP1:    MOV     @R0,A           ;RB8=P,接收一帧数据
        INC     R0
        DJNZ    R2,LOOP
        RET
ERR:    ⋮               ;出错处理程序
```

习题 7

7-1　MCS-51 单片机的串行口有几种工作方式,有几种帧格式? 各种工作方式的波特率如何确定?

7-2　假设串行口串行发送的字符格式为 1 个起始位、8 个数据位、1 个奇偶校验位、1 个停止位,则该串行口工作在哪种方式? 试画出在该方式下传送字符"A"的帧格式,并计算若该串行口每分钟传送 1 800 个字符时的波特率。

7-3　为什么定时器/计数器 T1 用作串行口波特率发生器时,常采用方式 2? 若已知时钟频率、串行通信的波特率,如何计算装入 T1 的初值?

7-4　若晶体振荡器为 11.059 2 MHz,串行口工作在方式 1,波特率为 4 800 bps,写出用 T1 作为波特率发生器的方式控制字和计数初值。

7-5　设当单片机晶振频率为 6 MHz 和 12 MHz 时,定时器/计数器处于工作方式 2,PCON=00H,分别在这两种频率下单片机处于串行方式 1、波特率为 1 200 bps 时定时器/计数器 T1 的定时计数初值。

7-6　试简述利用串行口进行多机通信的原理。

7-7　已知单片机系统晶振频率为 11.059 MHz,(PCON)=00H,现对其串行口编制程序如下：

```
MOV     TMOD,#20H
MOV     TH1,#0E8H
MOV     TL1,#0E8H
SETB    TR1
MOV     SCON,#40H
```

```
MOV     A,#0AAH
MOV     SBUF,A
JNB     TI,$
CLR     TI
SJMP    $
```

请分析这段程序,并回答以下问题:

(1) 串行口设置的波特率是多少位/秒(bps)?

(2) 串行口采用的是哪种工作方式?

(3) 这段程序是发送还是接收程序?

(4) 该程序段发送或接收的是什么数据?

第8章 MCS-51单片机扩展存储器的设计

尽管 MCS-51 单片机片内有一定数量的存储器(RAM 或 ROM),但对于较复杂的应用场合,随着程序代码或所使用的变量的增加,这些片内有限的存储容量就显得不够用了,因此,应根据需要,在原有片内存储容量的基础上,合理地扩展存储单元。

8.1 存储器分类

存储器是单片机系统的一个重要组成部分,其功能主要是存放程序或数据。按功能不同,存储器又可分为随机存取存储器(简称 RAM,Random Access Memory)、只读存储器(ROM,Read Only Memory)以及可读写 ROM 三大类,如图 8-1 所示。

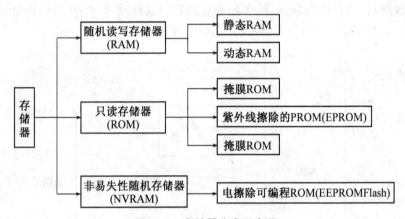

图 8-1 存储器分类示意图

1. 随机存取存储器(RAM)

随机存取存储器(RAM)在单片机系统中主要用于存放数据,用户程序可随时对 RAM 进行读或写操作,断电后,RAM 中的信息将丢失。RAM 可分为静态 RAM(Static RAM,SRAM)和动态 RAM(Dynamic RAM,DRAM)两种。

2. 只读存储器(ROM)

只读存储器(ROM)在单片机系统中主要用作外部程序存储器,其中的内容只能读出,不能被修改,断电情况下,ROM 中的信息不会丢失。按照制造工艺的不同,ROM 可分为如下几种:

(1)掩膜 ROM。掩膜 ROM 是在工厂生产的时候,通过"掩膜"技术将需存储的程序等信息由厂家固化在芯片内,这种 ROM 制成后便无法改变其中内容。

(2)紫外线擦除的可编程 ROM 又称 EPROM(Erasable PROM)。这种芯片上开有一个小窗口,紫外线通过小窗口照射内部电路可以擦除内部的信息,芯片内的信息被擦除后可重新进行编程。

(3)OTP 型 PROM。OTP(One Time Programmable)型 PROM(Programmable

ROM)用户可根据自己的需要将信息写入其中,但只能写入一次,即一次写入后不能再写入。

3. 非易失性随机存储器(NVRAM)

非易失性(Nonvolatile)随机存储器(NVRAM)是指可电擦除的存储器,它们具有 RAM 的可读、写特性,又具有 ROM 停电后信息不丢失的优点,在单片机系统中既可作程序存储器,也可作数据存储器用。

8.2　外部总线的扩展

1. 外部总线的扩展

MCS-51 芯片没有对外专用的地址总线和数据总线,在进行对外扩展存储器或 I/O 接口时,首先需要扩展对外总线。通过 MCS-51 引脚 ALE 可实现对外总线扩展。在 ALE 为有效高电平期间,P0 口上输出 $A_7 \sim A_0$,因而只需在 CPU 片外扩展一片地址锁存器,用 ALE 的有效高电平边沿作锁存信号,即可将 P0 口上的地址信息锁存,直到 ALE 再次有效。在 ALE 无效期间 P0 口传送数据,即作数据总线口。这样就可将 P0 口的地址线和数据线分开。图 8-2 为 MCS-51 扩展的外部三总线示意图。

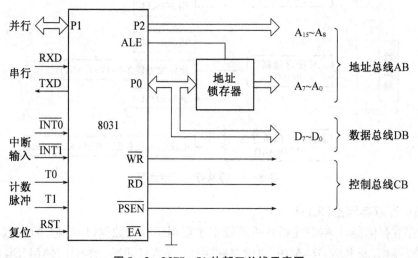

图 8-2　MCS-51 外部三总线示意图

(1) 地址总线

MCS-51 单片机地址总线宽度为 16 位,寻址范围为 64 K。

地址信号:P0 作为地址线低 8 位,P2 口作为地址线高 8 位。

(2) 数据总线

MCS-51 单片机的数据总线宽度为 8 位。

数据信号:P0 口作为 8 位数据口,P0 口在系统进行外部扩展时与低 8 位地址总线分时复用。

(3) 控制总线

主要的控制信号有 ALE、$\overline{CE}$、$\overline{RD}$、$\overline{PSEN}$、$\overline{EA}$ 等。

在 MCS-51 三总线的基础上,根据需要进行存储器的合理扩展。

通常用作单片机地址锁存器的芯片有 74LS273、74LS377、74LS373、8282 等,图 8-3 的(a)、(b)和(c)给出了 74LS373、8282 和 74LS273 的引脚,以及它们用作地址锁存器的接法。

74LS373 和 8282 是带三态输出的 8 位锁存器,两者的结构和用法类似。以 74LS373 为例,当三态端$\overline{OE}$有效,使能端 G 为高电平时,输出跟随输入变化;当 G 端由高变低时,输出端 8 位信息被锁存,直到 G 端再次有效。

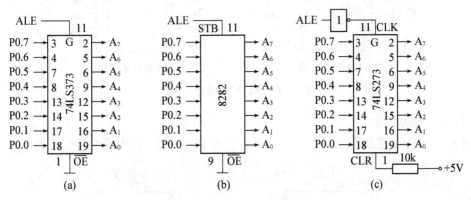

图 8-3　地址锁存器的引脚和接口

74LS273 为 8D 触发器,当时钟上升沿到来时,将 D 端输入的数据锁存。作为地址锁存器使用时,可将 ALE 反相接 74LS273 的 CLK 端,CLK 端接+5 V。

2. 总线驱动

在单片机应用系统中,扩展的三总线上挂接很多负载,如存储器、并行接口、A/D 接口、显示接口等,但总线接口的负载能力有限,因此常常需要通过连接总线驱动器进行总线驱动。

总线驱动器对于单片机的 I/O 口只相当于增加了一个 TTL 负载,因此驱动器除了对后级电路驱动外,还能对负载的波动变化起隔离作用。

在对 TTL 负载驱动时,只需考虑驱动电流的大小;在对 MOS 负载驱动时,MOS 负载的输入电流很小,更多地要考虑对分布电容的电流驱动。

(1) 常用的总线驱动器

系统总线中地址总线和控制总线是单向的,因此驱动器可以选用单向的,如 74LS244。74LS244 还带有三态控制,能实现总线缓冲和隔离。

系统中的数据总线是双向的,其驱动器也要选用双向的,如 74LS245。74LS245 也是三态的,有一个方向控制端 DIR,DIR=1 时输出(An→Bn),DIR=0 时输入(An←Bn)。74LS244、74LS245 的引脚如图 8-4。

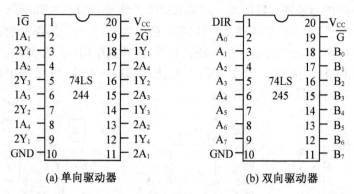

(a) 单向驱动器　　　　　　　　(b) 双向驱动器

图 8-4　总线驱动器芯片管脚

（2）总线驱动器的接口

图 8-5 给出了总线驱动器 74LS244 和 74LS245 与 8051 管脚间的接口方法。

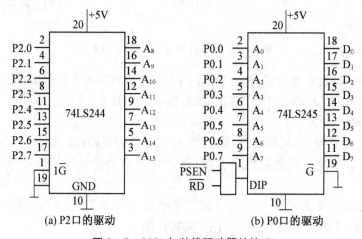

(a) P2 口的驱动　　　　　　　(b) P0 口的驱动

图 8-5　8051 与总线驱动器的接口

由于 P2 口始终输出地址高 8 位,接口时 74LS244 的三态控制端 1$\overline{G}$ 和 2$\overline{G}$ 接地,P2 口与驱动器输入线对应相连。

P0 口与 74LS245 输入线相连,$\overline{G}$ 端接地,保证数据线畅通。8051 的 $\overline{RD}$ 和 $\overline{PSEN}$ 相与后接 DIR,使得 $\overline{RD}$ 和 $\overline{PSEN}$ 有效时,74LS245 输入,其他时间处于输出状态。

3. 片选

在实际应用系统中,可能需要同时扩展多片 RAM 和 ROM,当 CPU 通过 MOVX A,@DPTR 或 MOVC A,@A+DPTR 等指令进行操作时,P2、P0 发出的地址信号应能选择其中一片的一个存储单元,这就是所谓的片选。片选方法有两种:线选法和地址译码法。

（1）线选法寻址

线选法就是将多余的地址总线（即除去存储容量所占用的地址总线外）中的某一根地址线作为选择某一片存储或某一个功能部件接口芯片的片选信号线。图 8-6 是用 3 片 2764（8 K×8 位)组成的 24 K×8 位的 EPROM。

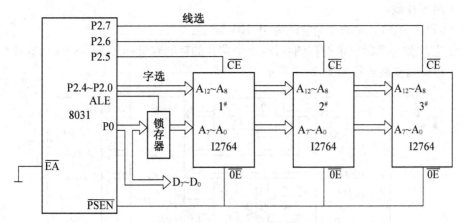

图 8-6   用线选法实现片选

各芯片的地址范围如下:

芯片	片选			字选	地址范围
	A_{15}	A_{14}	A_{13}	$A_{12}\sim A_0$	
1#	1	1	0	0…0	0 C000H(首地址)
	$\wr$			$\wr$	$\wr$
	1	1	0	1…1	0 DFFFH(末地址)
2#	1	0	1	0…0	0A000H(首地址)
	$\wr$			$\wr$	$\wr$
	1	0	1	1…1	0BFFFH(末地址)
3#	0	1	1	0…0	6000H(首地址)
	$\wr$			$\wr$	$\wr$
	0	1	1	1…1	7FFFH(末地址)

线选法的优点是,硬件简单,不需要地址译码器,用于芯片不太多的情况;缺点是各存储器芯片之间的地址不连续,给程序设计带来不便。

(2)译码法寻址

译码法寻址就是利用地址译码器对系统的片外高位地址进行译码,以其译码输出作为存储器芯片的片选信号,将地址划分为连续的地址空间块,避免了地址的间断。

译码法仍用低位地址线对每片内的存储单元进行寻址,而高位地址线经过译码器译码后输出作为各芯片的片选信号。常用的地址译码器是 3/8 译码器 74LS138。

译码法又分为完全译码和部分译码两种。

完全译码。地址译码器使用了全部地址,地址与存储单元一一对应。

部分译码。地址译码器仅使用了部分地址,地址与存储单元不是一一对应。部分译码会大量浪费存储单元,对于要求存储器容量较大的微机系统,一般不采用。但对于单片机系统来说,由于实际需要的存储容量不大,采用部分译码可简化译码电路。

【例 8-1】 要求用 2764 芯片扩展 8031 的片外程序存储器空间,分配的地址范围为 0000H~3FFFH。

本例采用完全译码方法。

（1）确定片数。

因 0000H～3FFFH 的存储空间为 16 KB,则

所需芯片数＝实际要求的存储容量/单个芯片的存储容量＝16 KB/8 KB＝2(片)

（2）存储器扩展连接如图 8-7 所示。

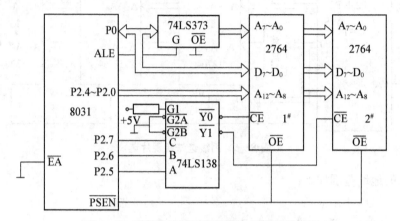

图 8-7 采用地址译码器扩展存储器的连接图

（3）分配地址范围。

	A_{15}	A_{14}	A_{13}	$A_{12}\cdots A_0$	地址范围
1#	0	0	0	$0\cdots0$	0000H
				≀	≀
	0	0	0	$1\cdots1$	1FFFH
2#	0	0	1	$0\cdots0$	2000H
				≀	≀
	0	0	1	$1\cdots1$	3FFFH

8.3 程序存储器 EPROM 的扩展

程序存储器的扩展,应严格遵循 MCS-51 外部程序存储器读写时序。

8.3.1 程序存储器的操作时序

图 8-8 为 MCS-51 外部程序存储器读时序图。

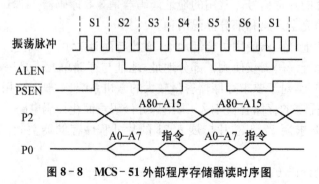

图 8-8 MCS-51 外部程序存储器读时序图

从图 8-8 中可看出,P0 口提供低 8 位地址,P2 口提供高 8 位地址,S2 结束前,P0 口上的低 8 位地址是有效的,之后出现在 P0 口上的就不再是低 8 位的地址信号,而是指令数据信号,当然地址信号与指令数据信号之间有一段缓冲的过渡时间,这就要求,在 S2 其间必须把低 8 位的地址信号锁存起来,这时是用 ALE 选通脉冲去控制锁存器把低 8 位地址予以锁存,而 P2 口只输出地址信号,而没有指令数据信号,整个机器周期地址信号都是有效的,因而无须锁存这一地址信号。

从外部程序存储器读取指令,必须有两个信号进行控制,除了上述的 ALE 信号,还有一个 $\overline{\text{PSEN}}$(外部 ROM 读选通脉冲),上图显然可看出,$\overline{\text{PSEN}}$ 从 S3P1 开始有效,直到将地址信号送出和外部程序存储器的数据读入 CPU 后方才失效。而又从 S4P2 开始执行第二个读指令操作。

8.3.2　常用的 EPROM 芯片

EPROM 是以往单片机最常选用的程序存储器芯片,最经常使用的是 27C 系列的 EPROM,如:27C16(2 K)、27C32(4 K)、27C64(8 K)、27C128(16 K)、27C256(32 K)。

27C64 的引脚配置:

27C64 为 8 K×8 位的只读存储器电路,其引脚排列如图 8-9 所示。器件的地址线为 A0～A12,数据线为 D0～D7,控制信号为片选端 $\overline{\text{CE}}$、数据输出选通端 $\overline{\text{OE}}$ 及编程控制端 $\overline{\text{PGM}}$、编程电源端 V_{PP}。

27C64 工作方式选择如表 8-1 所示。在读出时,VPP 接+5 V,$\overline{\text{CE}}$ 接低电平,$\overline{\text{PGM}}$ 接高电平。在编程时,VPP 接编程电源,$\overline{\text{CE}}$ 接低电平,$\overline{\text{OE}}$ 任意,$\overline{\text{PGM}}$ 为 50 ms 的负脉冲。编程电源电压按不同的公司及型号有 25 V,21 V 及 12.5 V 几种。

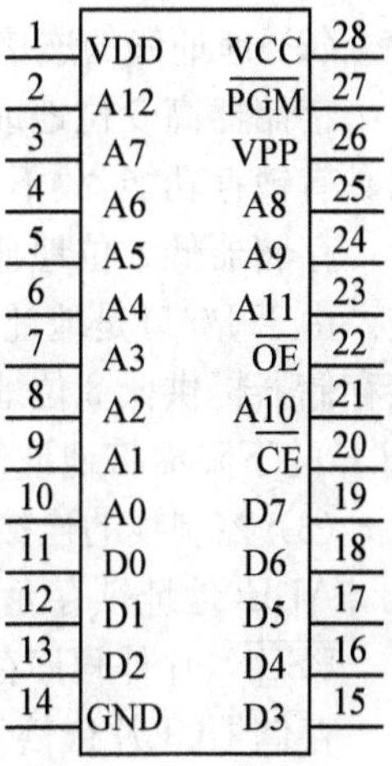

图 8-9　27C64 引脚图

表 8-1　27C64 的工作方式选择表

	$\overline{\text{CE}}$	$\overline{\text{OE}}$	$\overline{\text{PGM}}$	VPP	VCC	数据线
读	L	L	H	VCC	+5 V	输出
维持	H	×	×	VCC	+5 V	高阻
编程	L	×	L	VPP	+5 V	输入
编程校验	L	L	H	VPP	+5 V	输出
编程禁止	L	×	×	VPP	+5 V	高阻

【**例 8-2**】　结合 MCS-51 外部程序存储器读时序图 8-8、27C64 的引脚图 8-9 及 27C64 的工作方式选表 8-1,8031 单片机扩展一片 EPROM27C64 如图 8-10 所示:

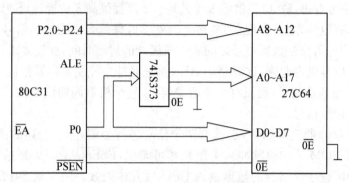

图 8-10 单片 ROM 扩展连线图

（1）数据线的连接

存储器的 8 位数据线↔和 P0 口（P0.0～P0.7）直接一一相连。

（2）地址线的连接

存储器高 5 位地址线 A8～A12↔直接和 P2 口（P2.0～P2.4）一一相连。由于 P2 口输出具有锁存功能，故不必外加地址锁存器。

存储器低 8 位地址线 A7～A0↔由 P0 口经过地址锁存器锁存得到的地址信号一一相连。由于 P0 口是地址和数据分时复用的通道口，所以为了把地址信息分离出来保存，为外接存储器提供低 8 位地址信息，一般须外加地址锁存器，并由 CPU 发出地址允许锁存信息 ALE 的下降沿将地址信息锁存入地址锁存器中。

（3）控制线的连接

ALE（地址锁存允许信号）↔通常接至地址锁存器锁存信号相连。

$\overline{PSEN}$（片外程序存储器取指信号）↔$\overline{OE}$（存储器输出信号）相连。

存储器$\overline{CE}$片选信号↔接地（在片外程序存储器只有一片情况下）或用高位地址选通。

$\overline{EA}$（片外/片内程序存储器选择信号），$\overline{EA}$＝0 选择片外程序存储器。

27C64 芯片的地址范围是（假设未用到的地址 P2.5～P2.7＝000）:0000H～1FFFH。

8.3.3 外部地址锁存器和地址译码器

1. 地址锁存器

MCS-51 单片机数据总线与地址总线的低 8 位分时复用 P0 口，故 MCS-51 单片机访问外部存储空间时，需将地址总线的低 8 位信息锁存，再进行数据操作。

单片机系统中常用的地址锁存器芯片 74LS373。它是带三态缓冲输出的 8D 触发器。

74LS373 的内部结构原理如图 8-11 所示：

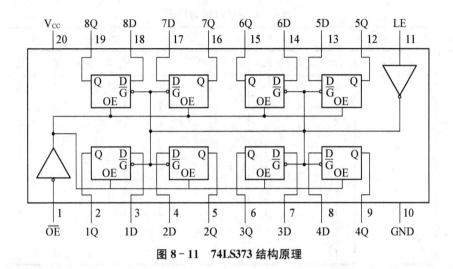

图 8-11　74LS373 结构原理

74LS373 的工作原理:输出端 Q0～Q7 可直接与总线相连。当 $\overline{OE}$ 为低电平时,Q0～Q7 为可靠逻辑电平,可用于驱动总线或负载。当 $\overline{OE}$ 为高电平时,Q0～Q7 为高阻态,和总线无关(即不驱动总线,也不为总线的负载),但锁存器内部操作不受影响。当锁存允许 LE 为高电平时,Q 数据随 D 变化,当 LE 为低电平时,Q 被锁存在已建立的数据电平。

表 8-2　74LS373 功能表

D_n	LE	$\overline{OE}$	Q_n
H	H	L	H
L	H	L	L
×	L	L	Q_0
×	×	H	Z

在 MCS-51 单片机系统中,常采用 74LS373 作为地址锁存器使用,其连接方法如图 8-10 所示。其中输入端 1D～8D 接至单片机的 P0 口,输出端提供的是低 8 位地址,LE 端接至单片机的地址锁存允许信号 ALE。输出允许端 $\overline{OE}$ 接地,表示输出三态门一直打开。

2. 地址译码器

由于存储器系统(或工作于总线方式的 I/O 设备)可能是由多个器件构成,为了加以区分,我们必须首先为这些器件编号,即分配给这些器件不同的地址。地址译码器的作用就是用来接受 CPU 送来的地址信号并对它进行译码,选择与此地址码相对应的器件,以便对该器件进行读/写操作。

74LS138 为 3 线—8 线译码器,当一个选通端(S1)为高电平,另两个选通端($\overline{S_2}$)和($\overline{S_3}$)为低电平时,可将地址端(A0、A1、A2)的二进制编码在一个对应的输出端以低电平译出。74LS138 的引脚排列如图 8-12 所示,表 8-3 为其译码表。

若将选通端中的一个作为数据输入端时,74LS138 还可作数据分配器。

如图 8-13 所示 6264、MAX262 及 8279 经 74LS138 译码片选。

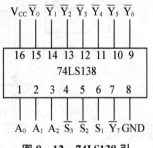

图 8-12　74LS138 引

表 8-3 74LS138 译码表

输 入					输 出							
S1	$\overline{S}_2+\overline{S}_3$	A_2	A_1	A_0	$\overline{Y}_0$	$\overline{Y}_1$	$\overline{Y}_2$	$\overline{Y}_3$	$\overline{Y}_4$	$\overline{Y}_5$	$\overline{Y}_6$	$\overline{Y}_7$
0	×	×	×	×	1	1	1	1	1	1	1	1
×	1	×	×	×	1	1	1	1	1	1	1	1
1	0	0	0	0	0	1	1	1	1	1	1	1
1	0	0	0	1	1	0	1	1	1	1	1	1
1	0	0	1	0	1	1	0	1	1	1	1	1
1	0	0	1	1	1	1	1	0	1	1	1	1
1	0	1	0	0	1	1	1	1	0	1	1	1
1	0	1	0	1	1	1	1	1	1	0	1	1
1	0	1	1	0	1	1	1	1	1	1	0	1
1	0	1	1	1	1	1	1	1	1	1	1	0

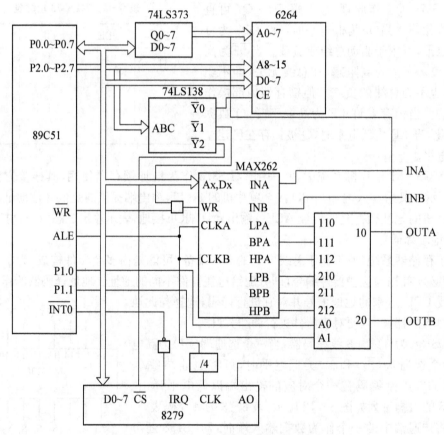

图 8-13 74LS138 译码片选系统配置图

8.3.4 典型 EPROM 扩展电路

【例 8-3】 试用 74LS138、74LS373 及 2764 扩展 16KB 程序存储器,画出原理框图,并写出每片 2764 地址范围。图 8-14 为全地址译码扩展程序存储器。

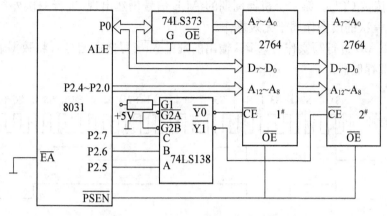

图 8-14　全地址译码扩展程序存储器

（1）地址线的连接

存储器高 5 位地址线 A8～A12 直接和 P2 口（P2.0～P2.4）一一相连。由于 P2 口输出具有锁存功能，故不必外加地址锁存器。

存储器低 8 位地址线 A7～A0 与地址锁存器输出的地址信号（Q7～Q0）一一相连。由于 P0 口是地址和数据分时复用的通道口，所以为了把地址信息分离出来保存，为外接存储器提供低 8 位地址信息，一般须外加地址锁存器，并由 CPU 发出地址允许锁存信息 ALE 的下降沿将地址信息锁存入地址锁存器中。

（2）数据线的连接

存储器的 8 位数据线与 P0 口（P0.0～P0.7）直接一一相连。

（3）控制线的连接

$\overline{PSEN}$（片外程序存储器取指信号）$\leftrightarrow$ $\overline{OE}$（存储器输出信号）相连；

ALE（地址锁存允许信号）接至地址锁存器锁存信号；

存储器 $\overline{CE}$ 片选信号接地或用高位地址选通；

$\overline{EA}$（片外/片内程序存储器选择信号），$\overline{EA}=0$ 选择片外程序存储器。

两片 2764 的地址范围分别为：0000H～1FFFH 和 2000H～3FFFH。

8.4　静态数据存储器的扩展

数据存储器的扩展，应严格遵循 MCS-51 外部数据存储器读写时序。

8.4.1　外扩数据存储器的操作时序

如图 8-15 所示，8051 从片外 ROM 中读取的需执行的指令，而 CPU 对外部数据存储的访问是对 RAM 进行数据的读或写操作，属于指令的执行周期，值得一提的是，读或写是两个不同的机器周期，但他们的时序却是相似的，我们只对 RAM 的读时序进行分析。

上一个机器周期是取指阶段，是从 ROM 中读取指令数据，接着的下个周期才开始读取外部数据存储器 RAM 中的内容。

在 S4 结束后，先把需读取 RAM 中的地址放到总线上，包括 P0 口上的低 8 位地址 A0～A7 和 P2 口上的高 8 位地址 A8～A15。当 RD 选通脉冲有效时，将 RAM 的数据通过

P0 数据总线读进 CPU。第二个机器周期的 ALE 信号仍然出现,进行一次外部 ROM 的读操作,但是这一次的读操作属于无效操作。

对外部 RAM 进行写操作时,CPU 输出的则是$\overline{\text{WR}}$(写选通信号),将数据通过 P0 数据总线写入外部存储器。

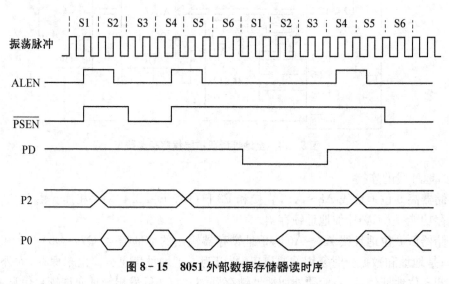

图 8-15　8051 外部数据存储器读时序

8.4.2　常用的 SRAM 芯片

数据存储器的扩展与程序存储器的扩展非常相似,所使用的地址总线和数据总线完全相同,但是它们所用的控制总线不同,数据存储器的扩展所使用的控制总线是$\overline{\text{WR}}$和$\overline{\text{RD}}$,而程序存储器所使用的控制总线是$\overline{\text{PSEN}}$,因此虽然它们的地址空间相同,但是由于控制信号不同所以不会冲突。

常用的 SRAM 有:6116(2 K)、6264(8 K)、62256(32 K)等。

1. 静态 SRAM 6116 的容量为 2 KB,是 24 引脚双列直插式芯片,引脚功能如下:

A0~Ai(i=1~8):　　　数据线;
A0~Ai(i=1~10):　　　地址线;
$\overline{\text{OE}}$:　　　　　　　输出允许;
$\overline{\text{CS}}$:　　　　　　　片选端;
$\overline{\text{WE}}$:　　　　　　　写允许;
VCC:　　　　　　　电源;
GND:　　　　　　　接地线。

图 8-16 为 6116 的引脚排列图,表 8-4 为 6116 的功能表。

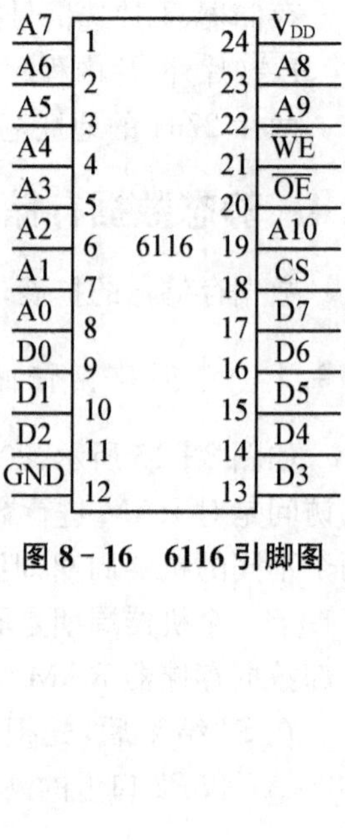

图 8-16　6116 引脚图

表 8 - 4 6116 功能表

$\overline{CS}$	$\overline{OE}$	$\overline{WE}$	A0~A10	D0~D7	工作状态
1	×	×	×	高阻态	低功耗维持
0	0	1	稳定	输 出	读
0	×	0	稳定	输 入	写

2. 静态 SRAM 6264

Intel 6264 的容量为 8 KB,是 28 引脚双列直插式芯片,引脚功能如下:

A12~A0(address inputs):地址线,可寻址 8 KB 的存储空间。

D7~D0(data bus):数据线,双向,三态。

$\overline{OE}$(output enable):读出允许信号,输入,低电平有效。

$\overline{WE}$(write enable):写允许信号,输入,低电平有效。

$\overline{CE1}$(chip enable):片选信号 1,输入,在读/写方式时为低电平。

CE2(chip enable):片选信号 2,输入,在读/写方式时为高电平。

V_{CC}:+5 V 工作电压。

GND:信号地。

图 8 - 17 为 6264 的引脚排列图,表 8 - 5 为 6264 的功能表。

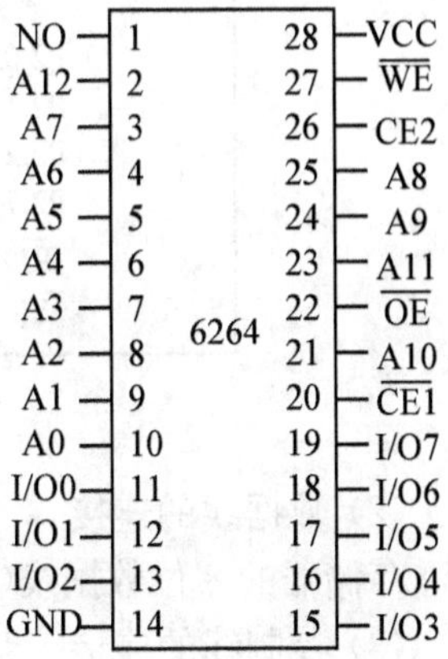

图 8 - 17 6264 引脚排列图

表 8 - 5 6264 功能表

$\overline{CE_1}$	CE_2	$\overline{OE}$	$\overline{WE}$	$D_0 \sim D_7$	工作方式
1	×	×	×	高阻	未选中(掉电)
×	0	×	×	高阻	未选中(掉电)
0	1	1	1	高阻	输出禁止
0	1	0	1	D	读
0	1	1	0	D	写
0	1	0	1	D	写

8.4.3 典型 SRAM 的扩展

【例 8 - 4】 采用线选法扩展一片 6116 存储器。

8031 采用线选法扩展一片 6116 的原理框图,如图 8 - 18 所示。它与 8031 扩展程序存储器的差别仅在于控制总线不同。

(1)地址线的连接

存储器高 2 位地址线(A8,A9)直接和 P2 口(P2.0,P2.1)——相连。由于 P2 口输出具有锁存功能,故不必外加地址锁存器。

存储器低 8 位地址线 A7~A0 和地址锁存器输出的地址信号 Q7~Q0 ——相连。由于

P0 口是地址和数据分时复用的通道口,所以为了把地址信息分离出来保存,为外接存储器提供低 8 位地址信息,一般须外加地址锁存器,并由 CPU 发出地址允许锁存信息 ALE 的下降沿将地址信息锁存入地址锁存器中。

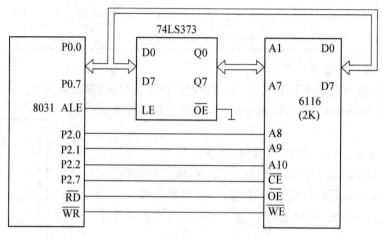

图 8-18　线选法扩展一片 6116 的原理框图

(2) 数据线的连接

存储器的 8 位数据线(D7~D0)和 P0 口(P0.7~P0.0)直接一一相连。

(3) 控制线的连接

区别于程序存储器扩展,系统扩展时常用到下列信号:

$\overline{RD}$(片外存储器读信号)↔$\overline{OE}$(存储器输出信号)相连;

ALE(地址锁存允许信号)接至地址锁存器锁存信号;

存储器$\overline{CE}$片选信号接地或用高位地址选通(图中为 P2.7)。

6116 地址范围:0000H~07FFH

【例 8-5】　采用全译码法扩展一片 2764 与一片 6264。

8031 采用全译码法扩展一片 2764 与一片 6264 的原理框图,如图 8-19 所示。

(1) 地址线的连接

存储器高 4 位地址线 A8~A12 直接和 P2 口(P2.0~P2.4)一一相连。由于 P2 口输出具有锁存功能,故不必外加地址锁存器。

存储器低 8 位地址线 A7~A0 和地址锁存器输出的地址信号 Q7~Q0 一一相连。由于 P0 口是地址和数据分时复用的通道口,所以为了把地址信息分离出来保存,为外接存储器提供低 8 位地址信息,一般须外加地址锁存器,并由 CPU 发出地址允许锁存信息 ALE 的下降沿将地址信息锁存入地址锁存器中。

(2) 数据线的连接

存储器的 8 位数据线(D7~D0)和 P0 口(P0.7~P0.0)直接一一相连。

(3) 控制线的连接

区别于程序存储器扩展,系统扩展时常用到下列信号:

$\overline{RD}$(片外存储器读信号)↔6264 的$\overline{OE}$(存储器输出信号)相连;

ALE(地址锁存允许信号)与地址锁存器锁存信号相连;

程序存储器 2764 片选信号$\overline{CE}$接至 74LS138 译码器的$\overline{Y}_0$；

数据存储器 6264 片选信号$\overline{CE1}$接至 74LS138 译码器的$\overline{Y}1$；

数据存储器 6264 片选信号 CE2 接至+5 V；

程序存储器 2764 地址范围：0000H～1FFFH，数据存储器 6264 地址范围：0000H～3FFFH。

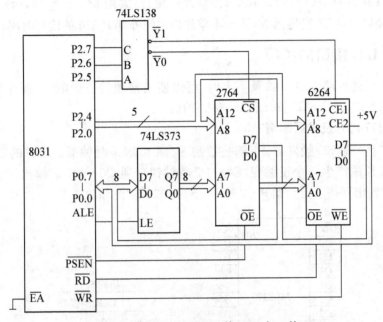

图 8-19　采用全译码法扩展一片 2764 与一片 6264

习题 8

8-1　MCS-51 单片机访问外部程序存储器与数据存储器有什么区别？

8-2　以 80C31 为主机，采用两片 27C256 扩展 64 KB EPROM，试画出接口电路，并给出必要的说明。

8-3　以 80C31 为主机，试选用合适的芯片，扩展 32 KB EPROM 和 8 KB RAM，试画出接口电路，并给出必要的说明。

8-4　以 80C31 为主机，试用 2764 和 6264 芯片扩展 24 KB EPROM，16 KB RAM，试画出接口电路，并给出必要的说明。

第 9 章 I/O 接口的扩展

MCS-51 单片机 I/O 空间与 RAM 空间统一编址,共用 64 KB 空间,因此按三总线方式扩展 I/O 接口时,应严格遵循 MCS-51 单片机访问外部 RAM 的读写时序。

9.1 简单 I/O 接口的扩展

当所需扩展的外部 I/O 口数量不多时,可以使用常规的逻辑电路、锁存器进行扩展。常用的如:74LS373、74LS377、74LS245、74LS244。

1. 74LS377 芯片及扩展举例

74LS377 是一款 8D 触发器。$\overline{E}$ 端是控制端、CLK 端是时钟端。当它的 $\overline{E}$ 端为低电平时,只要在 CLK 端产生一个正跳变,D0~D7 将被锁存到 Q0~Q7 端输出,在其他情况下 Q0~Q7 端的输出保持不变。图 9-1 是 74LS377 的引脚图和功能表。

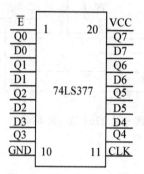

图 9-1 74LS377 引脚图及功能表

图 9-2 所示为使用一片 74LS377 的扩展输出口,如果将未使用到的地址线都置为 1,则得到 74LS377 的地址为 7FFFH。

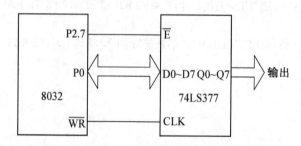

图 9-2 MCS-51 系列单片机扩展 74LS377

数据输入时:

```
MOV    DPTR,#7FFFH
MOVX   A,@DPTR
```

数据输出时:

```
MOV    DPTR,#7FFFH
MOVX   @DPTR,A
```

2. 74LS244 芯片及扩展举例

74LS244 内部有 2 个 4 位的三态缓冲器，一片 74LS244 可以扩展一个 8 位输入口。$\overline{G}$ 作为数据选通信号。图 9-3 为 74LS244 功能表及引脚排列。

74LS244 的引脚说明如下：

1A1～1A4　三态缓冲器输入 A 口；　　2A1～2A4　三态缓冲器输入 B 口；

1$\overline{G}$,2$\overline{G}$　三态允许端(低电平有效)；　1Y1～1Y4,2Y1～2Y4　输出端。

功能表

输　入		输　出
$\overline{G}$	A	Y
L	L	L
L	H	H
H	X	Z

1	1$\overline{G}$	VCC	20
2	1A1	2$\overline{G}$	19
3	2Y4	1Y1	18
4	1A2	2A4	17
5	2Y3	1Y2	16
6	1A3	2A3	15
7	2Y2	1Y3	14
8	1A4	2A2	13
9	2Y1	1Y4	12
10	GND	2A1	11

图 9-3　74LS244 功能表及引脚图

【例 9-1】 采用 74LS244 和 74LS377 扩展键盘显示接口功能，MCS-51 单片机采集按键，并通过发光二极管显示按键状态。

分析：采用 74LS244 和 74LS377 扩展键盘显示接口功能，由于 74LS244 输出无锁存功能，故采用 74LS244 扩展按键功能，采用 74LS377 扩展 LED 显示功能，为简化接口编程，系统采用总线接口方式，电路连接如图 9-4 所示。

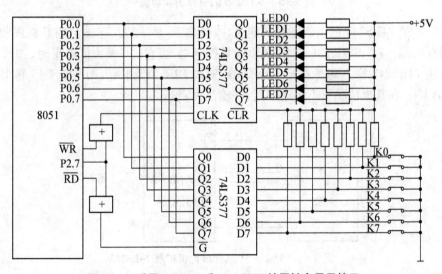

图 9-4　采用 74LS244 和 74LS377 扩展键盘显示接口

图 9-4 中 P0 口为双向数据总线，既能从 74LS244 输入数据，又能将数据送给 74LS377 输出。

输出控制信号由 P2.7 和 $\overline{\text{WR}}$ 相或而成，当两者同时为 0 电平时，或门输出为 0，将 P0 口的数据锁存到 74LS377，其输出控制发光二极管 LED。当某线输出 0 电平时，该线上的发光二极管点亮。

输入控制信号是由 P2.7 和 $\overline{\text{RD}}$ 相或而形成的，当两者同时输出为 0 电平时，或门输出为 0，选通 74LS244，使外部信息进入到总线。无按键按下时，输入为全 1，当有一键按下，则该键所在线输入为 0。

输入和输出都是在 P2.7 为低电平时有效，所以 74LS244 和 74LS377 的端口地址均为 7FFFH（实际上只要保证 P2.7＝0 即可，与其他地址位无关），即占有相同的地址空间，但由于分别受 $\overline{\text{RD}}$ 和 $\overline{\text{WR}}$ 信号控制，因此不会发生冲突。相应程序如下：

```
LOOP:MOV    DPTR,♯7FFFH
     MOVX   A,@DPTR
     MOVX   @DPTR,A
     SJMP   LOOP
```

3. 74LS245 芯片及扩展举例

DIR	1	74LS245	20	VCC
A1				$\overline{\text{G}}$
A2				B1
A3				B2
A4				B3
A5				B4
A6				B5
A7				B6
A8				B7
GND	10		11	B8

功能表

$\overline{\text{G}}$（使能）	DIR（方向控制）	操　作
L	L	B 端送至 A 端
L	H	A 端送至 B 端
H	X	不传送

图 9 - 5　74LS245 的引脚图和功能表

图 9-5 是 74LS245 的引脚图和功能表。74LS245 是一种三态输出的 8 总线收发驱动器，无锁存功能。74LS245 的 $\overline{\text{G}}$ 端和 DIR 端是控制端，当它的 $\overline{\text{G}}$ 端为低电平时，如果 DIR 为高电平，则 74LS245 将 A 端数据传送至 B 端；如果 DIR 为低电平，则 74LS245 将 B 端数据传送至 A 端。在其他情况下不传送数据，并输出高阻态。

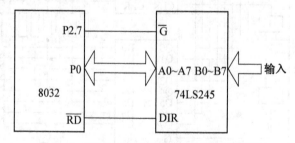

图 9 - 6　MSC - 51 系列单片机扩展 74LS245

图 9-6 所示为使用了一片 74LS245 扩展输入口的电路连接图，如果将未使用到的地址线都置为 1，则可以得到该片 74LS245 的地址为 7FFFH。如果单片机要从该片 74LS245 输入数据，可以执行如下指令：

```
MOV    DPTR,#7FFFH
MOVX   A,@DPTR
```

9.2　8155 可编程接口的扩展

Intel 公司研制的 8155 不仅具有两个 8 位的 I/O 端口(A 口、B 口)和一个 6 位的 I/O 端口(C 口),而且还可以提供 256 B 的静态 RAM 存储器和一个 14 位的定时器/计数器。

1. 8155 的引脚及内部结构

8155 采用 40 引脚双列直插封装形式,具有单一的 +5 V 电源,其引脚及内部结构见图 9-7 所示。

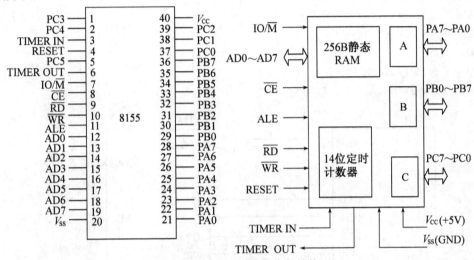

图 9-7　8155 引脚及内部结构

(1) 地址/数据线 AD0~AD7(8 条)

低 8 位地址线和数据线的共用输入总线,常与 MCS-51 单片机的 P0 口相连,用于分时传送地址数据信息,当 ALE=1 时,传送的是地址。

(2) I/O 口总线(22 条)

PA0~PA7、PB0~PB7 分别为 A、B 口线,用于和外设之间传递数据;PC0~PC5 为 C 端口线,既可和外设传送数据,也可以作为 A、B 口的控制联络线。

(3) 控制总线(8 条)

RESET:复位线,通常与单片机的复位端相连,复位后,8155 的 3 个端口都为输入方式。

$\overline{RD},\overline{WR}$:读/写线,控制 8155 的读、写操作。

ALE:地址锁存线,高电平有效。它常和单片机的 ALE 端相连,在 ALE 的下降沿将单片机 P0 口输出的低 8 位地址信息锁存到 8155 内部的地址锁存器中。因此,单片机的 P0 口和 8155 连接时,无需外接锁存器。

$\overline{CE}$:片选线,低电平有效。

IO/$\overline{M}$:RAM 或 I/O 口的选择线。当 IO/$\overline{M}$=0 时,选中 8155 的 256 B RAM;当 IO/$\overline{M}$=1 时,选中 8155 片内 3 个 I/O 端口以及命令/状态寄存器和定时器/计数器。

TIMER IN、TIMER OUT:定时器/计数器的脉冲输入、输出线。TIMER IN 是脉冲输入线,其输入脉冲对 8155 内部的 14 位定时器/计数器减 1;TIMER OUT 为输出线,当计数器计满回 0 时,8155 从该线输出脉冲或方波,波形形状由计数器的工作方式决定。

2. 8155 作片外 RAM 使用

当 $\overline{\text{CE}}=0$,IO/$\overline{\text{M}}=0$ 时,8155 只能做片外 RAM 使用,共 256 B。其寻址范围由片选线 CE(高位地址译码)以及 AD0～AD7 的接法决定,这和前面讲到的片外 RAM 扩展时讨论的完全相同。当系统同时扩展片外 RAM 芯片时,要注意二者的统一编址。对 256 B RAM 的操作使用片外 RAM 的读/写指令"MOVX"。图 9 - 8 为 8031 与 8155 接口连线图。

8155 的 RAM 地址为 0E700H～0E7FFH。如将累加器 A 中的内容写入 8155 内部 RAM 的 0E0H 单元中的程序如下:

```
MOV    R0,#0E0
ANL    P2,#0E7
MOVX   @R0,A
或:
MOV    DPTR,#0E7E0H
MOVX   @DPTR,A
```

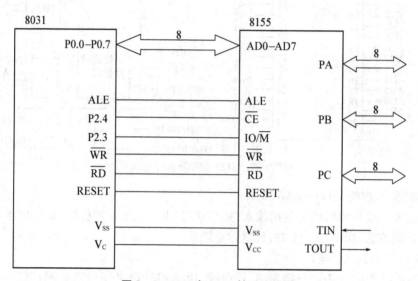

图 9 - 8　8031 与 8155 接口连线图

3. 8155 作扩展 I/O 口使用

表 9 - 1　8155 I/O 口地址表

AD7～AD0								选择 I/O 口
A7	A6	A5	A4	A3	A2	A1	A0	
×	×	×	×	×	0	0	0	命令/状态寄存器
×	×	×	×	×	0	0	1	A 口
×	×	×	×	×	0	1	0	B 口
×	×	×	×	×	0	1	1	C 口
×	×	×	×	×	0	0	0	定时器低 8 位
×	×	×	×	×	1	0	1	定时器高 6 位及方式

当 $\overline{CE}=0$，IO/$\overline{M}$=1 时，此时可以对 8155 片内 3 个 I/O 端口以及命令/状态寄存器和定时器/计数器进行操作。与 I/O 端口和计数器使用有关的内部寄存器共有 6 个，需要 3 位地址来区分。表 9－1 为 8155 I/O 口地址表。

（1）命令/状态寄存器

8155 I/O 口的工作方式的确定也是通过对 8155 的命令寄存器写入控制字来实现的。8155 控制字的格式如图 9－9 所示。

图 9－9 中，基本 I/O 是指连接线由程序任意指定，对数据输入输出不起控制作用，无中断能力，输出联络线完全由软件控制；选通 I/O 是指连接线由硬件固定确定，输入连接线可能起选通数据锁存作用，中断允许时输入连接线变化产生中断请求，输出连接线受外设共同作用，不能随意输出。

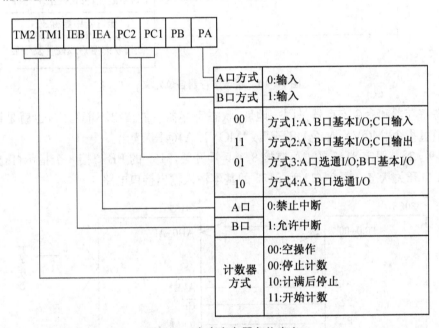

图 9－9　命令寄存器各位定义

命令寄存器只能写入不能读出，也就是说，控制字只能通过指令"MOVX @DPTR，A"或"MOVX @Ri，A"写入命令寄存器。

状态寄存器中存放有反映 8155 的工作情况的状态字，状态字的各位定义如下图 9－10 所示。

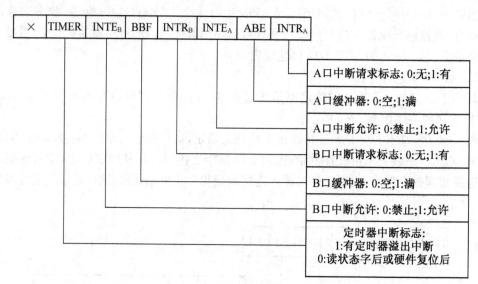

图 9 - 10　状态寄存器各位定义

状态寄存器和命令寄存器是同一地址,状态寄存器只能读出不能写入,也就是说,状态字只能通过指令"MOVX A,@DPTR"或"MOVX A,@Ri"读出。

【例 9 - 2】　假定 8155 的 PA 口接 8 个乒乓开关,8155 的 PB 口接 8 个指示灯,要求 PB 显示 PA 口开关状态。图 9 - 11 为 8155 的基本输入输出接口电路。

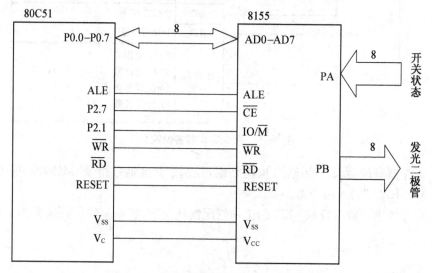

图 9 - 11　8155 接口基本输入输出接口电路

命令/状态寄存器地址为 7E00H,PA 地址为 7E01H,PB 地址为 7E02H。8155 的命令字为:02H(PA 和 PB 为基本 I/O 方式)。

```
        MOV    DPTR,#7E00H      ;写命令字,送入命
        MOV    A,#02H           ;令/状态寄存器
        MOVX   @DPTR,A
LOOP:   MOV    DPTR,#7F01H      ;8155 的 A 口数据送入
```

```
        MOVX    A,@DPTR         ;ACC
        INC     DPTR            ;ACC 数据写
        MOVX    @DPTR,A         ;入 8155 的 B 口
        SJMP    LOOP            ;循环执行
        END
```

4. 定时器/计数器使用

8155 的可编程定时器/计数器是一个 14 位的减法计数器,在 TIMER IN 端输入计数脉冲,计满时由 TIMER OUT 输出脉冲或方波,输出方式由定时器高 8 位寄存器中的 M2、M1 两位来决定。当 TIMER IN 接外脉冲时为计数方式,接系统时钟时为定时方式,实际使用时一定要注意 8155 允许的最高计数频率。

定时器/计数器的初始值和输出方式由高、低 8 位寄存器的内容决定,初始值 14 位,M2、M1 两位定义输出方式。如图 9 - 12 所示。

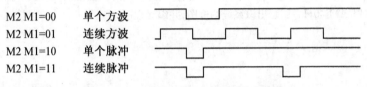

M2 M1=00	单个方波
M2 M1=01	连续方波
M2 M1=10	单个脉冲
M2 M1=11	连续脉冲

图 9 - 12　8155 定时器/计数器输出方式

【例 9 - 3】　使用 8155 内部的 14 位定时器,试编程从 TIMER OUT 引脚输出连续方波。

分析:设定 PA 口为输入方式,PB 口为输出方式,PC 口为输入方式,禁止中断,则命令字为 0C2H(11000010)。由于要输出连续方波,两个高位(M2M1)=01。其他 14 位装入初值。计数初值设为十进制数 1000,十六进制数为 03E8H。8155 的定时器/计数器不论定时或者计数,都由外部提供计数脉冲,其信号引脚 TIM IN。

其程序代码为:

```
COM_8155    XDATA   0F100H      ;控制/状态寄存器
PA__8155    XDATA   0F101H      ;PA 口地址
PB__8155    XDATA   0F102H      ;PB 口地址
RAM_8155    XDATA   0F000H      ;8155 内部 RAM00 单元地址
            ORG     0000H
            LJMP    START
            ORG     0100H
START:      MOV     SP,#60H         ;堆栈
            MOV     DPTR,#COM_8155  ;控制口地址
            MOV     A,#0C2H         ;命令字
            MOVX    @DPTR,A         ;装入命令字
START1:     MOV     DPTR,#0FD04H    ;计数器低 8 位地址
            MOV     A,#99H          ;低 8 位计数值
            MOVX    @DPTR,A         ;写入计数值低 8 位
            INC     DPTR            ;计数器高 8 位地址
            MOV     A,#40H          ;高 8 位计数值
```

```
MOVX    @DPTR,A              ;写入计数值高 8 位
SJMP    START1
END
```

习题 9

9-1　在一个 8031 应用系统中扩展一片 74LS245,通过光隔器件外接 8 路 TTL 开关量输入信号,试画出有关的硬件电路。

9-2　一个 8031 系统扩展了一片 27128 程序存储器、两片 74LS377、一片 74LS245,试画出 8031 和这些器件的接口逻辑,并说明各器件地址。

9-3　一个 8031 应用系统扩展了 1 片 8155,其中 8155 的 PA 口、PB 口为输入口,PC 口为输出口。试画出该系统的框图,并编写初始化程序。

9-4　采用 8155 扩展 32 个按键,并利用 8155 内部定时器定时扫描按键,每隔 2 s 扫描一次,并将扫描键值送 8155 内部 RAM 40H。试画出该系统的框图,并编写程序。

第10章 模拟输入/输出通道接口技术

采用单片机构成的数据采集系统或过程控制系统时，所涉及的外部信号或被控对象的参数往往是模拟信号，但是，计算机只能接收和处理数字信号，因此，必须把外部这些模拟信号转换为数字信号，以便于计算机接收处理，同时，大多数被控对象的执行机构不能直接接受数字量信号，所以还必须将计算机加工处理后输出的数字信号再转换为模拟信号，才能达到控制的目的。

10.1 模拟输出通道接口技术

数字/模拟(D/A)转换器的性能指标是决定设计产品最终性能的一个重要因素，D/A转换器的参数指标是说明其性能的重要依据。

10.1.1 D/A转换的参数

1. 分辨率

分辨率是指最小输出电压(对应于输入数字量最低位增1所引起的输出电压增量)和最大输出电压(对应于输入数字量所有有效位全为1时的输出电压)之比，显然，位数越多，分辨率越高。

2. 转换精度

如果不考虑D/A转换的误差，DAC转换精度就是分辨率的大小，因此，要获得高精度的D/A转换结果，首先要选择有足够高分辨率的D/A转换器。

D/A转换器转换精度分为绝对和相对转换精度。其中，绝对转换精度是指满刻度数字量输入时，模拟量输出接近理论值的程度，它和标准电源的精度、权电阻的精度有关；而相对转换精度指在满刻度已经校准的前提下，整个刻度范围内对应任意模拟量的输出与它的理论值之差。它反映了D/A转换器的线性度。通常，相对转换精度比绝对转换精度更有实用性。相对转换精度一般用绝对转换精度相对于满量程输出的百分数来表示，有时也用最低位(LSB)的比例表示。

3. 非线性误差

D/A转换器的非线性误差定义为实际转换特性曲线与理想特性曲线之间的最大偏差，并以该偏差相对于满量程的百分数度量。转换器电路设计一般要求非线性误差不大于±1/2LSB。

4. 转换速率/建立时间

转换速率实际是由建立时间来反映的，而建立时间是指数字量为满刻度值(各位全为1)时，D/A转换器的模拟输出电压达到某个规定值(比如，90％满量程或±1/2LSB满量程)时所需要的时间。

建立时间是D/A转换速率快慢的一个重要参数。很显然，建立时间越大，转换速率越低。不同型号D/A转换器的建立时间一般从几个毫微秒到几个微秒不等。若输出形式是电流,D/A转换的建立时间是很短的;若输出形式是电压,D/A转换器的建立时间主要是输出运算放大器所需要的响应时间。

10.1.2　D/A转换器原理

D/A转换器(ADC)品种繁多,分有:权电阻DAC、T型电阻DAC及权电流DAC等。为了掌握数/模转换原理,必须先了解电阻译码网络的工作原理和特点。

1. 由电阻网络和运算放大器构成的D/A转换器

利用运算放大器各输入电流相加的原理,由电阻网络和运算放大器组成的、最简单的4位D/A转换器,如图10-1所示。图中,V_0是一个有足够精度的标准电源。运算放大器输入端的各支路对应待转换数据的D_0,D_1,…,D_{n-1}位。各输入支路中的开关由对应的数字元值控制,如果数字元为1,则对应的开关闭合;如果数字为0,则对应的开关断开。各输入支路中的电阻分别为R,2R,4R,…这些电阻称为权电阻。

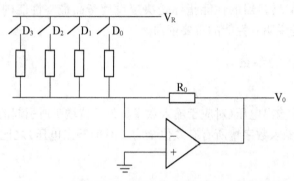

图10-1　电阻网络和运算放大器构成的D/A转换器

假设,输入端有4条支路。4条支路的开关从全部断开到全部闭合,运算放大器可以得到16种不同的电流输入。这就是说,通过电阻网络,可以把0000B～1111B转换成大小不等的电流,从而可以在运算放大器的输出端得到相应大小不同的电压。如果数字0000B每次增1,一直变化到1111B,那么,在输出端就可得到一个0～V0电压幅度的阶梯波形。

2. 采用T型电阻网络的D/A转换器

由图10-1可以看出,在D/A转换中采用独立的权电阻网络,对于一个8位二进制数的D/A转换器,就需要R,2R,4R,…,128R共8个不等的电阻,最大电阻阻值是最小电阻阻值的128倍,而且对这些电阻的精度要求比较高。如果这样的话,从工艺上实现起来是很困难的。所以,n个如此独立输入支路的方案是不实用的。

在DAC电路结构中,最简单而实用的是采用T型电阻网络来代替单一的权电阻网络,整个电阻网络只需要R和2R两种电阻。在集成电路中,由于所有的组件都做在同一芯片上,电阻的特性可以做得很相近,而且也解决了精度和误差等问题。

图10-2是采用T型电阻网络的4位D/A转换器。4位元待转换资料分别控制4条支路中开关的倒向。在每一条支路中,如果开关倒向左边(4位元待转换资料相应的位控制信息为0),支路中的电阻就接到地;如果开关倒向右边(4位元待转换资料相应的位控制信息为1),电阻就接到虚地。所以,不管开关倒向哪一边,都可以认为是接"地"。不过,只有开关倒向右边时,才能给运算放大器输入端提供电流。

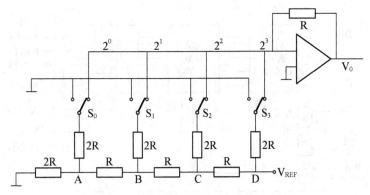

图 10 - 2　T 型电阻网络的 4 位 D/A 转换器

　　T 型电阻网络中,节点 A 的左边为两个 2R 的电阻并联,它们的等效电阻为 R,节点 B 的左边也是两个 2R 的电阻并联,它们的等效电阻也是 R,依此类推,最后在 D 点等效于一个数值为 R 的电阻接在参考电压 V_{REF} 上。这样,就很容易算出,C、B、A 点的电位分别为 $-V_{REF}/2$,$-V_{REF}/4$,$-V_{REF}/8$。

　　在清楚了电阻网络的特点和各节点的电压之后,再来分析一下各支路的电流值。开关 S_3,S_2,S_1,S_0 分别代表对应的 1 位二进制数。任一资料位 $D_i=1$,表示开关 S_i 倒向右边;$D_i=0$,表示开关 S_i 倒向左边,接虚地,无电流。当右边第一条支路的开关 S_3 倒向右边时,运算放大器得到的输入电流为 $-V_{REF}/(2R)$,同理,开关 S_2,S_1,S_0 倒向右边时,输入电流分别为 $-V_{REF}/(4R)$,$-V_{REF}/(8R)$,$-V_{REF}/(16R)$。

　　如果一个二进制数据为 1111,运算放大器的输入电流为:

$$I=-V_{REF}/(2R)-V_{REF}/(4R)-V_{REF}/(8R)-V_{REF}/(16R)$$
$$=-V_{REF}/(2^4R)(2^3+2^2+2^1+2^0)$$

相应的输出电压为:

$$V_0=IR_0=-V_{REF}R0/(2^4R)(2^3+2^2+2^1+2^0)$$

　　上式表明,输出电压 V_0 除了和待转换的二进制数成比例外,还与网络电阻 R、运算放大器反馈电阻 R_0、标准参考电压 V_{REF} 有关。

10.1.3　集成电路 DAC0832

　　DAC0832 是一个 8 位 D/A 转换器,单电源供电,从 +5 V～+15 V 均可正常工作;基准电压的范围为 -10 V～+10 V;电流建立时间为 1 μs;CMOS 工艺,低功耗 20 mW。

　　DAC0832 内部结构框图如图 10 - 3 所示。该转换器由输入寄存器和 DAC 寄存器构成两级数据输入锁存。使用时,数据输入可以采用两级锁存(双锁存)形式,或单级锁存(一级锁存,一级直通)形式,或直接输入(两级直通)形式。

　　此外,由三个与门电路组成寄存器输出控制逻辑电路,该逻辑电路的功能是进行数据锁存控制,当 ILE=1 时,输入数据被锁存;当 ILE=0 时,锁存器的输出跟随输入的数据。

　　D/A 转换电路是一个 R - 2R T 型电阻网络,实现 8 位数据的转换。DAC0832 的引脚图如图 10 - 4 所示,各引脚功能描述如下:

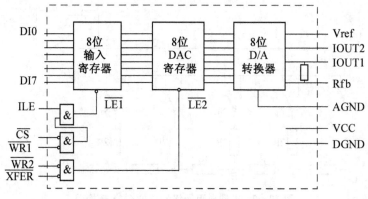

图 10-3　DAC0832 内部结构框图

① DI7~DI0:转换数据输入。

② $\overline{CS}$:片选信号(输入),低电平有效。

③ ILE:数据锁存允许信号(输入),高电平有效。

④ $\overline{WR1}$:第 1 写信号(输入),低电平有效。

ILE 和 $\overline{WR1}$ 用于控制输入寄存器是数据直通方式
还是数据锁存方式,当 ILE=1 和 $\overline{WR1}$=0 时,为输入
寄存器直通方式;当 ILE=1 和 $\overline{WR1}$=1 时,为输入寄
存器锁存方式。

⑤ $\overline{WR2}$=1:第 2 写信号(输入),低电平有效。

⑥ $\overline{XFER}$:数据传送控制信号(输入),低电平
有效。

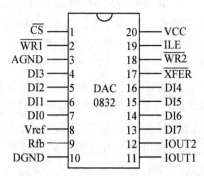

图 10-4　DAC0832 引脚图

$\overline{WR2}$ 和 $\overline{XFER}$ 用于控制 DAC 寄存器是数据直通方式还是数据锁存方式,当 $\overline{WR2}$=0 和
$\overline{XFER}$=0 时,为 DAC 寄存器直通方式;当 $\overline{WR2}$=1 和 $\overline{XFER}$=0 时,为 DAC 寄存器锁存方式。

⑦ IOUT1:电流输出 1。

⑧ IOUT2:电流输出 2。

DAC 转换器的特性之一是:$I_{out1}+I_{out2}$=常数。

⑨ Rfb:反馈电阻端。

DAC 0832 是电流输出,为了取得电压输出,需在电压输出端接运算放大器,R_{fb} 即为运
算放大器的反馈电阻端。运算放大器的接法如图 10-5 所示。

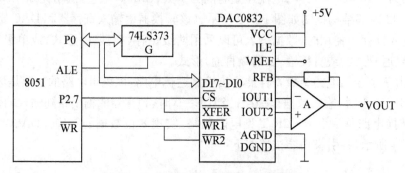

图 10-5　DAC0832 单缓冲方式连接图

⑩ Vref:基准电压,其电压可正可负,范围是-10 V~+10 V。

⑪ DGND:数字地。

⑫ AGND:模拟地。

10.1.4　DAC0832 转换器与单片机的接口设计

DAC0832 的接口设计有三种方法:单缓冲、双缓冲和直通方法

1. 单缓冲方法

所谓单缓冲方法就是使 DAC0832 的两个输入寄存器中有一个处于直通方式,而另一个处于受控的锁存方式,或者说两个输入寄存器同时受控的方式。在实际应用中,如果只有一路模拟量输出,或虽有几路模拟量但并不要求同步输出时,就可采用单缓冲方式的接口设计。

假定输入寄存器地址为 7FFFH,产生锯齿波的源程序代码如下:

```
            ORG    0200H
DASAW:      MOV    DPTR,#7FFFH    ;输入寄存器地址
            MOV    A,#00H         ;转换初值
WW:         MOVX   @DPTR,A        ;D/A 转换
            INC    A
            NOP                   ;延时
            NOP
            NOP
            AJMP   WW
```

2. 双缓冲方法

双缓冲方式用于多路 D/A 转换系统,以实现多路模拟信号同步输出的目的。例如使用单片机控制 X-Y 绘图仪。X-Y 绘图仪由 X、Y 两个方向的步进电机驱动,其中一个电机控制绘图笔沿 X 方向运动,另一个电机控制绘图笔沿 Y 方向运动。因此,X-Y 绘图仪的控制有两点基本要求:一是需要两路 D/A 转换器分别给 X 通道和 Y 通道提供模拟信号,二是两路模拟量要同步输出。图 10-6 为 DAC0832 双缓冲方法的连接图。

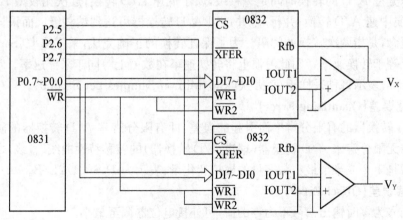

图 10-6　DAC0832 双缓冲方式连接图

　　DAC0832 采用双缓冲方式,数字量的输入锁存和 D/A 转换输出分两步完成。P2.5、P2.6 分别用来控制两路 D/A 转换器的输入锁存,这样 CPU 的数据总线可以分时地向各路 D/A 转换器输入要转换的数字量并锁存在各自的输入寄存器中。P2.7 同时连到两路 D/A 转换器的 $\overline{\text{XFER}}$ 端以控制同步转换输出。$\overline{\text{WR}}$ 与两路 D/A 转换器的 $\overline{\text{WR1}}$ 和 $\overline{\text{WR2}}$ 端相连,因此,在执行 MOVX 指令时,各转换器的 $\overline{\text{WR1}}$、$\overline{\text{WR2}}$ 同时有效。

　　双路 D/A 转换器同步转换输出程序段如下:

```
MOV     DPTR,#0DFFFH        ;指向 0832(1)
MOV     A,#datal
MOVX    @DPTR,A             ;#datal 送 0832(1)中锁存
MOV     DPTR,#0BFFFH        ;指向 0832(2)
MOV     A,#data2
MOV     @DPTR,A             ;#data2 送 0832(2)锁存
MOV     DPTR,#7FFFH         ;XWGK0832(1)、0832(2)提供XFER、WR信号
MOVX    @DPTR,A             ;同时完成 D/A 转换输出
```

3. 直通方法

　　直通方式是数据不经两级锁存器锁存,即 DAC0832 的 $\overline{\text{CS}}$,$\overline{\text{XFER}}$,$\overline{\text{WR1}}$、$\overline{\text{WR2}}$ 端均接地,ILE 接高电平。此方式适用于连续反馈控制线路和不带微机的控制系统。

10.2　模拟输入通道接口技术

10.2.1　A/D 转换器的参数

1. 分辨率

　　1. 分辨率(Resolution)是指数字量变化一个最小量时模拟信号的变化量,定义为满刻度与 2n 的比值。分辨率又称精度,通常以数字信号的位数来表示。

2. 转换速率

　　2. 转换速率(Conversion Rate)是指完成一次从模拟信号转换到数字信号所需的时间的倒数。积分型 A/D 的转换时间是毫秒级,属于低速 A/D 转换;逐次比较型 A/D 转换器是微秒级,属中速 A/D 转换;并行/串并行型 A/D 转换器可达到纳秒级。而采样时间则是另外一个概念,是指两次转换的间隔。为了保证转换的正确完成,采样速率(Sample Rate)必须小于或等于转换速率。因此习惯上将转换速率在数值上等同于采样速率。常用单位是 Ksps 和 Msps,表示每秒采样千/百万次(kilo/Million Samples per Second)。

3. 量化误差(Quantizing Error)

　　因 A/D 转换器的有限分辨率而引起的误差,即有限分辨率 A/D 转换器的阶梯状转移特性曲线与无限分辨率 A/D 转换器(理想 A/D 转换器)的转移特性曲线(直线)之间的最大偏差。通常是 1 个或半个最小数字量的模拟变化量,表示为 1LSB、1/2LSB。

4. 偏移误差(Offset Error)

　　输入信号为零时输出信号不为零的值,可外接电位器调至最小。

5. 满刻度误差(Full Scale Error)

　　满刻度输出时对应的输入信号与理想输入信号值之差。

6. 线性度(Linearity)

实际转换器的转移函数与理想直线的最大偏移,不包括以上三种误差。

其他指标还有:绝对精度(Absolute Accuracy)、相对精度(Relative Accuracy)、微分非线性、单调性和无错码、总谐波失真(Total Harmonic Distortion 缩写 THD)和积分非线性。但是,在实际设计中,首要考虑的是分辨率和转换时间这两个指标。

10.2.2　A/D 转换原理

1. 积分型 ADC(如 TLC7135)

积分型 ADC 工作原理是将输入电压转换成时间(脉冲宽度信号)或频率(脉冲频率),然后由定时器/计数器获得数字值。其优点是用简单电路就能获得高分辨率,但缺点是由于转换精度依赖于积分时间,因此转换速率极低。初期的单片 ADC 转换器大多采用积分型 ADC,现在逐次比较型 ADC 已逐步成为主流。

2. 逐次比较型 ADC(如 A/D0809)

逐次比较型 ADC 是由一个比较器和 DAC 转换器通过逐次比较逻辑构成,从 MSB 开始,顺序地对每一位置 1,并将输入电压与内置 ADC 输出进行比较,经 n 次比较而输出数字值。其电路规模属于中等。逐次逼近式 ADC 工作原理的基本特点是:二分搜索,反馈比较,逐次逼近。其优点是速度较高、功耗低。低分辨率(小于 12 位)的 ADC 价格便宜,但高精度(大于 12 位)的 ADC 价格却很高。

3. 并行比较型/串并行比较型 ADC(如 TLC5510)

并行比较型 ADC 采用多个比较器,仅作一次比较而实行转换,又称 FLash(快速)型 ADC。由于转换速率极高,n 位的转换需要 $2n-1$ 个比较器,因此电路规模大,价格高,只适用于视频 ADC 等速度特别高的领域。串并行比较型 ADC 结构上介于并行型和逐次比较型之间,最典型的是由 2 个 $n/2$ 位的并行型 ADC 配合 DAC 组成,用两次比较实行转换,所以称为 Half flash(半快速)型。还有分成三步或多步实现 ADC 的叫作分级(Multistep/Subranging)型 ADC,从转换时序角度则称为流水线(Pipelined)型 ADC,分级型 ADC 中还加入了对多次转换结果作数字运算和修正特性等功能。这类 ADC 的转换速率要比逐次比较型 ADC 高,电路规模比并行型 ADC 小。

4. Σ-Δ(Sigma-delta)调制型 ADC(如 AD7705)

Σ-Δ 型 ADC 由积分器、比较器、1 位 DAC 和数字滤波器等组成。其原理上近似于积分型 ADC,将输入电压转换成时间信号(脉冲宽度),由数字滤波器处理后得到数字值。Σ-Δ 型 ADC 电路的数字部分容易集成,因此便于实现高分辨率。该类型 ADC 主要用于音频和测量领域。

5. 电容阵列逐次比较型 ADC

电容阵列逐次比较型 ADC 在内置 DAC 中采用电容矩阵方式,也称为电荷再分配型。一般的电阻阵列 ADC 中多数电阻的值必须一致,在单芯片上生成高精度的电阻并不容易。如果用电容阵列取代电阻阵列,可以用低成本制成高精度单片 ADC,因此逐次比较型 ADC 大多为电容阵列式的。

6. 压频变换型 ADC(如 AD650)

压频变换型(Voltage-Frequency Converter)ADC 是通过间接转换方式实现模数转换

的。其原理是首先将输入的模拟信号转换成频率,然后用计数器将频率转换成数字量。理论上,这种 ADC 的分辨率几乎可以无限增加,只要采样的时间能够满足输出频率分辨率要求的累积脉冲个数的宽度。其优点是分辨率高、功耗低、价格低,但是需要外部计数电路共同实现 A/D 转换。

10.2.3　集成电路 ADC0809 转换器

1. ADC0809 转换器主要特性

① 8 路 8 位 ADC,即分辨率为 8 位;

② 具有转换起停控制端;

③ 转换时间为 100 μs;

④ 单个 +5 V 电源供电;

⑤ 模拟输入电压范围 0～+5 V,不需零点和满刻度校准;

⑥ 工作温度范围为 -40～+85 ℃;

⑦ 低功耗,约 15 mW。

2. ADC0809 内部逻辑结构

图 10-7 为 ADC0809 内部逻辑结构及引脚图排列。

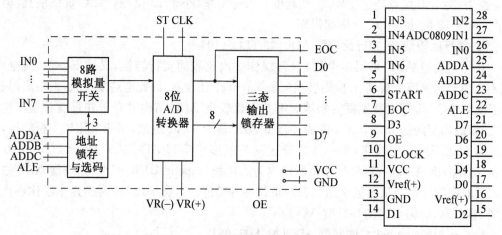

图 10-7　ADC0809 内部逻辑结构及引脚图

ADC0809 的引脚功能描述如下:

(1) IN7～IN0:模拟量输入通道

ADC0809 对输入模拟量的要求主要有:信号单极性,电压范围 0～5 V,若信号过小还需进行放大。另外,在 A/D 转换过程中,模拟量输入的值不应变化太快,因此,对变化速度快的模拟量,在输入前应增加采样保持电路。

(2) ADDA、ADDB 和 ADDC:地址线

ADDA 为低位地址,ADDC 为高位地址,地址锁存与译码电路完成对 ADDA、ADDB、ADDC 址位进行锁存和译码,其译码输出用于通道选择,如表 10-1 所示。

表 10 - 1　ADC0809 的译码选通(ADDA、ADDB、ADDC)

ADDC	ADDB	ADDA	所选通道
0	0	0	IN0
0	0	1	IN1
0	1	0	IN2
0	1	1	IN3
1	0	0	IN4
1	0	1	IN5
1	1	0	IN6
1	1	1	IN7

(3) ALE:地址锁存允许信号

在对应 ALE 上跳沿,A、B、C 地址状态送入地址锁存器中。

(4) START:转换启动信号

START 上跳沿时,所有内部寄存器清 0;START 下跳沿时,开始进行 A/D 转换;在 A/D 转换期间,START 应保持低电平。ADC0809 引脚时序图如图 10 - 8 所示。

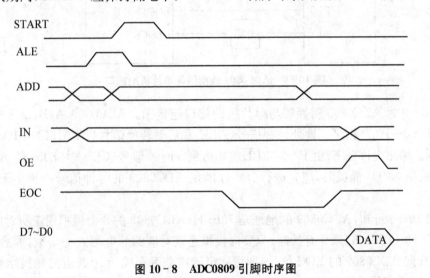

图 10 - 8　ADC0809 引脚时序图

(5) D7~D0:数据输出线

其为三态缓冲输出形式,可以和单片机的数据线直接相连。

(6) OE:输出允许信号

其用于控制三态输出锁存器向单片机输出转换得到的数据。OE=0,输出数据线呈高电阻;OE=1,输出转换得到的数据。

(7) CLK:时钟信号

ADC0809 的内部没有时钟电路,所需时钟信号由外界提供,因此有时钟信号引脚。通常使用频率为 500 kHz 的时钟信号。

（8）EOC：转换结束状态信号

EOC=0，正在进行转换；EOC=1，转换结束。该状态信号既可作为查询的状态标志，又可以作为中断请求信号使用。

（9）VCC：+5 V 电源

（10）Vref：参考电源

参考电压用来与输入的模拟信号进行比较，作为逐次逼近的基准。其典型值为+5 V（Vref(+)=+5 V，Vref(-)=0 V)

10.2.4　ADC0809 转换器与单片机的接口设计

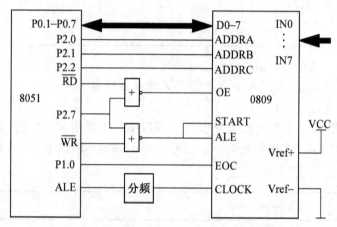

图 10-9　ADC0809 转换器与单片机的接口

图 10-9 为 ADC0809 转换器与单片机的接口连接图。ADC0809 A,B,C 三端分别与 8051 的 P2.0～P2.2 相接。地址锁存信号（ALE）和启动转换信号（START）由 P2.7 和 $\overline{WR}$ 或非得到。输出允许（OE）由 P2.7 和 $\overline{RD}$ 或非得到。时钟信号（CLK）由 8051 的 ALE 输出得到，当采用 6MHz 晶振时，应先进行分频以满足 ADC0809 的时钟信号必须小于 640kHz 的要求。

由图 10-9 可知，ADC0809 的地址是 70FFH；ADC0809 的 8 个模拟通道所对应的口地址是 78FFH～7FFFH；采样开始时，只要向模拟通道对应的地址写入一个数，即启动转换。由 P1.0 查询 ADC0809 的 EOC 信号，即可确定转换是否完成；8 个通道的转换结果依次放入 20H～27H 存储单元中。

```
            ORG     0000H
            MOV     R1,#20H
            MOV     R2,#8H              ;共 8 个模拟通道
            MOV     DPTR,#78FFH
LOOP1：     MOV     A,R2
            DEC     A
            JNZ     LOOP2
            MOV     R1,#0H
            MOV     DPTR,#78FFH
```

```
LOOP2:   MOVX   @DPTR,A          ;START 上跳沿时,所有内部寄存器清 0,A、B、C 地址状
                                    态送入地址锁存器中。
                                 ;START 下跳沿时,开始进行 A/D 转换
LOOP3:   JB     P1.0,LOOP3
LOOP4:   JNB    P1.0,LOOP4       ;查忙
         MOVX   A,@DPTR          ;读结果
         MOV    @R1,A            ;存结果
         INC    DPH              ;改变通道号
         INC    R1
         LJMP   LOOP1
         END
```

习题 10

10-1　DAC0832 的接口设计有几种方法? 各应用在什么情况下?

10-2　已知 ADC0809 地址:7FF8H~7FFFH,试编写每隔 100 ms 采集一次 8 个通道数据的程序,共取样 8 次,其结果送片外 RAM 2000H 开始的存储单元中(假设(f_{osc}=12 MHz)。

10-3　已知 DAC0832 地址:7FFFH,输出电压:0~5 V,编写矩形波发生程序,其中占空比为 2∶3,高电平 4 V,低电平 1 V。

10-4　图 10-9 中 ADC0809 引脚 EOC 接单片机$\overline{INT0}$,试采用中断方式编写程序。

10-5　已知 DAC0832 地址:7FFFH,输出电压:0~5 V,编写 PWM 波发生程序,占空比:0~100%。

10-6　在图 10-6 中,编写程序实现:一路 DAC0832 输出锯齿波,一路输出占空比 2∶3 的方波。

第 11 章 键盘/显示接口电路

11.1 键盘接口设计

键盘是微机系统中最基本的输入设备,是人机对话不可缺少的纽带。

键盘监控程序主要完成以下三个任务:

(1) 监测有无按键动作

(2) 按键去抖

当键被按下或释放后的瞬间并不能立即达到稳定的状态,往往在触点闭合或断开的瞬间会出现电压抖动,如图 11-1 所示。

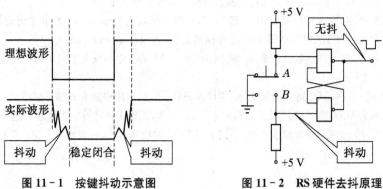

图 11-1　按键抖动示意图　　　图 11-2　RS 硬件去抖原理

这种抖动的时间虽然很短,但也会给按键的识别产生误判,必须给予消除,常采用硬件和软件两种方法。其中,硬件的方法是在开关的输入端增加一个 RC 滤波电路,或增加一个 R-S 开关电路(图 11-2);而软件的方法是当发现键被按下时用软件产生 5~20 ms 的延时,等按键稳定后,再去识别按键。

(3) 键值确定及散转功能

根据键盘确定键值方法的不同,通常把键盘分成两种基本类型:编码式键盘和非编码式键盘。

① 编码式键盘。这种键盘内部能自动检测被按下的键,并提供与被按键功能对应的键码(如 ASCII 码、EBCDIC 码等),以并行或串行方式送给 CPU。它使用方便,接口简单,但价格较贵。

② 非编码式键盘。这种键盘只简单地提供键盘的行列矩阵,而按键的识别和键值的确定、输入等工作全靠计算机软件完成,是目前最便宜的微机输入设备。

11.1.1 非编码键盘的接口及处理程序

1. 独立式键盘

每一个按键都是一个独立的开关,各自都有一条引线接到 I/O 接口,按键没有按下时,这条线接高电平,当按键按下时,这条线接低电平,这样通过读 I/O 接口就可以知道每一个按键的状态。这种键盘的缺点是当按键较多时,需要的 I/O 线很多,所以一般用于仅有几个按键的小键盘中。

【例 11 - 1】　由 P1 口扩展的独立式按键如图 11-3 所示,试编写程序实现循环扫描按键,并执行相应按键功能的程序。

相应的程序段如下:

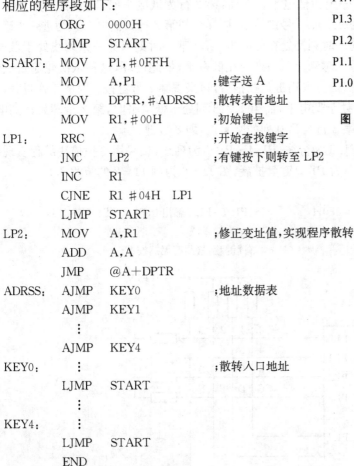

图 11 - 3　独立式按键

```
            ORG     0000H
            LJMP    START
START:      MOV     P1,#0FFH
            MOV     A,P1          ;键字送 A
            MOV     DPTR,#ADRSS   ;散转表首地址
            MOV     R1,#00H       ;初始键号
LP1:        RRC     A             ;开始查找键字
            JNC     LP2           ;有键按下则转至 LP2
            INC     R1
            CJNE    R1 #04H   LP1
            LJMP    START
LP2:        MOV     A,R1          ;修正变址值,实现程序散转
            ADD     A,A
            JMP     @A+DPTR
ADRSS:      AJMP    KEY0          ;地址数据表
            AJMP    KEY1
             ⋮
            AJMP    KEY4
KEY0:        ⋮                    ;散转入口地址
            LJMP    START
             ⋮
KEY4:        ⋮
            LJMP    START
            END
```

2. 矩阵式键盘

在按键较多时,一般采用矩阵键盘,图 11 - 4 所示为一个矩阵键盘,共有 16 个按键,需要 8 条 I/O 线,以此类推,一个矩阵有 i 行 j 列,可以形成 i×j 个按键,而仅仅需要 i+j 条 I/O 线。

矩阵式键盘最关键的问题是键码的识别,常用的键码识别方法有:行扫描法、行列反转法、行列扫描法。

(1) 行扫描法

如图 11-4 所示,行扫描法的第一步是判断是否有键按下,方法是将所有的行线都输出低电平,然后扫描所有

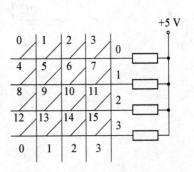

图 11 - 4　矩阵式键盘示意图

的列线,若全是高电平,说明没有一个键按下;若列线中有低电平出现,说明有键按下。第二步就是具体判别哪一个键被按下:先将第一行输出低电平,其余行全部输出高电平,然后扫描列线,如果某条列线为低电平,则说明第一行与此列线相交位置上的按键被按下,如果所有列线全是高电平,则说明这一行没有键被按下,接着扫描第二行,以此类推,直到找到被按的键。

以图 11-4 中 8 号键的识别为例来说明扫描法识别按键的过程。

8 号键按下时,第 2 行一定为低电平。然而,第 2 行为低电平时,能否肯定是 8 号键按下呢? 回答是否定的,因为 9、10、11 号键按下,同样会使第 2 行为低电平。为进一步确定具体键,不能使所有列线在同一时刻都处在低电平,可在某一时刻只让一条列线处于低电平,其余列线均处于高电平,另一时刻让下一列处在低电平,依此循环,这种依次轮流每次选通一列的工作方式称为键盘扫描。采用键盘扫描后,再来观察 8 号键按下时的工作过程,当第 0 列处于低电平时,第 2 行处于低电平,而第 1、2、3 列处于低电平时,第 2 行却处在高电平,由此可判定按下的键应是第 2 行与第 0 列的交叉点,即 8 号键。

【例 11-2】　P1.0~P1.3 为行线,P1.4~P1.7 为列线,试采用行扫描法编程实现按键判断及散转功能。图 11-5 为 P1 口键盘扩展,图 11-6 为例 11-2 的流程图。

相应程序段如下:

```
KEY1:   MOV    P1,#0F0H        ;P1.0~P1.3输出0,P1.4~P1.7输出1,
                                ;作为输入位
        MOV    A,P1            ;读键盘,检测有无键按下
```

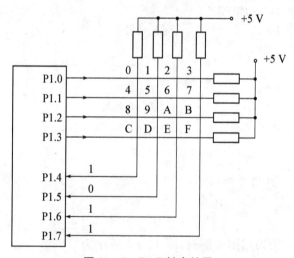

图 11-5　P1 口键盘扩展

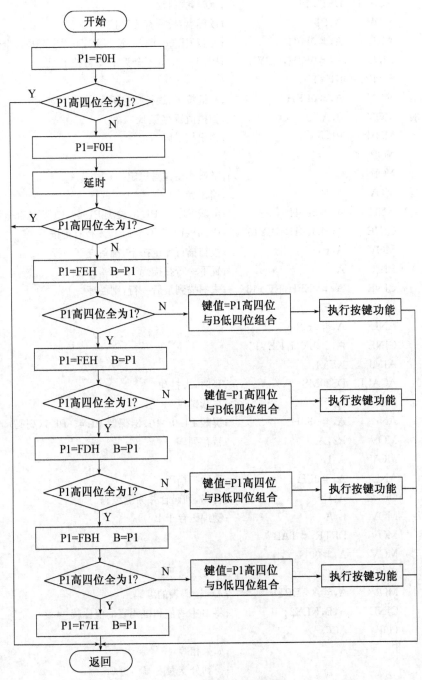

图 11 - 6 例 11 - 2 流程图

```
      ANL      A,#0F0H           ;屏蔽 P1.0～P1.3,检测 P1.4～P1.7 是否全为 1
      CJNE     A,#0F0H,KEY11     ;P1.4～P1.7 不全为 1,有键按下
      RET                        ;P1.4～P1.7 全为 1,无键按下,退出
KEY11:MOV      P1,#0F0H          ;P1.0～P1.3 输出 0,P1.4～P1.7 输出 1,
                                 ;作为输入位
```

	ACALL	DS20MS	;延时,去抖动
	MOV	A,P1	;读键盘,检测有无键按下
	ANL	A,♯0F0H	;屏蔽 P1.0~P1.3,检测 P1.4~P1.7 是否全为 1
	CJNE	A,♯0F0H,KEY12	;P1.4~P1.7 不全为 1,有键按下
	SJMP	KEY1	
KEY12:	MOV	A,♯0FEH	;有键按下,逐行扫描键盘,置扫描初值
KEY13:	MOV	B,A	;扫描值暂存于 B
	MOV	P1,A	;输出扫描码
	NOP		
	NOP		;空操作使键盘稳定
KEY14:	MOV	A,P1	;读键盘
	ANL	A,♯0F0H	;屏蔽 P1.0~P1.3,检测 P1.4~P1.7 是否全为 1
	CJNE	A,♯0F0H,KEY15	;P1.4~P1.7 不全为 1,该行有键按下
	MOV	A,B	;被扫描行无键按下,准备查下一行
	RL	A	;置下一行扫描码
	CJNE	A,♯0EFH,KEY13	;未扫描到最后一行,则循环
	MOV	A,P1	
	ANL	A,♯0F0H	
	CJNE	A,♯0F0H,KEY15	
	AJMP	KEY1	
KEY15:	ACALL	DS20MS	;延时,去抖动
KEY16:	MOV	A,P1	;再读键盘
	ANL	A,♯0F0H	;屏蔽 P1.0~P1.3,保留 P1.4~P1.7(列码)
	MOV	R2,A	;暂存列码
	MOV	A,B	
	ANL	A,♯0FH	;取行扫描码
	ORL	A,R2	;行码,列码合并为键编码
KEY17:	MOV	B,A	;键编码存于 B
KEY2:	MOV	DPTR,♯TAB	
	MOV	A,♯00H	
KEY21:	PUSH	ACC	
	MOVC	A,@A+DPTR	;A=键码表的编码
	CJNE	A,B,KEY22	;将 B 中的值和键码表的值比较
	POP	ACC	
	RL	A	;如果相等,序号乘 2,
			;得到分支表内偏移量 2n
	MOV	DPTR,♯KEY23	;置分支表首址
	JMP	@A+DPTR	;执行表 KEY22+2n 中的 AJMP K1 指令
KEY22:	POP	ACC	;不相等,则比较下一个
	INC	A	;序号加 1
	CJNE	A,♯017H,KEY21	
	SJMP	KEY1	;键码查完还没有 B 中按键编码,程序结束
KEY23:	AJMP	K11	;分支转移表

```
           AJMP     K12
              ⋮
           AJMP     K43
           AJMP     K44
TAB:       DB       0EEH,0DEH,0BEH,7EH
           DB       0EDH,0DDH,0BDH,7DH
           DB       0EBH,0DBH,0BBH,7BH
           DB       0E7H,0D7H,0B7H,77H
K11:       AJMP     KEY1                      ;跳到各个按键的处理子程序
K12:       AJMP     KEY2
              ⋮
K43:       AJMP     KEY15
K44:       AJMP     KEY16
DS20MS:    MOV      R7,#28H
DS1:       MOV      R6,#0F9H
           NOP
DS2:       DJNZ     R6,DS2
           DJNZ     R7,DS1
           RET
```

（2）行列反转法

如图 11-7 所示，键盘的行线和列线分别接在并行接口芯片 8155A 的 PA 口和 PB 口上，通过编程，先设置 PA 口为输出，PB 口为输入，通过 PA 口使行线全部输出为 0，然后通过 PB 口读列线的值，如果列线中有 0 出现，说明有按键按；然后再编程 PA 口为输入，PB 口为输出，将上次由 PB 口读入的数据再由 PB 口输出，这时再读 PA 口，那么闭合键对应的行线必为 0。这样，当一个键被按下时，可以读到唯一的列值和行值，这就是闭合键的扫描码。

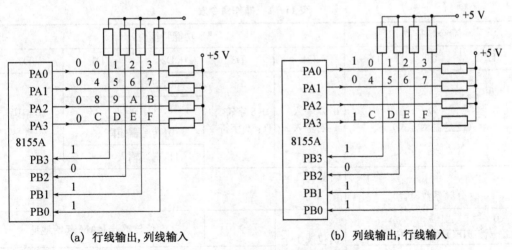

(a) 行线输出，列线输入　　　　　　(b) 列线输出，行线输入

图 11-7　行列反转法键码识别示意图

例如：当按下"5"键时，第一次给行线全部输出 0，列线读取的值为 1011，然后再把 1011 通过列线输出，行线读取的值为 1101，于是将行值和列值合起来得到 11011011B，即 DBH，

这就是"5"键的扫描码,它一定是唯一的。因此,根据读得的行值和列值为 DBH 便可以确定按下的键为"5"键。

11.1.2 编码键盘的接口及处理程序

8279 是一种通用可编程键盘显示接口芯片,它能完成键盘输入和显示控制两种功能。键盘部分提供一种扫描方式,可与 64 个按键的矩阵键盘连接,能对键盘不断扫描,自动消抖,自动识别按下的键并给出编码,能对同时按下双键或 n 键实施保护。

1. 8279 的引脚定义

① DB7~DB0 为双向外部数据总线;

② CS 为片选信号线,低电平有效;

③ $\overline{RD}$ 和 $\overline{WR}$ 为读和定选通信号线;

④ IRQ 为中断请求输出线。

⑤ RL7~RL0 为键盘回送线。

⑥ SL3~SL0 为扫描输出线。

⑦ OUTB3~ORTB0、OUTA3~OUTA0 为显示寄存器数据输出线。

⑧ RESET 为复位输入线。

⑨ SHIFT 为换挡键输入线。

⑩ CNTL/STB 为控制/选通输入线。

⑪ CLK 为外部时钟输入线。

⑫ BD 为显示器消隐控制线。

图 11-8 为 8279 的引脚排列。

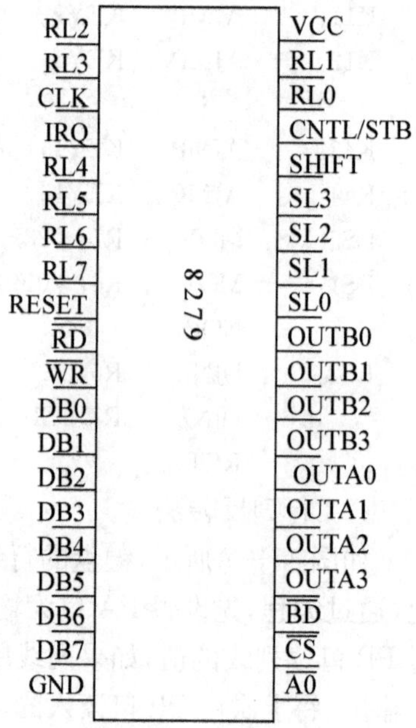

2. 8279 的操作命令表

图 11-8 8279 引脚

表 11-1 操作命令表

命令特征位			功能特征位				
D7	D6	D5	D4	D3	D2	D1	D0
0 0 0 (键盘显示方式)			0:左输入 1:右输入	0:8 字符 1:16 字符	00:双键互锁 01:N 键轮回 10:传感器矩阵 11:选通输入		0:编码 1:译码
0 0 1 (分频系数设置)			2~31				
0 1 0 (读 FIFO/传感器 RAM)			0:仅读 1 个单元 1:每次读后地址加 1	×	3 位传感器 RAM 起始地址		
0 1 1 (读显示 RAM)				4 位显示 RAM 起始地址			
1 0 0 (写显示 RAM)							

（续表）

命令特征位			功能特征位				
D7	D6	D5	D4	D3	D2	D1	D0
1 （显示器写禁止/消隐）	0	1	×	1：A组不变 0：A组可变	1：B组不变 0：B组可变	1：A组消隐 0：恢复	1：B组消隐 0：恢复
1 （清显示及 FIFO RAM）	1	0	0：不 清 除 （CA＝0） 1：允许清除	00：全清为 0 01：全清为 0 10：清为 20H 11：清为全 1		CF：清FIFO 使之为空， 且 IRO＝0， 读出地址 0	CA：总清 清显示 清 FIFO
1 （结束中断/特定错误方式）	1	1	E	×	×	×	×

3. 8279 的键盘及显示接口（图 11－9）

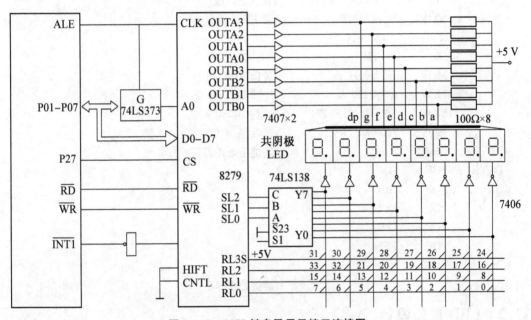

图 11－9　8279 键盘及显示接口连接图

相应程序段如下：

```
        ORG     0000H
        AJMP    START
        ORG     0013H
        AJMP    KEY
        ORG     30H
START：  ⋮
INIT：   MOV     DPTR,＃7FFFH    ;置 8279 命令/状态口地址
        MOV     A,＃0D1H        ;置清显示命令
        MOVX    @DPTR,A        ;送清显命令
```

```
WEIT:   MOVX    A,@DPTR              ;读状态
        JB      ACC.7,WEIT          ;等待清显示 RAM 完成
        MOV     A,#34H              ;置分频系数
        MOVX    @DPTR,A             ;送分频系数
        MOV     A,#40H              ;置键盘/显示命令
        MOVX    @DPTR,A             ;送命令
        MOV     IE,#84H             ;允许 8279 中断
        RET
```

键盘中断子程序如下：

```
KEY:    PUSH    PSW
        PUSH    DPL
        PUSH    DPH
        PUSH    ACC
        PUSH    B
        MOV     DPTR,#7FFFH         ;置状态口地址
        MOVX    A,@DPTR             ;读 FIFO 状态
        ANL     A,#0FH
        JZ      PKYR
        MOV     A,#40H              ;置读 FIFO 命令
        MOVX    @DPTR,A             ;送读 FIFO 命令
        MOV     DPTR,#7FFEH         ;置数据口地址
        MOVX    A,@DPTR             ;读数据
        LJMP    KEY1                ;转键值处理程序
PKYR:   POP     B
        POP     ACC
        POP     DPH
        POP     DPL
        POP     PSW
        RETI
KEY1:                               ;键值处理程序
```

11.2 LED 接口设计

在单片机系统中，通常用 LED 数码显示器来显示各种数字或符号。由于它具有显示清晰、亮度高、使用电压低、寿命长的特点，因此使用非常广泛。

11.2.1 LED 数码管

1. LED 数码管的结构

数码管由 8 个发光二极管（以下简称字段）构成，通过不同的组合可用来显示数字 0～9、字符 A～F、P、U、Γ、y、符号"－"及小数点"."。数码管的外形结构如图 11-10 所示。

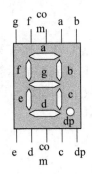
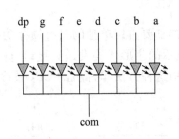
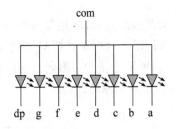

图 11 - 10　LED 数码管的结构

2. LED 数码显示器的连接方法

（1）共阴极接法

把发光二极管的阴极连在一起构成公共阴极，使用时公共阴极接地。每个发光二极管的阳极通过电阻与输入端相连。

（2）共阳极接法

把发光二极管的阳极连在一起构成公共阳极，使用时公共阳极接＋5V，每个发光二极管的阴极通过电阻与输入端相连。

3. LED 数码显示器的显示段选码

段码位	D7	D6	D5	D4	D3	D2	D1	D0
显示段	dp	g	f	e	d	c	b	a

将一个 8 位并行段选码送至 LED 显示器对应的引脚，送入的段选码不同，显示的数字或字符也不同。共阴极与共阳极的段选码互为反码，如表 11 - 2 所示

表 11 - 2　共阴极与共阳极的段选码

显示字符	共阴极段选码	共阳极段选码	显示字符	共阴极段选码	共阳极段选码
0	3FH	C0H	C	39H	C6H
1	06H	F9H	D	5EH	A1H
2	5BH	A4H	E	79H	86H
3	4FH	B0H	F	71H	8EH
4	66H	99H	P	73H	8CH
5	6DH	92H	U	3EH	C1H
6	7DH	82H	Γ	31H	CEH
7	07H	F8H	y	6EH	91H
8	7FH	80H	8.	FFH	00H
9	6FH	90H	"灭"	00H	FFH
A	77H	88H			
B	7CH	83H			

11.2.2 静态显示电路及程序设计

所谓静态显示,就是每一个显示器都要占用单独的具有锁存功能的 I/O 接口用于笔划段字形代码。这样单片机只要把要显示的字形代码发送到接口电路即可,直到要显示新的数据时,再发送新的字形码,因此,使用这种方法单片机的 CPU 的开销较小。图 11-11 为 LED 静态显示原理图。

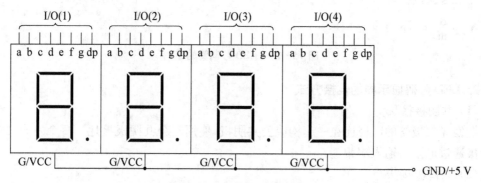

图 11-11 LED 静态显示原理

可以提供单独锁存的 I/O 接口电路有很多,这里以常用的串并转换电路 74LS164 为例,介绍一种常用静态显示电路。

【例 11-3】 把显示缓冲区 60H~65H 共 6 个单元中的十进制数字分别显示在对应的各个数码管 LED0~LED5。图 11-12 为 74LS164 驱动 LED 静态显示接口图。

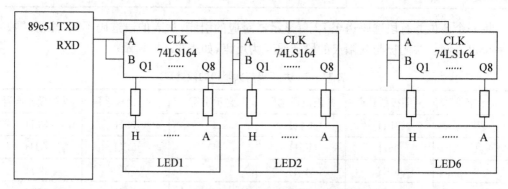

图 11-12 74LS164 驱动 LED 静态显示接口图

MCS-51 单片机串行口方式 0 是移位寄存器方式,外接 6 片 74LS164 作为 6 位 LED 显示器的静态显示接口,把 8031 的 RXD 作为数据输出线,TXD 作为移位时钟脉冲。74LS164 为 TTL 单向 8 位移位寄存器,可实现串行输入,并行输出。其中 A、B(第 1、2 引脚)为串行数据输入端,这两个引脚按逻辑与运算规律输入信号,共用一个输入信号时可并接。CLK(第 8 引脚)为时钟输入端,可连接到串行口的 TXD 端。每一个时钟信号的上升沿加到 CLK 端时,移位寄存器移一位,8 个时钟脉冲过后,8 位二进制数全部移入 74LS164 中。R(第 9 引脚)为复位端,当 R=0 时,移位寄存器各位清零,只有当 R=1 时,时钟脉冲才起作用。Q1~Q8 并行输出端分别连接至 LED 显示器的 h,g~a 各段对应的引脚。

相应程序段如下：

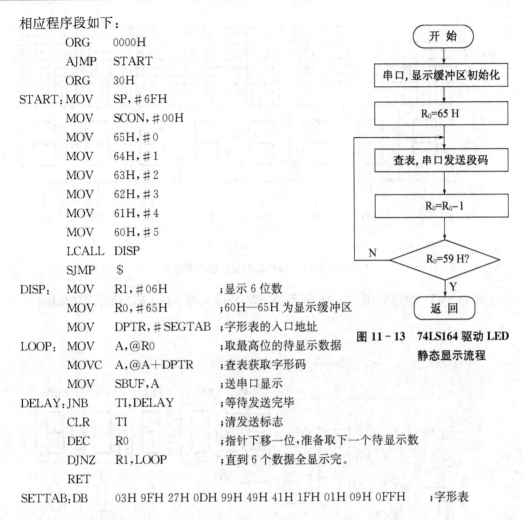

图 11 - 13　74LS164 驱动 LED
静态显示流程

```
        ORG     0000H
        AJMP    START
        ORG     30H
START: MOV      SP,#6FH
        MOV     SCON,#00H
        MOV     65H,#0
        MOV     64H,#1
        MOV     63H,#2
        MOV     62H,#3
        MOV     61H,#4
        MOV     60H,#5
        LCALL   DISP
        SJMP    $
DISP:   MOV     R1,#06H      ;显示 6 位数
        MOV     R0,#65H      ;60H—65H 为显示缓冲区
        MOV     DPTR,#SEGTAB ;字形表的入口地址
LOOP:   MOV     A,@R0        ;取最高位的待显示数据
        MOVC    A,@A+DPTR    ;查表获取字形码
        MOV     SBUF,A       ;送串口显示
DELAY: JNB      TI,DELAY     ;等待发送完毕
        CLR     TI           ;清发送标志
        DEC     R0           ;指针下移一位,准备取下一个待显示数
        DJNZ    R1,LOOP      ;直到 6 个数据全显示完。
        RET
SETTAB:DB       03H 9FH 27H 0DH 99H 49H 41H 1FH 01H 09H 0FFH    ;字形表
```

11.2.3　动态显示电路及程序设计

动态扫描用分时的方法轮流控制每位显示器的公共端,使各个显示器轮流显示,在轮流扫描的过程中,每位显示器的显示时间极为短暂,但由于人的视觉暂留效应及发光二极管的余辉效应,在人的视觉印象中得到的是一组稳定的字型显示。动态显示需要 CPU 时刻对显示器件进行刷新,显示的字型有闪烁感,占用 CPU 时间多,但使用的硬件少,能节省线路板空间。

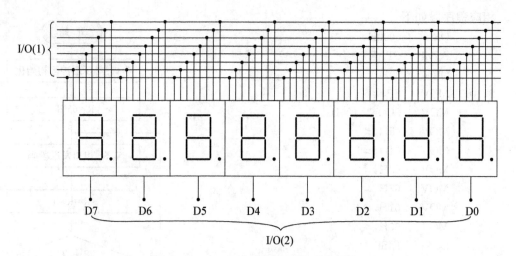

图 11-14 LED 动态显示接口原理图

【例 11-4】 电路如图 11-15 所示,试编写程序实现 4 位 LED 动态循环显示:

0000→1111→2222→3333→4444

9999→8888→7777→6666→5555

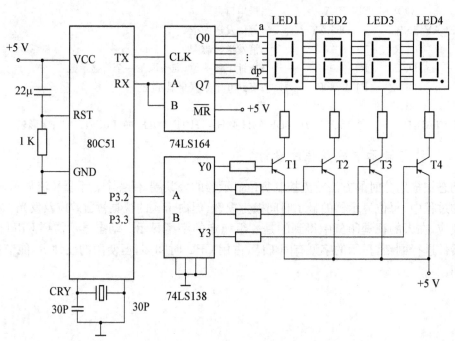

图 11-15 串行动态 LED 显示电路图

采用 8 位串入并出的移位寄存器 74LS164,将 80C51 串行通信口输出的串行数据译码并在其并行通信端口线上输出,从而驱动 LED 数码管。74LS138 是一个 3—8 译码器,它将单片机输出的地址信号译码后动态驱动相应的 LED。但 74LS138 电流驱动能力较小,为此,使用三极管 2SA1015 作为地址驱动。将 4 只 LED 的段位都连在一起,它们的公共端则由 74LS138 分时选通,这样任何时刻都只有一位 LED 在点亮。使用串行接口进行 LED 通信,程序编写相当简单,用户只需将需显示的数据直接送串行接口发送缓冲器,等待串行中断标志即可。图 11 - 16 为串行动态 LED 显示软件流程图。

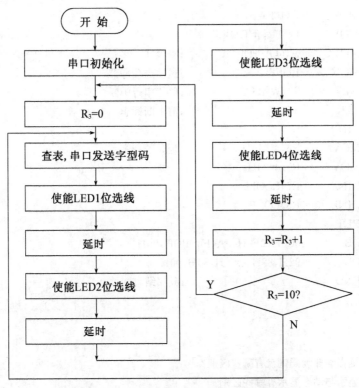

图 11 - 16　串行动态 LED 显示软件流程图

相应程序段如下:

```
              ORG     0100H
              MOV     SCON,＃00H      ;串行口工作方式 0
MAIN:         MOV     R3,＃00H        ;字型码初始地址
LOOP:         ACALL   DISP           ;显示
              ACALL   DISPLAY
              INC     R3             ;显示下个字符
              CJNE    R3,＃0AH,LOOP   ;未显示到"9"继续
              AJMP    MAIN           ;返回主程序
DISPLAY:      CLR     P3.2
              CLR     P3.3           ;选中第一位
              ACALL   DELAY1         ;延时 10ms
              SETB    P3.3           ;选中第二位
              ACALL   DELAY1
              SETB    P3.3           ;选中第三位
              CLR     P3.2
              ACALL   DELAY1
```

```
              SETB      P3. 2
              SETB      P3. 3
              ACALL     DELAY1
              RET
DISP:         MOV       A,R3
              MOV       DPTR,#TABLE
              MOVC      A,@A+DPTR         ;查表
              MOV       BUFF,A            ;送发送缓冲器
WAIT:         JNB       TI,WAIT           ;等待串行中断
              CLR       TI                ;清中断标志
              RET
DELAY1:       MOV       R6,#010H          ;延时子程序
LOOP1:        MOV       R7,#38H
IOOP2:        DJNZ      R7,LOOP2
              DJNZ      R6,LOOP1
              RET
TABLE:        DB        0C0H,0F9H,0A4H,0BDH,99H
              DB        92H,82H,0F8H,80H,90H
              END                         ;程序结束
```

习题 11

11-1 编码键盘与非编码键盘有哪些区别?

11-2 静态显示与动态显示有哪些区别?

11-3 消除键盘抖动的软硬件方法有哪些?

11-4 采用 74LS164,设计 3 位 LED 数码管静态显示电路,并编写显示循环显示下列字符程序:
012→123→234→345→456→…→890→901

11-5 采用行列反转法,设计图 11-4 矩阵式键盘扫描程序。

11-6 在图 11-2 中,采用定时扫描法编写键盘监控程序,定时周期 100 ms。

第 12 章　C51 程序设计语言

单片机应用系统日趋复杂化,要求所写的程序代码规范化、模块化,从而便于多人以软件工程的形式协同开发。汇编语言已经很难满足这样的实际工程需要了。而 C 语言以其结构化和代码的高效率性,已经成为电子工程师进行单片机系统开发的首选编程语言。

C51 语言是一种专为 MCS-51 单片机设计的高级语言 C 编译器,它支持符合 ANSI 标准的 C 语言程序设计,同时针对 MCS-51 单片机的自身特点做了特殊扩展。与汇编语言相比,C51 语言在功能、结构、可读性和可维护性上有着明显的优势。C51 语言提供了大量的库函数,使用 C51 语言编程可以大大缩短开发周期,降低开发成本,其可靠性和可移植性好,而且 C51 语言支持与汇编语言混合编程,从而大大提高了其对硬件的直接操作能力。

本章内容从 C51 语言基础知识入手,主要介绍 C51 与标准 C 语言的不同之处,使读者尽快掌握和适应 C51 程序设计。

12.1　C51 语言基础

12.1.1　C51 的标识符

标识符是用来标识源程序中某个对象的名称。这些对象可以是常量、变量、数组、函数、数据类型、存储方式、语句等。

C51 对标识符的命名规则与 C 语言类型,必须满足以下规则:

① 由字母(a~z,A~Z)、数字(0~9)及下划线(_)组成,且必须以字母或下划线开头;

② 区别大小写,即大写与小写字母代表不同的标识符;

③ C51 的关键字不能使用标识符;

④ 标识符最大长度一般默认为 32 个字符。

例如:smart, _decision, key_board, FLOAT 均是正确标识符,而 3smart, ok?, key. board, float 均是非法标识符。

在命名标识符时应当简洁明了,含义清晰,这样有助于程序的阅读理解。例如用标识符 max 表示最大值,用 TIMER0 表示定时器/计数器 0 等。

12.1.2　C51 的关键字

关键字是一类具有固定名称和特定含义的特殊标识符,有时又称为保留字,即被 C51 编译器已定义的专用标识符,一般不能另作他用。在 C51 中,除了包含 ANSI C 标准所规定的 32 个关键字外,根据 C51 本身特点也扩展了相应的关键字。其实在 C51 版本编辑器中,系统一般将关键字以不同的颜色进行区分。

表 12-1 列出了 ANSI C 标准关键字,表 12-2 为 C51 常用扩展关键字。

表 12 - 1 ANSI C 标准关键字

序号	关键字	用途	说明
1	auto	存储种类说明	用于声明局部变量,为缺省值
2	break	程序语句	退出最内层循环体
3	case	程序语句	switch 语句中的选择项
4	char	数据类型声明	单字节整型或字符型数据
5	const	存储类型声明	在程序执行过程中不可修改的变量值
6	continue	程序语句	转向下一次循环
7	default	程序语句	switch 语句中的失败选择项
8	do	程序语句	构成 do ... while 循环结构
9	double	数据类型声明	双精度浮点数
10	else	程序语句	构成 if ... else 选择结构
11	enum	数据类型声明	枚举
12	extern	存储类型声明	在其他程序模块中声明了的全局变量
13	float	数据类型声明	单精度浮点数
14	for	程序语句	构成 for 循环结构
15	goto	程序语句	构成 goto 转移结构
16	if	程序语句	构成 if ... else 选择结构
17	int	数据类型声明	基本整型数
18	long	数据类型声明	长整型数
19	register	存储类型声明	使用 CPU 内部寄存器变量
20	return	程序语句	函数返回
21	short	数据类型声明	短整型数
22	signed	数据类型声明	有符号数,二进制数据的最高位为符号位
23	sizeof	运算符	计算表达式或数据类型的字节数
24	static	存储类型声明	静态变量
25	struct	数据类型声明	结构类型数据
26	switch	程序语句	构成 switch 选择结构
27	typedef	数据类型声明	重新进行数据类型定义
28	union	数据类型声明	联合类型数据
29	unsigned	数据类型声明	无符号数据
30	void	数据类型声明	无类型数据
31	volatile	数据类型声明	声明该变量在程序执行中可被隐含地改变
32	while	程序语句	构成 while 和 do ... while 循环结构

表 12-2　C51 编译器的扩展关键字

序号	关键字	用途	说明
1	_at_	地址定位	为变量进行存储器空间的绝对地址定位
2	alien	函数特性声明	用于声明与 PL/M51 兼容的函数
3	bdata	存储类型声明	可位寻址的 8051 内部数据存储器
4	bit	位变量声明	专用明一个位变量或位类型的函数
5	code	存储类型声明	8051 程序存储器空间
6	compact	存储模式	指定使用 8051 外部分页寻址数据存储空间
7	data	存储类型声明	直接寻址的 8051 内部数据存储器
8	idata	存储类型声明	间接寻址的 8051 内部数据存储器
9	interrupt	中断函数声明	定义一个中断服务函数
10	large	存储模式	指定使用 8051 外部数据存储器空间
11	pdata	存储类型声明	分页寻址的 8051 外部数据存储器空间
12	_priority_	多任务优先声明	规定 RTX51 或 RTX51 Tiny 的任务优先级
13	reentrant	再入函数声明	定义一个再入函数
14	sbit	位变量声明	定义一个可位寻址变量
15	sfr	特殊功能寄存器声明	声明一个 8 位特殊功能寄存器
16	sfr16	特殊功能寄存器声明	声明一个 16 位特殊功能寄存器
17	small	存储模式	指定使用 8051 内部数据存储器空间
18	_task_	任务声明	定义实时多任务函数
19	using	寄存器组定义	定义 8051 的当前工作寄存器组
20	xdata	存储类型声明	声明使用 8051 外部数据存储器

12.1.3　常量与变量

数据是程序处理的主要对象,C51 的数据有常量和变量之分。

1. 常量

常量是在程序运行中其值不变的量,可以为字符(如'a'、'hello')、八进制数(如'0106')、十进制数(如'123')或十六进制数(如'0x10')。

常量分为数值型常量和符号型常量。符号型常量需用宏定义指令 #define 进行定义,如:

#define PI 3.14

程序中只要出现"PI"的地方,编译器都用 3.14 来代替。

另外,const 修饰符也可以实现上述功能,而且更安全可靠。和上面宏定义等效用 const 实现的语句如下:

const float PI=3.14;

被 const 修饰的变量的值在程序中不能被改变,所以在声明符号常量时,必须对其进行初始化,除非这个变量是用 extern 修饰的外部变量。

例如:

```
const int i=8;          //正确
const int d;            //错误,必须初始化
extern const int d;     //正确
```

2. 变量

变量是在程序运行中其值可以改变的量。一个变量具有 3 个要素:数据类型、变量名和存储地址。C51 中所有的变量在使用之前必须事先声明,如:

```
int step;
char c,name[16];
```

12.1.4　数据类型

C51 具有 ANSI C 的所有标准数据类型。其基本类型包括:char、int、short、long、float 和 double。对 C51 编译器来说,short 类型和 int 类型相同,double 类型和 float 类型相同。整型和长整型的符号位字节在最低的地址单元中。

此外,为了充分发挥 8051 单片机的结构功能,C51 还扩展了一些特殊的数据类型,包括 bit、sfr、sfr16、sbit。表 12 - 3 为 C51 的数据类型。

表 12 - 3　C51 的数据类型

数据类型	数据类型说明符	长度	值域范围
位型	bit	1bit	0 或 1
字符型	signed char	1Byte	$-128\sim+127$
	unsigned char	1Byte	$0\sim255$
整型	signed int	2Byte	$-32768\sim+32767$
	unsigned int	2Byte	$0\sim65536$
长整型	signed long	4Byte	$-2147483648\sim+2147483647$
	unsigned long	4Byte	$0\sim4294967295$
浮点型	float	4Byte	$\pm1.175494E-38\sim\pm1.175494E+38$
指针型	*	$1\sim3$Byte	对象的地址
访问 SFR	sbit	1bit	0 或 1
	sfr	1Byte	$0\sim255$
	sfr16	2Byte	$0\sim65535$
空类型	void	0	函数无返回值或产生一个同一类型指针

1. bit 位型

C51 编译器的一种扩充数据类型,利用它可以定义一个位变量,但不能定义位指针,也不能定义位数组。它的值是一个二进制位,不是 0 就是 1,类似一些高级语言中的 Boolean

类型的 True 和 False。

2. char 字符型

char 类型的长度是 1Byte，通常用于定义一个单字节的数据，分为无符号字符型 unsigned char 和有符号字符型 signed char，缺省值为 signed char。unsigned char 类型用字节中的所有位表示数值，可以表达的数值范围为 0～255，常用于处理 ASCII 字符或小于等于 255 的整型数。signed char 类型用字节中最高位表示数据的符号，0 表示正数，1 表示负数。负数用补码表示，能表示的数值范围是 −128～＋127。

3. int 整型

int 类型长度为 2Byte，用于存放一个双字节数据。有有符号 int 整型 signed int 和无符号 int 整型 unsigned int 之分，缺省值为 signed int。signed int 表示的数值范围是 −32768～＋32767，字节中最高位表示数据的符号。unsigned int 表示的数值范围是 0～65535。

4. long 长整型

long 类型长度为 4Byte，用于存放一个四字节数据。有有符号长整型 signed long 和无符号长整型 unsigned long，缺省值为 signed long。它们的值域范围如表 12 − 3 所示。

5. float 浮点型

float 浮点型在十进制中具有 7 位有效数字，是符合 IEEE − 754 标准的单精度浮点型数据，占用 4Byte。

单精度浮点型数据在内存中存放格式如下：

地址偏移	D7	D6	D5	D4	D3	D2	D1	D0
+0	S	E	E	E	E	E	E	E
+1	E	M			………			M
+2	M			………				M
+3	M			………				M

其中第 31 位 S 为符号位，0 表示正数，1 表示负数；E 为阶码，占用 8 位二进制数，存放在两个字节中；M 为尾数的小数部分，用 23 位二进制数表示，尾数的整数部分隐含为 1，因此不予保存。一个浮点数的十进制数值表示为：

$$(-1)S \times 2E-127 \times (1. M)$$

6. ＊指针型

指针型数据本身是一个变量，但在这个变量中存放的不是普通的数据，而是指向另一个数据的地址。指针变量也要占据一定的内存单元，在 C51 中，指针变量也具有类型，其表示方法是在指针符号"＊"前冠以数据类型关键字，如 char ＊ point，表示 point 是一个指向字符型的指针变量。在 C51 中它的长度一般为 1～3 个字节。有关指针型知识将在后续章节继续作深一步探讨。

7. sbit 可寻址位

sbit 同样是 C51 中的一种扩充数据类型，利用它可以访问单片机内部 RAM 中的可寻址位或特殊功能寄存器中的可寻址位。

sbit 的用途主要有如下两种：

（1）定义特殊功能寄存器的可寻址位

例如：

#include <reg51. h>	/＊包含头文件 reg51. h＊/
sbit P1_1＝P1^1；	/＊用 P1_1 表示 P1 口的第 1 位 P1.1＊/
sbit ac＝ACC^7	/＊ac 定义为累加器 A 的第 7 位＊/
sbit ov＝0xD0^2	/＊定义 ov 为 PSW 的溢出标志位 OV＊/

（2）采用字节寻址变量位

例如：

int bdata bi_var1；	/＊在位寻址区定义一个整型变量 bi_var1＊/
char bdata bc_array[3]	/＊在位寻址区定义一个字符型数组 bc_array＊/
sbit bi_var1_0＝bi_var1^15	/＊使用 bi_var1_0 访问 bi_var1 的 D15 位＊/
sbit bc_array05＝bc_array[0]^5	/＊使用 bc_array05 访问 bc_array[0]的 D5 位＊/

8. sfr 特殊功能寄存器

sfr 也是 C51 的扩充数据类型，占用一个内存单元，值域为 0～255。利用它可以访问 C51 单片机内部的所有特殊功能寄存器。

例如：

sfr P1＝0x90	/＊定义 P1 为特殊功能寄存器 P1，即 I/O 端口 P1＊/
P1＝255	/＊对 P1 端口所有引脚置 1＊/

51 单片机中的特殊功能寄存器和特殊功能寄存器的可寻址位，已被 sfr 和 sbit 定义在头文件 reg51. h 和 reg52. h 中，在程序的开头只需加上包含文件命令＃include<reg51. h>或＃include<reg52. h>即可使用。

9. sfr16 16 位特殊功能寄存器

sfr16 用于定义 51 单片机内部 RAM 的 16 位特殊功能寄存器，它占用 2 个内存单元，值域范围为 0～65535。

需要注意的是，使用 sfr16 定义 16 位特殊寄存器，该 16 位 SFR 必须是低字节在低地址单元，高字节在紧随其后连续的高地址单元。

例如：

sfr16 timer2＝0xCC；	/＊timer2 表示 52 子系列的定时/计数器 T2。其中，T2L 的地址为 CCH，T2H 的地址为 CDH＊/
sfr16 point16＝0x82；	/＊point16 表示 16 位数据指针 DPTR，DPL 地址为 82H，DPH 地址为 83H＊/
sfr16 timer0＝0x8A	/＊timer0 不表示定时/计数器 T0，因为 TL0、TH0 地址不连续＊/

需要注意的是：sbit、sfr 以及 sfr16 有别于其他的数据类型，其作用有点类似于宏定义命令＃define，这种定义 SFR 的关的语句通常置于程序的开头。

10. void 空类型

空类型长度为 0，它主要有两个用途：一是明确地表示一个函数不返回任何值；二是产生一个同一类型指针（可根据需要动态分配其内存空间）。

例如：

void * buffer；	/＊buffer 被定义为无值型指针＊/

12.1.5　存储类型和存储模式

定义变量时,除了指定其数据类型外,还必须指定该变量以何种方式定位在单片机的某一存储区中,否则便没有意义。在 C51 中对变量进行定义的一般格式如下:

[存储种类]数据类型[存储类型]变量名表;

其中"存储种类"和"存储类型"均是可选项。

变量存储类型与 MCS-51 单片机实际存储空间的对应关系如表 12-4 所示。

表 12-4　C51 编译器可识别的存储类型

存储类型	说明
data	直接寻址片内数据存储区(地址 00H~FFH,128B),访问速度快
bdata	可位寻址片内数据存储区(地址 20H~2FH,16B),允许位和字节混合访问
idata	间接寻址片内数据存储区(地址 00H~FFH,256B),由 MOV @Ri 访问
pdata	分页寻址片外数据存储区(256B),由 MOVX @Ri 访问
xdata	寻址片外数据存储区(64KB),由 MOVX @DPTR 访问
code	寻址程序存储区(64KB),由 MOVC @A+DPTR 访问

当使用存储类型 data、bdata 定义变量时,C51 编译器会将它们定位在片内数据存储器中。片内 RAM 是存放临时性传递变量和使用频率较高变量的理想场所。访问片内数据存储器(存储类型为 data、bdata、idata)比访问片外数据存储器(存储类型为 xdata、pdata)相对要快,因此可将经常使用的变量置于片内数据存储器,而将不经常使用或规模较大的数据置于片外数据存储器中。

例如:

```
char data var1;         /* 字符变量 var1 定位在片内 RAM */
bit bdata flags;        /* 位变量 flags 定位在片内 RAM 中的位寻址区 */
float idata x,y,z;      /* 浮点变量 x,y,z 定位在片内 RAM,且只能间接寻址访问 */
unsigned int pdata a;   /* 无符号整型变量 a 定位在片外 RAM,由 MOVX @Ri 访问 */
char code id[5];        /* 字符型一维数组 id[5]定位在 ROM,由 MOVC @A+DPTR 访问 */
```

如果在定义变量时省略存储类型,编译器则会自动默认存储类型。默认存储类型由 SMALL、COMPACT 和 LARGE 存储模式指令限制,如表 12-5 所示。

表 12-5　C51 存储模式及说明

存储类型	说明
SMALL	参数及局部变量放入可直接寻址的片内数据存储器(最大 128 字节,默认存储类型为 data)
COMPACT	参数及局部变量放入片外数据存储器的分页寻址区(最大 256 字节,默认存储类型为 pdata)
LARGE	参数及局部变量直接放入片外数据存储器(最大 64K 字节,默认存储类型为 xdata)

例如：

char var；

在 SMALL 存储模式下，var 被定位在 data 存储区；在 COMPACT 存储模式下，var 被定位在 pdata 存储区；而在 LARGE 模式下，var 被定位在 xdata 存储区中。

为提高程序执行效率和系统运行速度，建议在编写源程序时，把存储模式设定为SMALL，而一些需放在其他存储区的变量在定义时专门用 xdata、pdata、idata 等存储类型特殊声明。存储模式可在 C51 编译器选项中设置或在源程序开头加入预处理命令 ♯pragma SMALL。

12.1.6　变量的作用域

在上节已经讲过，在 C51 中，定义变量的一般格式为"［存储种类］数据类型［存储类型］变量名表；"，其中"存储种类"是指变量在程序执行过程中的作用范围。变量的存储种类有四种，分别为：自动（auto）、外部（extern）、静态（static）和寄存器（register）。

与 C 语言类似，C51 中所有变量都有自己的作用域，申明变量的类型不同，其作用域也不同。C51 语言中的变量，按照作用域的范围可分为两种，即局部变量和全局变量。

1. 局部变量

在一个函数内部定义的变量称作局部变量，也称为内部变量。这种变量的作用域是在定义它的函数或复合语句范围内。通俗一点说，局部变量只能在定义它的函数或复合语句内部使用，而不能在其他函数内使用这个变量。局部变量有如下特点：

① 在一个函数内部定义的变量是局部变量，只能在函数内部使用；

② 在主函数内部定义的变量也是局部变量，其他函数也不能使用主函数中的变量；

③ 形式参数是局部变量；

④ 在复合语句中定义的变量是局部于复合语句的变量，只能在复合语句块中使用；

⑤ 局部变量在函数被调用的过程中占有存储单元；

⑥ 不同函数中可以使用同名变量。在不同的作用域内，可以对变量重新进行定义。

2. 全局变量

全局变量也称为外部变量，它是在函数外部定义的变量。它不属于哪一个函数，它属于一个源程序文件。其作用域是整个源程序。

全局变量定义必须在所有的函数之外，且只能定义一次。其一般形式为：

［extern］数据类型 变量名表；

其中方括号内的 extern 可以省略不写。

例如：

int a，b；

等效于：

extern int a，b；

而全局变量说明出现在要使用该外部变量的各个函数内，在整个程序内，可能出现多次，全局变量说明的一般形式为：

extern 数据类型变量名表；

全局变量在定义时就已分配了内存单元，全局变量定义可作初始赋值，而全局变量说明不能再赋初始值,只是告诉 C51 编译器在本函数内要使用某外部变量。

全局变量特点如下:

① 在函数外部定义的变量是全局变量,其作用域是变量定义位置至整个程序文件结束。

② 使用全局变量,可增加函数间数据联系的渠道。全局变量可以将数据带入在作用域范围内的函数,也可以将数据带回在作用域范围内的其他函数。全局变量在程序中任何地方都可以更新,使用全局变量会降低程序的安全性。

③ 提前引用全局变量,需对全局变量进行说明,或称申明。

④ 使用程序中非本程序文件的外部变量,也要对使用的外部变量进行同上的申明,或用文件包含处理。

⑤ 若局部变量与外部变量同名,则在局部变量的作用域内,外部变量存在,但不可见,外部变量的作用被屏蔽。

⑥ 全局变量在程序运行过程中均占用存储单元。

⑦ 在编程时,原则上尽量少用全局变量;能用局部变量,不用全局变量,要避免局部变量全局化。

从变量的作用域原则出发,我们可以将变量分为全局变量和局部变量;换一个方式,从变量的生存期来分,可将变量分为动态存储变量及静态存储变量。

(1) 动态存储变量

动态存储变量可以是函数的形式参数、局部变量、函数调用时的现场保护和返回地址。

这些动态存储变量在函数调用时分配存储空间,函数结束时释放存储空间,所以也称自动变量。由于自动变量的作用域和生存期,都局限于定义它的个体内(函数或复合语句),因此不同的个体中允许使用同名的变量而不会混淆。即使在函数内定义的自动变量,也可与该函数内部的复合语句中定义的自动变量同名。

动态存储变量的定义形式为在变量定义的前面加上关键字"auto",例如:

auto int a,b,c;

"auto"也可以省略不写。事实上,我们已经使用的变量均为省略了关键字"auto"的动态存储变量。有时我们甚至为了提高速度,将局部的动态存储变量定义为寄存器型变量,定义的形式为在变量的前面加关键字"register",例如:

register int x,y,z;

这样一来的好处是:将变量的值无需存入内存,而只需保存在 CPU 内部寄存器中,以使速度大大提高。寄存器型变量只适用于局部变量,全局变量不行,也不能用"&"运算符取变量地址,一般不推荐采用这种方式。

(2) 静态存储变量

凡是用关键字 static 定义的变量称为静态存储变量。静态存储变量通常是在变量定义时就分定存储单元并一直保持不变,直至整个程序结束。按静态变量定义位置的不同,又分为全局静态变量和局部静态变量。

局部静态变量:在局部变量的说明前再加上 static 说明符就构成局部静态变量。例如:

static int a,b;

static float array[5]={1,2,3,4,5};

　　局部静态变量属于静态存储方式,它具有以下特点:

　　① 局部静态变量在函数内定义,但不像自动变量那样,当调用时就存在,退出函数时就消失。静态局部变量始终存在着,也就是说它的生存期为整个源程序;

　　② 局部静态变量的生存期虽然为整个源程序,但是其作用域仍与自动变量相同,即只能在定义该变量的函数内使用该变量。退出该函数后,尽管该变量还继续存在,但不能使用它;

　　③ 允许对构造类局部静态量赋初值。例如若未给数组赋以初值,则由系统自动赋以 0 值;

　　④ 对基本类型的局部静态变量若在说明时未赋以初值,则系统自动赋予 0 值。而对自动变量不赋初值,则其值是不定的。

　　根据局部静态变量的特点,可以看出它是一种生存期为整个源程序的量。虽然离开定义它的函数后不能使用,但如再次调用定义它的函数时,它又可继续使用,而且保存了前次被调用后留下的值。因此,当多次调用一个函数且要求在调用之间保留某些变量的值时,可考虑采用静态局部变量。虽然用全局变量也可以达到上述目的,但全局变量有时会造成意外的副作用,因此仍以采用局部静态变量为宜。

　　全局静态变量:全局变量(外部变量)的说明之前再冠以 static 就构成了静态的全局变量。全局变量本身就是静态存储方式,全局静态变量当然也是静态存储方式。这两者在存储方式上并无不同。这两者的区别仅在于非全局静态变量的作用域是整个源程序,当一个源程序由多个源文件组成时,非静态的全局变量在各个源文件中都是有效的。而全局静态变量则限制了其作用域,即只在定义该变量的源文件内有效,在同一源程序的其他源文件中不能使用它。由于全局静态变量的作用域局限于一个源文件内,只能为该源文件内的函数公用,因此可以避免在其他源文件中引起错误。

　　从以上分析可以看出,把局部变量改变为静态变量后是改变了它的存储方式即改变了它的生存期。把全局变量改变为静态变量后是改变了它的作用域,限制了它的使用范围。因此 static 这个说明符在不同的地方所起的作用是不同的。应予以注意。

　　为帮助理解变量的作用域,我们来看下面一段程序:

```
#include <stdio.h>
void a (void);    /* 函数原型 */
void b (void);    /* 函数原型 */
void c (void);    /* 函数原型 */
int x=1;          /* 全局变量 */
main()
{
    int x=5;    /* main 函数的局部变量 */
    printf("local x in outer scope of main is %d \n", x);
    {
        int x=7;/* 变量 x 的新作用域 */
        printf("local x in inner scope of main is %d \n", x);
    }  /* 结束变量 x 的新作用域 */
    printf("local x in outer scope of main is %d \n", x);
```

```
    a();      /*函数 a 拥有自动局部变量 x */
    b();      /*函数 b 拥有静态局部变量 x */
    c();      /*函数 c 使用全局变量 */
    a();      /*函数 a 对自动局部变量 x 重新初始化 */
    b();      /*静态局部变量 x 保持了其以前的值 */
    c();      /*全局变量 x 也保持其值 */
    printf("local x in main is %d \n\n", x);
    return 0；
}
void a(void)
{
    int x=25；     /*每次调用函数 a 时都会对变量 x 初始化 */
    printf("\nlocal x in a is %d after entering a \n", x);
    ++x;
    printf("local x in a is %d before exiting a \n", x);
}
void b(void)
{
    static int x=50；   /*只在首次调用函数 b 时对静态变量 x 初始化 */
    printf("\nlocal static x is %d on entering b \n", x);
    ++x;
    printf("local static x is %d on exiting b \n", x);
}
void c(void)
{
    printf("\nglobal x is %d on entering c \n", x);
    x*=10；
    printf("global x is %d on exiting c \n", x);
}
```

程序输出结果如下：

```
local x in outer scope of main is 5
local x in inner scope of main is 7
local x in outer scope of main is 5
local x in a is 25 after entering a
local x in a is 26 before exiting a
local static x is 50 on entering b
local static x is 51 on exiting b
global x is 1 on entering c
global x is 10 on exiting c
local x in a is 25 after entering a
local x in a is 26 before exiting a
local static x is 51 on entering b
local static x is 52 on exiting b
```

global x is 10 on entering c

global x is 100 on exiting c

local x in main is 5

12.2　C51 运算符

运算符就是完成某种特定运算的符号,表达式则是由运算符及运算对象所组成的具有特定含义的式子。C 语言是一种表达式语言,在任意一个表达式后面加一个分号";"就构成了一个表达式语句。由运算符和表达式可以组成 C 语言程序的各种语句。

12.2.1　运算符

运算符按其在表达式中与运算对象的关系,可分为单目运算符、双目运算符和三目运算符。单目运算符只需要一个运算对象,双目运算符要求有两个运算对象,三目运算符则要求有三个运算对象。

运算符按其在表达式中所起的作用,可分为赋值运算符、算术运算符、关系运算符、逻辑运算符、位运算符、复合运算符、条件运算符、逗号运算符等。

1. 赋值运算符

运算符"=",在 C 语言中它的功能是给变量赋值,称之为赋值运算符。赋值语句的一般格式如下:

变量名=表达式;

例如:

a=0xa6;　　　　　　/ * 将十六进制常数 0xa6 赋予变量 a * /

b=c=33;　　　　　　/ * 将十进制常数 33 同时赋值给变量 b,c * /

f=a+b;　　　　　　/ * 将表达式 a+b 的值赋给变量 f * /

由此可知,赋值语句是先计算出"="右边的表达式(亦可以为了赋值表达式)的值,然后将得到的值赋给左边的变量。

在赋值运算中,当"="两边的数据类型不一致时,系统自动将右边表达式的值转换成左侧变量的类型,再赋给该变量,转换规则如下:

① 实型数据赋给整型变量时,舍弃小数部分;

② 整型数据赋给实型变量时,数值不变,但以浮点数形式存储在变量中;

③ 长字节整型数据赋给短字节整型变量时,实行截断处理;

④ 短字节整型数据赋给长字节整型变量时,进行符号扩展。

2. 算术运算符

算术运算符包括基本算术运算符和增量运算符。其中取正、取负和增量运算符是单目运算符。

(1) 基本算术运算符

+:加法或取正运算符

-:减法或取负运算符

* :乘法运算符

/ :除法运算符

％：取余(模)运算符

对于除法运算符：若两个整数相除，结果为整数。如 15/2 的值为 7。

对于取余运算符：要求％两侧的运算对象均为整型数据，所得结果的符号与左侧运算对象的符号相同。如－15％2 的值为－1。

(2) 增量运算符

＋＋：自增运算符

－－：自减运算符

增量运算符只能用于变量，不能用于常量和表达式，例如：

x＝m＋＋;　　　/＊将 m 的值赋给 x 后，m 加 1＊/

x＝＋＋m;　　　/＊m 先加 1，再将新值赋给 x＊/

基本算术运算符的结合性为自左至右(左结合性)，增量运算符为自右至左(右结合性)。优先级顺序为先乘除模，后加减，括号最优先。

如果一个算术运算符两侧的数据类型不同，则必须进行数据类型转换。一是强制类型转换，格式为：(数据类型名)(表达式)，如：(int)(x＋y)将 x＋y 强制转换成 int 型；二是自动类型转换，转换规则如下：

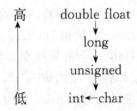

3. 关系运算符

关系运算即比较运算，关系运算符是比较两个表达式的大小关系。C51 提供六种关系运算符。

＜ 小于

≤ 小于等于

＞ 大于

≥ 大于等于

＝＝等于

！＝不等于

关系表达式的值为逻辑值：真和假。C51 中用 1 表示真，0 表示假。若关系表达式的值为真则返回 1，否则为假则返回 0。

关系运算符的优先级关系是：＜、≤、＞、≥优先级相同，为高优先级；＝＝、！＝优先级相同，为低优先级。关系运算符的优先级低于算术运算符而高于赋值运算符的优先级。

4. 逻辑运算符

逻辑运算符用于求条件式的逻辑值，用逻辑运算符将关系表达式或逻辑量连接起来就构成逻辑表达式，逻辑表达式的值为逻辑量，即真或假。C51 提供三种逻辑运算符。

&& 逻辑与

‖ 逻辑或

! 逻辑非

　　它们的优先级关系是:! 优先级最高,且高于算术运算符;||优先级最低,低于关系运算符,且高于赋值运算符。

　　如:a＝7,b＝6,c＝0 时,则:

　　! a 为假,! c 为真。

　　a&&b 为真,! a&&b 为假,b||c 为真。

　　(a>0)&&(b>3)为真,(a>8)&&(b>0)为假。

5. 位运算符

　　C51 支持按位运算,这与汇编语言的位操作指令有些类似。位运算的操作对象只能是整型和字符型数据,不能是实型数据。C51 提供以下六种位运算符:

　　& 按位与,相当于汇编 ANL 指令

　　| 按位或,相当于汇编 ORL 指令

　　ˆ 按位异或,相当于汇编 XRL 指令

　　～ 按位取反,相当于 CPL 指令

　　<< 按位左移,相当于 RL 指令

　　>> 按位右移,相当于 RR 指令

　　要注意区别位运算符与逻辑运算符的不同,例如:x＝7,y＝5,则 x&y 的值为 5;x＝0x9f,y＝0xad,x|y 的值为 0xbd;x＝0x10,y＝0x35,xˆy 的值为 0x25;x＝0x33,～x 的值为 0xcc;x＝0xea,x<<2 的值为 0xa8,x<<2 的值为 0x3a。

　　位运算的作用是按位对变量进行运算,但并不改变参与运算的变量的值,如果要改变变量的值,则要利用赋值运算。移位运算后,一端的位被“挤出”,而另一端空出的位以 0 补之,并不是循环移位。如要实现循环移位可通过如下方法实现:

　　循环右移:a＝(a>>n)|(a<<(16−n));

　　循环左移:a＝(a<<n)|(a>>(16−n))。

6. 指针和地址运算符

　　指针是 C 语言中十分重要的概念,也是学习 C 语言的难点之一。C51 语言同样提供两个专门用于指针和地址的运算符:

　　* 取内容

　　& 取地址

　　取内容和取地址运算的一般形式分别为:

　　变量名＝ * 指针变量

　　指针变量＝& 目标变量

　　取内容运算是将指针变量所指向的目标变量的值赋给左边的变量,取地址运算是将目标变量的地址赋给左边的指针变量。要特别注意的是,指针变量中只能存放地址(也就是指针型数据),一般情况下不要将非指针类型的数据赋值给一个指针变量。

7. 条件运算符

　　条件运算符“?”是一个三目运算符,即它要求有三个运算对象。它可以把三个表达式连接构成一个条件表达式。条件表达式的一般形式如下:

　　逻辑表达式? 表达式 1:表达式 2

　　其执行过程是:先求逻辑表达式(包括关系表达式)的值,如果为真,则求表达式 1 的值并把它作为整个表达式的值;如果逻辑表达式的值为假,则求表达式 2 的值并把它作为整个表达式的值。

例如求 a、b 两者中的最小值，可以这样实现：

〈if(a<b)

　　　min＝a；

else

　　　min＝b；〉

而用条件表达式实现则非常简单明了：

min＝(a<b)? a：b；

8. 逗号运算符

逗号运算符"，"用于将多个表达式串连在一起，形成逗号表达式。逗号表达式的一般形式为：

表达式 1，表达式 2，表达式 3，……，表达式 n

程序运行时，从左到右依次计算出各个表达式的值，而整个表达式的值等于最右边"表达式 n"的值。在实际的应用中，大部分情况下，使用逗号表达式的目的只是为了分别得到名个表达式的值，而并不一定要得到和使用整个逗号表达式的值。要注意的还有，并不是在程序的任何位置出现的逗号，都可以认为是逗号运算符。如函数中的参数，同类型变量的定义中的逗号只是用来间隔之用而不是逗号运算符。

9. sizeof 运算符

sizeof 是用来求数据类型、变量或是表达式的字节数的一个运算符，但它并不像"＝"之类的运算符那样在程序执行后才能计算出结果，它是直接在编译时产生结果的。它的语法如下：

sizeof（数据类型）

sizeof（表达式）

例如：

sizeof(int)的值为 2。

{　float f；

　　inti；

　　i＝sizeof(f)；}

i 的值为 4。

10. 复合赋值运算符

复合赋值运算符就是在赋值运算符"＝"的前面加上其他运算符。复合运算的一般形式为：

变量　复合赋值运算符　表达式

其含义就是变量与表达式先进行运算符所要求的运算，再把运算结果赋值给参与运算的变量。其实这是 C 语言中简化程序代码的一种方法，凡是二目运算都可以用复合赋值运算符去简化表达。例如：

a＋＝56 等价于 a＝a＋56

y/＝x＋9 等价于 y＝y/(x＋9)

a<<＝4 等价于 a＝a<<4

很明显采用复合赋值运算符会降低程序的可读性，但这样却可以使程序代码简单化，并能提高编译的效率。对于初学 C 语言的朋友在编程时最好还是根据自己的理解力和习惯去使用程序表达的方式,不要一味追求程序代码的短小。

12.2.2　运算符的优先级与结合性

当一个表达式中有多个运算符时,C51 编译器将按照一定的优先级及结合性求解。如果在一个表达式中,各个运算符的优先级相同,则计算时按规定的结合方向进行。计算时,按"从左至右"方向计算的称为"左结合性",按"从右至左"方向计算的称为"右结合性"。表 12-6 列出了 C51 运算符的优先级及结合性,表中优先级从上往下逐级降低,同一行的优先级相同。

表 12-6　C51 运算符的优先级及结合性

优先级	运算符	结合性
1(最高)	( )(括号)、[ ](数组下标)、->、.(两种结构成员)	左结合性
2	!(逻辑非)、~(按位取反)、++(自增)、--(自减)、+(正号)、-(负号)、*(指针)、&(取地址)、(类型)(类型转换)、sizeof(字节长度)	右结合性
3	*(乘)、/(除)、%(取余)	左结合性
4	+(加)、-(减)	左结合性
5	<<(左移)、>>(右移)	左结合性
6	<(小于)、<=(小于等于)、>(大于)、>=(大于等于)	左结合性
7	==(等于)、!=(不等于)	左结合性
8	&(按位与)	左结合性
9	^(按位异或)	左结合性
10	|(按位或)	左结合性
11	&&(逻辑与)	左结合性
12	||(逻辑或)	左结合性
13	?:(条件运算)	右结合性
14	=(赋值)、+=、-=、*=、/=、&=、^=、|=、<<=、>>=、…(复合赋值)	右结合性
15(最低)	,(逗号运算)	左结合性

12.3　C51 语句

语句就是向 CPU 发出的操作指令。一条 C51 语句经过编译器编译之后可以生成若干条机器指令。C51 程序由数据定义和执行语句两大部分组成,一条完整的语句必须以分号";"结束。

12.3.1　说明语句

说明语句用来说明变量的数据类型和赋初值。

例如：

```
int sum=0;              /*定义一个整型变量 sum,并赋初值 0*/
char forth[6]="hello";  /*定义一个字符数组,并赋初值 hello*/
float f;                /*定义一个浮点型变量 f*/
sfr P1=0x90;            /*定义 P1 为特殊功能寄存器,地址为 90H*/
sbit CY=0xD7;           /*定义 CY 为可寻址位,位地址为 D7H*/
bit flag;               /*定义位变量 flag*/
```

12.3.2　表达式语句

表达式语句由表达式加上分号";"组成。其一般形式为：

表达式；

执行表达式语句就是计算表达式的值。

例如：

```
x=y+z;              /*将 y+z 的值赋给 x*/
y+z;                /*y 加 z,但计算结果不能保留*/
i++;                /*i 值增 1*/
k=com_getchar();    /*将函数 com_getchar 返回值赋给 k*/
```

表达式语句也可以仅由一个分号";"构成,这种语句称为空语句,它是表达式语句的一种特例。例如在用 while 语句构成的循环语句后面加一个分号,就形成一个不执行其他操作的空循环体。这种空语句在等待某个事件发生时特别有用。

12.3.3　复合语句

复合语句是由若干条语句组合而成的一种语句,用一对花括号"{}"将若干条语句组合在一起而形成的一种功能块。复合语句不需要以分号";"结束,但它内部的各条单语句仍需以分号";"结束。

例如：

```
{
x=y+z;
a=b+c;
printf("%d%d", x, a);
}
```

是一条复合语句。

12.3.4　条件语句

条件语句又称为分支语句,是由关键字 if 构成的语句。条件语句的一般形式为：

```
if(表达式)
    语句 1；
else
    语句 2；
```

上述结构表示:如果表达式的值为真(非 0),则执行语句 1,执行完语句 1 跳过语句 2 继续向下执行;如果表达式的值为假(0),则跳过语句 1 直接执行语句 2。

例如：

```
#include<reg51.h>
void main()
{
    unsigned char a,b;
    a=3;
    b=5;
    if(a>b)P1=0xff;
    else P1=0x00;
}
```

运行结果：P1 口输出 00H。由于这里没有构成循环，所以程序只会执行一次。

条件语句中的"else 语句 2"可以缺省，此时条件语句变成"if(表达式)语句 1；"表示若表达式的值为真则执行语句 1，否则跳过语句 1 继续往下执行。

如果语句 1 或语句 2 有多于一条的语句要执行，必须使用"{ }"将这些语句包括在其中，构成复合语句。

条件语句可以嵌套，此时 else 语句一般与最近的一个 if 语句相匹配，如果要改变匹配情况，必须使用花括号"{ }"来改变。

【例 12-1】　单片机 P1 口的 P1.0 和 P1.1 各接一个开关 S1、S2，P1.4、P1.5、P1.6 和 P1.7 各接一只发光二极管。由 S1 和 S2 的四种不同状态对应四只发光二极管的点亮状态。

C51 参考源程序如下：

```
#include "reg51.h"
void main()
{
    unsigned char a;
    a=P1;                  /*读入 P1 口状态*/
    a=a&0x03;              /*屏蔽高 6 位*/
    if(a==0)P1=0x13;       /*S1、S2 被按下，点亮 LED1*/
    else if(a==2)P1=0x23;  /*S1 被按下，点亮 LED3*/
    else if(a==1)P1=0x43;  /*S2 被按下，点亮 LED2*/
    else P1=0x83;          /*S1、S2 均未被按下，点亮 LED4*/
}
```

12.3.5　开关语句

开关语句主要是用来实现多方向分支的语句。虽然采用条件语句也可以实现，但当分支较多时，会使条件语句的嵌套层次太多，程序冗长，可读性太低。开关语句直接处理多分支选择，可使程序结构清晰，使用方便。

开关语句是用关键字"switch"构成的，一般形式如下：

```
switch(表达式)
{
    case 常量表达式 1：语句 1；break；
    case 常量表达式 2：语句 2；break；
}
```

...

  case 常量表达式 n;语句 n;break;

  default:语句 n+1；

}

  其执行过程是:将 switch 后面的表达式的值与 case 后面各个常量表达式的值逐个进行比较,若与其中一个相等,则执行相应 case 后面的语句,然后执行 break 语句跳出 switch 语句,若不与任何一个常量表达式相等,则执行 default 后面的语句。

【例 12 - 2】　将例 12 - 1 改用 switch/case 语句实现。

C51 参考源程序如下:

```
#include "reg51.h"
void main()
{
    unsigned char a;
    a=P1;                /*读入 P1 口状态*/
    a=a&0x03;
    switch(a)
    {
        case 0：P1=0x13; break;
        case 1：P1=0x43; break;
        case 2：P1=0x23; break;
        default：P1=0x83;
    }
}
```

12.3.6　循环语句

  C51 循环种类有当型循环和直到型循环两种,有 goto、for、while、do-while 四种实现方法。但 goto 语句在循环结构中不常用,因为它容易使程序结构层次紊乱,可读性降低,但在多层嵌套退出时用 goto 语句则相对比较合理。

  goto 语句是一种无条件转移语句,其一般形式为:

goto 语句标号;

对于 goto 语句我们不作详细讲述,在此我们重点关注 for、while 和 do-while 语句。

1. for 循环语句

for 语句通常用来实现直到型循环,其一般形式为:

for(表达式 1;表达式 2;表达式 3)语句;

本语句执行过程为:① 求解表达式 1;

② 求解表达式 2,若其真为非 0,则执行内嵌语句;若其值为 0,则退出循环;

③ 求解表达式 3,重新回到(2)。

for 语句最简单的应用形式是:

for(循环变量初始化;循环条件;循环变量修改)语句;

【例 12 - 3】　求 1～100 的累加和。

main()

```
{
   int sum=0;       /*定义累加和变量 sum,并初始化为 0*/
   int n;           /*定义循环变量 n*/
   for(n=1;n<=100;n++)
   {
   sum=sum+n;
   }
}
```

for 语句中的三个表达式可以缺省,若三个表达式全部缺省,则相当于一个死循环。

【例 12-4】 将例 12-1 改用 for 循环来实现。

```
#include<reg51.h>
void main()
{
unsigned char a;
   for(a=0;a<=3;a++){
     a=P1;
     a=a&0x03;
     switch(a){
        case 0:P1=0x13;break;
        case 1:P1=0x43;break;
        case 2:P1=0x23;break;
        case 3:P1=0x83;break;}
   }
}
```

2. while 循环语句

while 语句用来实现当型循环,其一般形式为:

while(表达式)语句;

当表达式的值为真,则执行语句,直到表达式值为假,才退出 while 循环。

【例 12-5】 将例 12-1 改用 while 语句实现。

```
#include <reg51.h>
void main()
{
unsigned char a;
   while(1)
   {                /*条件表达式为(1),即永远为真,构成死循环*/
     a=P1;
     a=a&0x03;
     switch(a){
        case 0:P1=0x13;break;
        case 1:P1=0x43;break;
        case 2:P1=0x23;break;
        case 3:P1=0x83;break;}
```

```
    }
}
```

3. do-while 循环语句

do-while 语句用来实现直到型循环,其一般格式为:

do 语句;while(表达式)

do-while 语句与 while 语句的不同之处在于,它先执行循环体的语句,然后再判断表达式的值,如果为真则继续循环,直到表达式的值为假才退出循环。

【例 12-6】 将例 12-1 用 do-while 语句实现。

```
#include <reg51.h>
void main()
{
unsigned char a;
    do{
        a=P1;
        a=a&0x03;
        switch(a){
            case 0:P1=0x13;break;
            case 1:P1=0x43;break;
            case 2:P1=0x23;break;
            case 3:P1=0x83;break;}
    }while(1);
}
```

4. break 和 continue 语句

在上节介绍 switch 开关语句中我们已经用到 break 语句,采用 break 语句可以跳出 switch 开关语句而执行 switch 以后的语句。此外,break 语句还可以用于跳出循环语句(通常与 if 语句一起,实现满足一般条件时便跳出循环),但是,对于多重循环,break 语句只能跳出它所处的那一层循环。break 语句只能用于开关语句和循环语句中,它是一种具有特殊功能的无条件转移语句。

在循环结构中还可以使用一种中断语句 continue,它的功能是跳过循环体中下面尚未执行的语句而强制执行下一次循环。

12.4　C51 函数

12.4.1　函数的分类与定义

1. C51 函数分类

函数是 C 源程序的基本模块,通过对函数模块的调用实现特定的功能。C 语言中的函数相当于汇编语言的子程序。

可从不同的角度,对 C 语言函数进行分类。

(1) 从函数定义的角度看,函数可分为库函数和自定义函数两种。

库函数由 C51 编译系统为用户提供的一系列标准函数,用户无需定义即可直接调用,但一般需要在程序开始处通过♯include命令包含相应的头文件。

自定义函数是由用户根据需要,遵循C51语言的语法规则编写的函数。

(2)从函数参数的形式看,可将函数分为有参函数和无参函数两种。

无参函数指函数定义、函数说明及函数调用中均不带参数,主调函数和被调函数之间不进行参数传送。一般用来完成一个指定的功能。

有参函数指在函数定义及函数说明时带有参数,该参数称为形式参数(或称形参)。在函数调用时给出的参数,称为实际参数(或称实参)。进行函数调用时,主调函数将把实际参数的值传送给形式参数,供被调函数使用。

2. C51 函数定义

C51 函数定义格式如下:

〔函数类型〕函数名(〔形式参数列表〕)〔模式〕〔再入〕〔中断 n〕〔using m〕
{
    函数体;
}

其中〔 〕为可选项,各部分含义如下:

(1)函数类型

函数类型是指函数返回值的类型。函数返回值的类型可以是 C 语言的任何数据类型,当不指明函数类型时,系统默认为 int 型。如函数不需要返回值,函数类型能写作"void"表示该函数没有返回值。需要注意的是函数体返回值的类型一定要和函数类型一致,否则可能会造成错误。

(2)函数名

函数名是一个标识符,是 C 语言函数定义中唯一不可省略的部分,用于标识函数,并用该标识符调用函数。另外,函数名本身也有值,它代表了该函数的入口地址,使用指针调用该函数时,将用到此功能。

函数名的定义在遵循 C 语言变量命名规则的同时,不能在同一程序中定义同名的函数,否则将会造成编译错误(同一程序中是允许有同名变量的,因为变量有全局和局部变量之分)。

(3)形式参数列表

它指调用函数时要传入到函数体内参与运算的变量,是用逗号分隔的一组变量说明,指出每一个形式参数的类型和名称,当函数被调用时,接受来自主调函数的数据,确定各参数的值。形式参数可以为一个、几个或没有,当不需要形式参数也就是无参函数,括号内能为空或写入"void"表示,但括号不能少。

(4)模式

它决定函数的参数和局部变量的存储模式,可为 small、compact 或 large。如没有指出存储模式则使用当前的编译模式。

(5)再入

关键字 reentrant 可将函数定义为再入函数(或称可重入函数)。再入函数可以递归调用,也可以同时被多个函数调用,它经常用于实时应用或中断代码和非中断代码必须共用一个函数的情况。

（6）中断 n

用来定义该函数是一个中断服务函数。

（7）using m

指定函数使用哪组工作寄存器，m 的取值为 0～3。

（8）函数体

函数体是放在一组花括号中的语句。函数体一般包括声明部分和执行部分，声明部分主要用于定义函数中所使用的局部变量，而执行部分则主要使用程序的 3 种基本结构进行设计。函数内定义的变量不可以与形参同名。

当函数体中不包含任何内容时称为空函数。在程序中调用空函数时，实际上什么操作也没有做，即空函数不起任何作用。但是，空函数在程序设计过程中是很有用的。程序设计往往是在建立一个程序框架，程序的功能由各函数分别实现。但在开始时，一般不可能将所有的函数都设计好，只能将一些最重要、最基本的函数设计出来，而对一些次要的函数在程序设计的后期再补充。因此，在程序设计的开始阶段，为了程序的完整性，用一些空函数先放在那里。由此可以看出，在程序设计初期，利用空函数可使程序结构清楚，可读性好，以后扩充功能也比较方便。

12.4.2　函数的调用和返回

1. 函数的调用

函数调用的形式为：

函数名（实际参数列表）；

这里的实参和函数定义的形参应一一对应，即数目相等，类型一致。对于无参函数的调用当然也就没有实参列表。

函数调用一般有如下三种情况：

（1）函数调用语句：即把函数调用作为一个语句。

如：

fun1（）；

（2）被调函数作为表达式的一个运算对象：将函数调用与其他运算对象一起参与运算。此被调函数一定有返回值，而且参与运算的是被调函数的返回值。

如：

mid＝（max(a,b)＋min(a,b)）/2；

（3）被调函数作为另一个被调函数的实际参数。

如：

m＝max(a,get(a,b))；

2. 函数的返回

被调函数执行完毕后返回主调函数。无参函数一般只完成一个特定的操作，如延时函数、应答信号函数等，调用无参函数不会带回任何返回值。而很多情况调用一个函数可能是为了实现一定的数据运算或处理的功能，这时运算或处理的结果必须返回给主调函数，这就涉及有参函数的返回值。

return 是较常用来返回函数值的语句，其语法格式为：

return 表达式；

或者为：

return(表达式)；

该语句的功能是计算表达式的值,并返回给主调函数。在函数中允许有多个 return 语句,但每次调用只能有一个 return 语句被执行,因此只能返回一个函数值。

若要返回多个值则 return 语句不能满足要求,这时可以采用数组或指针作为函数参数的传递。

3. 被调函数的声明

在主调函数中调用某函数之前应对该被调函数进行说明(声明),这与使用变量之前要先进行变量说明是一样的。在主调函数中对被调函数作说明的目的是使编译系统知道被调函数返回值的类型,以便在主调函数中按此种类型对返回值作相应的处理。

如果被调函数出现在主调函数之后,在主调函数前应进行被调函数声明。被调函数声明的一般形式为：

返回值类型 被调函数名(形参列表)；

例如：

int max(int a, int b)；

如果被调函数是库函数,不需要再作说明,但必须把该函数的头文件用 include 命令包含在源文件前部。

12.4.3　中断服务函数

中断系统十分重要,它是 C51 单片机实时处理能力的一个重要手段。C51 编译器允许通过 interrupt 关键字定义中断服务函数。

定义中断服务函数的一般格式如下：

void 函数名(void) interrupt n [using m]

{

　　函数体语句

}

interrupt 指明这是一个中断服务函数。其中,"n"(0~31)为中断号,分别对应不同的中断源和中断入口地址,其对应关系如表 12-7 所示。

表 12-7　中断号、中断源与中断入口地址的关系

中断号 n	中断源	中断入口地址
0	外部中断 0	0003H
1	定时/计数器 0	000BH
2	外部中断 1	0013H
3	定时/计数器 1	001BH
4	串行口	0023H

using m 是一个可选项,它指明该中断服务函数使用的工作寄存器组。"m"(0~3)分别对应 0 组~3 组工作寄存器。当一个中断服务函数指定工作寄存器组时,所有被中断调用的函数都必须使用同一组工作寄存器,否则参数传递将会发生错误,所以一般不设定

using m,除非保证中断服务函数中未调用其他函数。

12.4.4　库函数

C51 的强大功能及高效率的重要体现之一在于其提供了丰富的可直接调用的库函数。使用库函数使程序代码简单、结构清晰、易于调试和维护。

1. 本征库函数

C51 提供的本征库函数在编译时直接将固定的代码插入当前行,而不是用 ACALL 或 LCALL 指令调用,这样就大大提高了程序执行的效率。而非本征库函数则必须由 ACALL 或 LCALL 调用。

C51 的本征库函数只有 9 个,数量虽少,但编程时十分有用。

① _crol_,_cror_:将 char 型变量循环左(右)移指定位数后返回。

② _irol_,_iror_:将 int 型变量循环左(右)移指定位数后返回。

③ _lrol_,_lror_:将 long 型变量循环左(右)移指定位数后返回。

④ _nop_:相当于插入汇编空操作指令 NOP。

⑤ _testbit_:相当于汇编 JBC 位条件转移指令,测试该位变量并跳转同时清除。

⑥ _chkfloat_:测试并返回源点数状态。

使用上述函数时,源程序开关必须利用 include 命令包含 intrins. h 头文件。

例如:

```
#include<intrins. h>
main()
{
    unsigned int y;
    y=0x00ff;
    y=_irol_(y,4);/* y=0x0ff0 */
}
```

2. 几类重要的库函数

(1) 专用寄存器文件 reg51. h、reg52. h

例如 8031、8051 均为 reg51. h,其中包括了所有 8051 的 SFR 及其位定义,reg52. h 中包括了所有 8052 的 SFR 及其位定义。一般 C51 源程序都必须包括 reg51. h 或 reg52. h。

(2) 绝对地址文件 absacc. h

该文件中实际只定义了几个宏,以确定各存储空间的绝对地址。

(3) 动态内存分配函数,位于 stdlib. h 中

(4) 缓冲区处理函数,位于 string. h 中

其中包括拷贝、比较、移动等函数如:memccpy memchr memcmp memcpy memmove memset。这样很方便地对缓冲区进行处理。

(5) 输入/输出流函数,位于 stdio. h 中

输入/输出流函数通 8051 的串口或用户定义的 I/O 口读写数据,缺省为 8051 串口,如要修改,比如改为 LCD 显示,可修改 lib 目录中的 getkey. c 及 putchar. c 源文件,然后在库中替换它们即可。

12.5 C51 指针

指针是 C 语言的一个重要概念,也是 C 语言的重要特色之一。C51 支持一般指针和基于存储器的指针两类。

12.5.1 一般指针

一般指针的定义形式为:

数据类型 ＊[存储类型]指针变量名;

一般指针占三个字节。第一个字节为存储类型编码,它标识指针指向的变量的存储类型,第二和第三个字节分别存放该指针的高位和低位地址偏移量。

表 12-8 存储类型与编码值

存储类型	idata	xdata	pdata	data	code
编码值	1	2	3	4	5

例如:

```
int * pz;              //定义一个指向整型变量的一般指针 pz
unsigned char * pt;    //定义一个指向无符号字符型变量的一般指针 pt
```

在定义一般指针时,还可以通过 data、idata、pdata、xdata 等关键字指定指针变量本身的存储器空间。

例如:

```
char * datastr;        //定义指向字符型变量的指针 str,指针本身在 data 区
int * xdata ptr;       //定义指向整型变量的指针 ptr,指针本身在 xdata 区
```

12.5.2 基于存储器的指针

基于存储器的指针是在定义一个指针变量时,指定它所指向的变量的存储类型。一般定义形式为:

数据类型[存储类型 1]＊[存储类型 2]指针变量名;

基于存储器的指针不需要用来存放它所指向的变量的存储类型编码(在指针定义时已明确指定),它的长度为 1 字节(当所指向的变量存储类型为 data、idata、bdata、pdata 时)或 2 字节(当所指向的变量存储类型为 xdata、code 时)。与一般指针相比,其长度更短,因此程序执行效率更高。

例如:

```
char data * str;       //定义指向 data 区 char 型变量的指针 str
int xdata * num;       //定义指向 xdata 区 int 型变量的指针 num
```

与一般指针类型相比,也可以为基于存储器的指针指定本身的存储空间,例如:

```
char data * xdata str;     //定义指向 data 区 char 型变量指针 str,本身在 xdata 区
int xdata * data num;      //定义指向 xdata 区 int 型变量指针 num,本身在 data 区
long code * idata pow;     //定义指向 code 区 long 型变量指针 pow,本身在 idata 区
```

12.6 C51 访问绝对地址

C51 单片机经常要对存储器地址或 I/O 端口直接操作,C51 提供了多种访问绝对地址

的方法,我们需要根据具体情况灵活应用。

12.6.1　使用指针访问绝对地址

利用指针,尤其是基于存储器的指针可实现在 C51 程序中对任意指定的绝对地址进行操作。例如:

```
void test_memory(void)
{
    unsigned char idata ivar1;        //在 idata 区定义一个无符号字符型变量 ivar1
    unsigned char xdata * xdp;        //定义一个指向 xdata 区无符号字符型变量指针 xdp
    char data * dp;                   //定义一个指向 data 区字符型变量指针 dp
    unsigned char idata * idp;        //定义一个指向 idata 区无符号字符型变量指针 idp
    xdp=0x1000;                       //xdp 指针指向 xdata 区绝对地址 1000H
    * xdp=0x5a;                       //数据 5AH 送 xdata 区 1000H 单元
    dp=0x61;                          //dp 指针指向 data 区绝对地址 61H
    * dp=0x23;                        //数据 23H 送 data 区 61H 单元
    idp=&ivar1;                       //idp 指针指向 idata 区变量 ivar1
    * idp=0x16;                       //等价于 ivar1=0x16;
}
```

12.6.2　使用预定义宏访问绝对地址

C51 编译器提供了一组宏定义用来对 C51 单片机的绝对空间地址访问,这些预定义宏包含在 absacc.h 文件中。

预定义宏主要有:CBYTE、DBYTE、PBYTE、XBYTE、CWORD、DWORD、PWORD、XWORD。其中,CBYTE 以字节形式对 code 区寻址,DBYTE 以字节形式对 data 区寻址,PBYTE 以字节形式对 pdata 区寻址,XBYTE 以字节形式对 xdata 区寻址,CWORD 以字形式对 code 区寻址,DWORD 以字形式对 data 区寻址,PWORD 以字形式对 pdata 区寻址,XWORD 以字形式对 xdata 区寻址。例如:

```
# include <absacc. h>
# include <reg51. h>
# define uchar unsigned char
# define uint unsigned int
void main (void)
{
    uint ui_var1;
    uchar uc_var1;
    ui_var1=XWORD[0x0002];        //访问外部 RAM 0002H、0003H 地址内容
    uc_var1=XBYTE[0x0002];        //访问外部 RAM 0002H 地址内容
    ……
    while (1);
}
```

12.6.3　使用扩展关键字_at_访问绝对地址

使用 C51 扩展关键字_at_对指定的存储器空间的绝对地址进行定位,一般格式如下:

〔存储类型〕数据类型 标识符 _at_ 地址常数

其中,存储类型为 idata、data、xdata 等 C51 能识别的存储类型关键字,如果省略该项,则按 SMALL、COMPACT、LARGE 编译模式规定的默认存储器类型确定变量的存储空间。数据类型除了可用 char、int、long、float 等(bit 型变量除外)基本数据类型外,还可采用数组、结构等构造数据类型。地址常数规定变量的绝对地址,必须位于有效的存储器空间之内。使用_at_定义的变量只能为全局变量,且不能被初始化。

例如:

xdata unsigned int addr1 _at_ 0x8300;

无符号整型变量 addr1 定位在 xdata 区 8300H 单元。

【例 12-7】　分别使用三种访问绝对地址方法编写下面三个函数。

(1)将起始地址为 3000H 的片外 RAM 的 16B 内容送入起始地址为 10000H 的片外 RAM 中。

(2)将起始地址为 3000H 的片外 RAM 的 16B 内容送入起始地址为 30H 的片内 RAM 中。

(3)将起始地址为 3000H 的 ROM 的 16B 内容送入起始地址为 30H 的片内 RAM 中。

C51 源程序如下:

```
#include <reg51.h>
#include <absacc.h>
#define uchar unsigned char
#define uint unsigned int
code uchar codedata[16] _at_ 0x3000;
idata uchar idatadata[16] _at_ 0x30;
/*使用指针*/
void movxx (uchar *s_addr,uchar *d_addr,uchar lenth)
{
uchar i;
    for(i=0;i<lenth;i++){
        d_addr[i]=s_addr[i];}
}
/*使用预定义宏*/
void movxd (uint s_addr,uchar d_addr,uchar lenth)
{
    uchar i;
    for(i=0;i<lenth;i++){
        DBYTE[d_addr+i]=XBYTE[s_addr+i];
    }
}
/*使用扩展关键字_at_*/
```

```
void movcd(uchar lenth)
{
    uchar i;
    for(i=0;i<lenth;i++){
        idatadata[i]=codedata[i];}
}
/* 主函数完成三种功能 */
void main()
{
    uchar xdata * xram1;
    uchar xdata * xram2;
    xram1=0x3000;
    xram2=0x1000;
    movxx(xram1,xram2,16);          /* 使用指针,完成(1) */
    movxd(0x3000,0x30,16);          /* 使用预定义宏,完成(2) */
    movcd(16);                       /* 使用扩展关键字_at_,完成(3) */
    while(1);
}
```

本章小结

　　用 C51 程序设计语言进行单片机软件编程,可以大大缩短开发周期、增强程序的可读性、便于系统维护与升级。

　　本章第一节介绍了 C51 语言的基础知识,包括:标识符、关键字、常量与变量、数据类型、存储类型和存储模式以及变量的作用域等知识;第二节讲述了 C51 的运算符及其优先级与结合性;第三节介绍 C51 的各种说明语句、表达式语句、复合语句、条件语句、switch 语句及循环语句;第四节讲授 C51 函数的定义、函数调用和返回、中断服务函数的编写以及常用库函数;第五节讲述了 C51 语言的指针,要求重点掌握基于存储器的指针;第六节介绍C51 访问绝对地址的三种方法:基于存储器的指针、预定义宏和扩展关键字_at_。

习题 12

12-1　在单片机应用开发系统中,C51 语言与汇编语言相比较,前者有哪些优势?

12-2　C51 有几种关键运算符? 请列举。

12-3　C51 编程为何要尽量采用无符号的字节变量或位变量?

12-4　为了加快程序的运行速度,C51 中频繁操作的变量应定义在哪个存储区?

12-5　如何定义 C51 的中断函数?

12-6　C51 语言中,用哪些语句可以实现无限循环?

12-7　判断下列关系表达式或逻辑表达式的运算结果为 1 或 0。

(1) 10==9+1　　　(2) 0&&0　　　(3) 10&&8　　　(4) 8||0

(5) !(3+2)　　　　(6) 10>=8&&9<=10

12-8 设 x=4,y=8,说明下列各题运算后,x,y 和 z 的值分别是多少?

(1) z=(x++)*(--y) (2) z=(++x)-(y--)

(3) z=(++x)*(--y) (4) z=(x++)+(y--)

12-9 分析下列表达式的运算顺序。

(1) c=a||(b) (2) x+=y-z (3) -b>>2 (4) c=++a%b--

(5) !m&n (6) a<b||c&d

12-10 判断下列 C51 标识符是否合法。

(1) sum (2) Sum (3) M. D. John (4) Day

(5) Date (6) 3days (7) student_name (8) #33

(9) lotus_1_2_3 (10) char (11) a>b (12) $123

12-11 编写把字符串 s 逆转的函数 reverse(s)。

12-12 用指针实现对两个整型变量 x 和 y 的值交换的程序。

第 13 章 AT89C51 单片机内部资源应用

AT89C51 单片机内部资源主要包括输入输出端口、中断系统、定时/计数器、串行通信接口等。设计单片机应用系统通常都要使用这些内部资源以控制外围设备器件的工作,从而发挥系统的强大功能。

本章将对这些内部资源的典型应用入手,学习如何编程使用这些内部资源。

13.1 I/O 端口简单应用

AT89C51 单片机有 P0～P3 四个 I/O 口,它们都具有基本输入/输出功能,其中 P0、P2、P3 还具有第二功能。用作基本 I/O 功能时,P0 口用作输出时应外接上拉电阻,P0～P3 用作输入时应先写"1"。

本节通过几个简单实例介绍基本输入/输出功能的应用。

13.1.1 P1 口控制闪烁灯

【例 13 - 1】 AT89C51 单片机的 P1.0 引脚接有一只发光二极管,部分电路如图 13 - 1 所示,编程控制发光二极管闪烁。

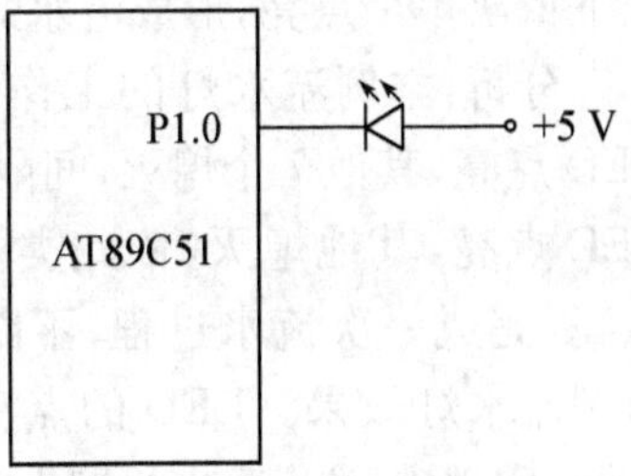

分析:由电路图可知,P1.0 输出低电平,发光二极管正偏有电流而点亮,P1.0 输出高电平时,发光二极管因无压降而熄灭。发光二极管的闪烁是由重复的点亮和熄灭两种状态交替变化而形成的,但由于人眼的视觉迟滞,点亮和熄灭须有一定时间才能被我们所察觉到,所以程序只要能循环控制每隔一定时间对 P1.0 输出取反即可实现。

图 13 - 1 AT89C51 控制单个 LED

汇编源程序如下:

```
        ORG     0000H
        SETB    P1.0            ;熄灭 LED
FLED:   ACALL   DELY            ;调延时子程序
        CPL     P1.0            ;P1.0 取反
        SJMP    FLED            ;循环
DELY:   MOV     R7,#200         ;延时子程序
DEL1:   MOV     R6,#250
        DJNZ    R6,$
        DJNZ    R7,DEL1
        RET
        END
```

C51 源程序如下:

```
#include "reg51.h"
sbit P10=P1^0;
```

```
void dely(void){
    unsigned int i;
    for(i=0;i<20000;i++);
}
void main(){
    while(1){
        dely();
        P10=~P10;}
}
```

上述汇编与 C51 源程序功能相同,运行之后可以看到该发光二极管 LED 闪烁显示。

对上例作一改进,若 P1 口接 8 个 LED,控制 8 个 LED 同时亮灭闪烁显示,实现方法与例 13-1 类似,AT89C51 单片机只需每间隔一定的延时时间对 P1 口输出的 8 位数据全部取反即可。

13.1.2   P1 口控制流水灯

日常生活中,我们经常见到商店、商场门前花样翻新的各式流水灯广告牌,非常吸引顾客眼球。本节我们通过一个典型实例学习单片机控制流水灯的工作原理。

【例 13-2】 AT89C51 单片机 P1 口连接 8 个 LED,电路图如图 13-2。编程控制 8 个 LED 从上至下依次单个点亮,形成流水灯。

分析:本例流水灯的工作过程是,首先第一个 LED 点亮,其他 7 个熄灭,间隔一段时间后,第二个 LED 点亮,其他熄灭,依此类推,直到第八个 LED 点亮,完成一次流水过程,不断重复上述过程即可看到流水灯效果。LED 的点亮与熄灭与例 13-1 相同,P1 引脚输出高电平"1",相应 LED 熄灭,输出"0",则相应 LED 点亮。根据上述工作过程,AT89C51 P1 口的 8 个引脚 P1.0 至 P1.7 只需要从低位至高位依次输出一位"0",程序可采用循环结构实现。

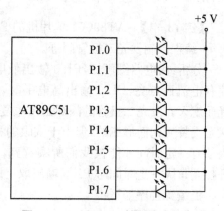

图 13-2   AT89C51 控制流水灯电路

汇编源程序如下:

```
        ORG     0000H
STAT:   MOV     A,#0FEH       ;点亮第一个 LED
        MOV     R1,#08H       ;8 个 LED,循环 8 次
NEXT:   MOV     P1,A          ;控制 LED 亮灭
        RL A                  ;下一位 LED 将点亮
        ACALL   DELY          ;延时
        DJNZ    R1,NEXT       ;8 个 LED 轮流点亮一次?
        SJMP    STAT          ;重复过程
DELY:   MOV     R7,#200       ;延时子程序
DEL1:   MOV     R6,#250
```

```
DJNZ        R6,$
DJNZ        R7,DEL1
RET
END
```

C51 源程序如下：

```
#include "reg51. h"
#include "intrins. h"
void dely(void){
    unsigned int i;
    for(i=0;i<20000;i++);
}
void main(){
    unsigned char i,s;
    while(1){
      s=0xfe;
      for(i=0;i<8;i++){
        P1=s;
        dely();
        s=_crol_(s,1);}
    }
}
```

　　若要使流水灯从下至上依次点亮，则只需把上例程序中的左移操作改为右移操作即可。如果要实现其他不同的灯光效果，程序还可以通过查表将 LED 的每一种状态下 P1 口所对应数据依次输出即可。

13.1.3　键控 LED

　　例 13-1、例 13-2 是 AT89C51 I/O 口作基本输出口的例子，用作基本输入口时应注意，在读取输入数据之前，需先向该口写"1"，否则将可能无法读到正确数据，这往往是初学者最容易忽略的问题。

　　【例 13-3】　电路如图 13-3 所示，P1.0~P1.3 接四个开关，P1.4~P1.7 接四个 LED，编程利用开关控制 LED 的亮灭。

　　分析：本题要实现的功能是：四个按键 S1~S4 分别对应四个 LED L1~L4，某个按键被按下，则相对应的 LED 点亮，若 S1 被按下，则 L1 点亮，若 S2 被按下，则 L2 点亮。通过分析电路可知，当某个按键被按下时，相应的 I/O 被拉为低电平，单片机读取的这一位数据为"0"，将该位"0"送到 LED，则 LED 点亮。为简化程序，此处忽略开关的电平抖动问题。

　　汇编源程序如下：

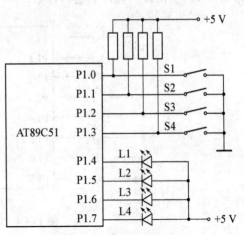

图 13-3　键控 LED 电路

```
        ORG     0000H
        MOV     P1,#0FFH        ;P1 口输出 FFH
STAT:   MOV     A,P1            ;读开关状态
        SWAP    A               ;低 4 位开关状态换到高 4 位
        ANL     A,#0F0H         ;保留高 4 位
        MOV     P1,A            ;从 P1 口输出
        ORL     P1,#0FH         ;P1 口高 4 位不变,低 4 位送"1"
        SJMP    STAT            ;循环
        END
```

C51 源程序如下:

```
#include "reg51.h"
void main(){
    P1=0xff;                    //P1 口置"1"
    while(1){
        P1=P1<<4;               //读 P1 低 4 位开关状态,左移 4 位至高 4 位
        P1=P1|0x0f;             //P1 低 4 位置"1"
    }
}
```

13.2 外部中断源的应用与扩展

中断系统是单片机的重要资源,主要用于解决高速 CPU 和慢速外设之间的矛盾,进行实时控制,提高 CPU 的工作效率。AT89C51 单片机有两个外部中断源 $\overline{INT0}$(P3.2 引脚)和 $\overline{INT1}$(P3.3 引脚),它们有低电平和负边沿两种触发方式。当设置为低电平触发方式时,需要外部电路使输入信号变为高电平才能真正撤除中断请求。所以一般使用负边沿触发方式,这样可以简化电路。

13.2.1 外部中断应用

【例 13-4】 如图 13-4 所示,P1 口输出控制 8 只发光二极管,实现 8 位二进制计数器,对 $\overline{INT0}$ 上出现的脉冲数进行计数。

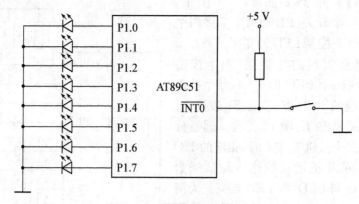

图 13-4 $\overline{INT0}$外部中断应用

分析:外部中断$\overline{INT0}$设置为负边沿触发方式,开放$\overline{INT0}$中断。开关每按下一次,就输入一个负脉冲至单片机的$\overline{INT0}$,在中断服务程序计数值加 1,并把计数结果从 P1 口输出,则 8 个发光二极管显示二进制的计数值。为简化电路,本例没有考虑 LED 的驱动及开关的去抖动问题。

汇编源程序如下:

```
         ORG    0000H        ;复位入口地址
START: AJMP   MAIN         ;复位后转 MAIN 主程序
         ORG    0003H        ;INT0 中断入口地址
         AJMP   EINT0        ;转 INT0 中断服务程序
MAIN:  SETB   IT0          ;INT0 设置为边沿触发方式
         SETB   EA           ;开 INT0 中断,总控位置 1
         SETB   EX0          ;INT0 分控位置 1
         CLR    A            ;计数值清 0
LOOP:  MOV    P1,A         ;显示计数值
         SJMP   LOOP         ;转 LOOP,等待中断
EINT0: INC    A            ;计数值加 1
         RETI                ;中断返回
         END
```

C51 源程序如下:

```c
#include "reg51.h"
unsigned int count=0;           //定义外部变量计数值 count
void main()                     //主函数
{
    IT0=1;                      //INT0 边沿触发方式
    EA=1;                       //开放 INT0 中断
    EX0=1;
    while(1){P1=count;}         //输出计数值,并等待中断
}
void exint0(void)interrupt 0    //INT0 中断服务函数
{
    count++;                    //计数值 count 加 1
}
```

13.2.2　外部中断源的扩展

AT89C51 只有两个外部中断源,当需要连接更多的外部中断设备时,则只有扩展外部中断源。常用扩展方法有可编程中断控制器扩展和简单外部中断源扩展。可编程中断控制器扩展是指通过专用的中断控制器(如 8259A)对外部中断源进行控制管理。下面通过一个实例学习简单外部中断源扩展的方法。

【例 13-5】　在很多电子设备中都设有过流(OC)、过压(OV)、欠压(UV)、过热(OH)四种故障保护,当任一故障发生时,都要立刻处理并做出显示故障信息。以四个按键开关分别表示这四种故障,当任一按键被按下时表示某种故障发生,并点亮相应发光二极管作故障

信息显示。电路如图 13 - 5 所示。

　　分析：设系统正常工作时，故障检测电路输出高电平，四与门输出为高电平"1"。一旦过流、过压、欠压或过热故障发生，则相应检测电路输出变为低电平，从而四与门输出低电平"0"，向单片机发出中断请求。在中断服务程序中，通过检测 P2 口低 4 位的状态，哪个引脚为低电平表示发生的是哪类故障。

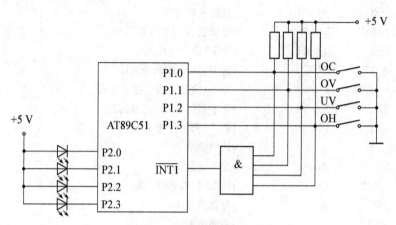

图 13 - 5　外部中断源扩展

汇编源程序如下：

	ORG	0000H	;复位入口地址
START:	AJMP	MAIN	;复位后转 MAIN 主程序
	ORG	0013H	;INT1 中断入口地址
	AJMP	EINT1	;转 INT1 中断服务程序
	ORG	0030H	;主程序从 0030H 开始
MAIN:	SETB	IT1	;INT1 设置为边沿触发方式
	SETB	EA	;开 INT1 中断,总控位置 1
	SETB	EX1	;INT1 分控位置 1
LOOP:	MOV	P1,#0FFH	;熄灭 LED
	SJMP	$	;等待,此时单片机可处理其他事情
EINT1:	MOV	P2,#0FFH	;INT1 中断服务程序
	MOVA,	P2	;读入 P2 口状态
EOC:	JB	ACC.0,EOV	;P2.0=0? 否则转 EOV
	MOV	P1,#0FEH	;显示故障信息
	LCALL	ERROR	;调故障处理子程序
	SJMP	NER	;转移
EOV:	JB	ACC.1,EUV	;P2.1=0? 否则转 EUV
	MOV	P1,#0FDH	;显示故障信息
	LCALL	ERROR	;调故障处理子程序
	SJMP	NER	;转移
EUV:	JB	ACC.2,EOH	;P2.2=0? 否则转 EOH
	MOV	P1,#0FBH	;显示故障信息
	LCALL	ERROR	;调故障处理子程序

```
            SJMP      NER                 ;转移
EOH：   JB        ACC.3，NER           ;P2.3＝0? 否则转 NER
            MOV       P1，#0F7H            ;显示故障信息
            LCALL     ERROR               ;调故障处理子程序
NER：   RETI                              ;中断返回
ERROR：NOP                               ;故障处理子程序,略
            RET
            END
```

C51 源程序如下：

```
#include "reg51.h"
void error(){
}
void main()                         //主函数
{
    IT1＝1;                          //INT0 边沿触发方式
    EA＝1;                           //开放 INT0 中断
    EX1＝1;
    P1＝0xff;                        //熄灭 LED
    while(1);                        //等待,也可完成其他功能
}
void exint1(void)interrupt 2        //INT1 中断服务函数
{
    unsigned char   status;         //在 bdata 区定义无符号字符变量 status
    P2＝0xff;                        //P1 输出 FFH
    status＝P2&0x0f;                 //读入 P1 状态,屏蔽高 4 位
    switch(status)
    {
        case 0x0e:P1＝0xfe;error();break;
        case 0x0d:P1＝0xfd;error();break;
        case 0x0b:P1＝0xfb;error();break;
        case 0x07:P1＝0xf7;error();break;
    }
}
```

13.3　定时器/计数器应用

AT89C51 单片机内部有两个定时器/计数器 T0、T1,可以工作于定时、计数模式,这两种模式下有四种工作方式。利用这两个定时器/计数器可以实现定时、计数、PWM 脉宽调制、测频等功能。

13.3.1　计数器应用

【例 13-6】　利用定时器/计数器 T0 计数模式工作方式 1,扩展外部中断源。扩展外部中断源 T0(P3.1)接一开关,当开关按下,将 P1.0 所接发光二极管亮灭取反,如图 13-6

所示。

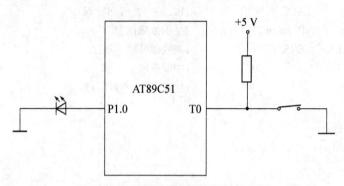

图 13-6　利用计数器扩展外部中断源

分析：定时器/计数器 T0 工作于计数模式，工作方式 2（自动重装初值并自动重启动），TMOD=06H。初始计数值为 FFH，开关每按一次向 T0 输入一个计数脉冲，从而计数值加 1 产生溢出，引起中断，因而可当作外部中断使用。

汇编源程序如下：

```
        ORG     0000H               ;复位入口
        SJMP    MAIN                ;转主程序
        ORG     000BH               ;T0 中断入口
        CPL     P1.0                ;LED 亮灭取反
        RETI                        ;中断返回
MAIN:   MOV     TMOD,#06H           ;T0 计数方式 2
        MOV     TL0,#0FFH           ;设置计数初值
        MOV     TH0,#0FFH
        SETB    EA
        SETB    ET0
        CLR     P1.0                ;熄灭 LED
        SETB    TR0                 ;启动 T0 计数
HERE:   SJMP    HERE                ;等待中断
        END
```

C51 源程序如下：

```
#include "reg51.h"
sbit P10=P1^0;                  //定义 P1.0 引脚
void main()                     //主函数
{
    TMOD=0x06;                  //T0 计数方式 2
    TH0=TL0=0xff;               //计数初值 FFH
    EA=1;                       //开放 T0 中断
    ET0=1;
    P10=0;                      //熄灭 LED
    TR0=1;                      //启动 T0
    while(1);                   //等待
```

```
}
void ext0(void)interrupt 1        //T0 中断服务函数
{
    P10=~P10;                     //LED 亮灭取反
}
```

13.3.2　定时器应用

【**例 13 - 7**】单片机晶振 $f_{osc}=6$ MHz,利用定时器 T1 查询方法产生周期为 4 ms 的方波,并由 P1.0 端输出。

分析:$f_{osc}=6$MHz,机器周期为 $2\mu s$。根据要求,要在 P1.0 端产生周期为 4ms 的方波信号,只需使其输出端每隔 2ms 取反一次即可。选 T1 工作在定时模式,方式 0,TMOD 控制字为 00H。$f_{osc}=6$ MHz,定时时间 2 ms,定时初值为:

X=M-T/T 机=2¹³-2×10-3/(2×10-6)=7 192=1C18H=1 1100 0001 1000B

定时器/计数器 T1 的方式 0 为 13 位定时器/计数器工作方式,13 位计数值由 TH1 和 TL1 的低 5 位构成,TL1 高 3 位不用,一般补 0。因此实际写入初值寄存器的值应为 1110 0000 0001 1000B=E018H,其中带下划线的三位"0"是填充的,这是定时器/计数器 T0 和 T1 工作方式 0 的特殊之处。

汇编源程序如下:

```
        ORG     0000H
        MOV     TMOD,#00H       ;T1 定时方式 0
        MOVT    L1,#18H         ;定时初值为 E018H
        MOV     TH1,#0E0H
        SETB    TR1             ;启动 T1
LOOP:   JNB     TF1,$           ;查询中断标志,2 ms 未到继续查询
        CLR     TF1             ;清除中断标志
        MOV     TL1,#18H        ;重装定时初值
        MOV     TH1,#0E0H
        SETB    TR1             ;重新启动
        CPL     P1.0            ;P1.0 取反
        SJMP    LOOP            ;转 LOOP
        END
```

C51 源程序如下:

```
#include "reg51.h"
sbit P10=P1^0;
void main(){
    TMOD=0x00;              //T1 计数方式 0
    TL1=0x18;               //定时 2ms
    TH1=0xe0;
    TR1=1;                  //启动 T1
    while(1){
        while(TF1){
```

```
            TF1=0;              //清中断标志
            TL1=0x18;           //重装定时初值
            TH1=0xe0;
            TR1=1;              //重新启动
            P10=～P10;}         //输出取反
        }
    }
```

上例的定时时间较短,小于定时器/计数器的最大定时时间。当定时时间超过最大定时时间时,则须通过另外的方法实现。此时可采用两个定时器/计数器 T0、T1 轮流定时的方法,也可用一个定时器/计数器多次定时的方法实现。

【例 13-8】 单片机晶振 $f_{osc}=12$ MHz,利用定时器 T0 产生周期为 400 ms 的方波信号由 P1.0 端输出。

分析:与例 13-7 相似,利用 T0 定时 200 ms,定时中断中对 P1.0 输出取反。$f_{osc}=12$ MHz,机器周期为 1 μs,定时器方式 1 定时时间最大为 65.536 ms,小于要求的定时 200 ms,利用 T0 定时 50 ms,定时初值为 3CB0H,定时 4 次即为 200 ms。采用中断方法实现如下:

汇编源程序如下:

```
            ORG     0000H
            LJMP    MAIN            ;复位转 MAIN
            ORG     000BH
            LJMP    ST0             ;转中断服务程序 ST0
    MAIN:   MOV     TMOD,#01H       ;T0 定时方式 1
            MOV     TL0,#0B0H       ;定时 50 ms
            MOV     TH0,#3CH
            MOV     R7,#04H         ;定时次数为 4 次
            SETB    EA              ;开 T0 中断
            SETB    ET0
            SETB    TR0             ;启动 T0
            SJMP    $               ;等待中断
    ST0:    DJNZ    R7,ST1          ;200 ms 未到,转 ST1
            MOV     R7,#04H         ;下一次仍定时 4 次
            CPL     P1.0            ;P1.0 输出取反
    ST1:    MOV     TL0,#0B0H       ;重装初值
            MOV     TH0,#3CH
            SETB    TR0             ;重启动
            RETI
            END
```

C51 源程序如下:

```
#include "reg51.h"
sbit P10=P1^0;
unsigned char times;               //定时次数变量
void main(){
```

```
        TMOD=0x01;              //T0 定时方式 1
        TL0=0xb0;               //定时 50 ms
        TH0=0x3c;
        times=0x04;             //T0 定时 4 次
        EA=1;                   //开 T0 中断
        ET0=1;
        TR0=1;                  //启动 T0
        while(1);               //等待中断
}
void sevt0()interrupt 1         //T0 中断服务函数
{
        times--;                //定时次数减 1
        while(! times){
                times=0x4;      //下一次仍定时 4 次
                P10=~P10;}      //输出取反
        TL0=0xb0;               //重装初值
        TH0=0x3c;
        TR0=1;                  //重启动
}
```

13.3.3　频率与脉宽的测量

【例 13 - 9】　单片机晶振 $f_{osc}=12\,MHz$,利用定时器/计数器测量外部低频脉冲信号频率。十六进制频率值存 71H、70H。

分析:频率是指单位时间内信号脉冲的个数。定时器 T0 工作于方式 1 用作闸门时间,定时 1s。T1 用作计数器工作方式 1,对外部脉冲频率进行计数,T0、T1 同时启动。T1 工作方式 1 最大计数值为 65536,所以测量频率应小于 65536Hz,但同时计数脉冲频率小于 $f_{osc}/24=50\,000\,Hz$,所以本方法实际所能测量的最大脉冲频率在 0 Hz~5 000 Hz 之间。如果要测量更高的频率信号,应缩短闸门时间。

汇编语言源程序如下:

```
        ORG     0000H
        LJMP    MAIN            ;复位转 MAIN
        ORG     000BH
        LJMP    ST0             ;转中断服务程序 ST0
MAIN:   MOV     TMOD,#51H       ;T0 定时方式 1,T1 计数方式 1
        MOV     TL0,#0B0H       ;T0 定时 50ms
        MOV     TH0,#3CH
        CLR     A               ;T1 计数初值清 0
        MOV     TL1,A
        MOV     TH1,A
        SETB    EA              ;开 T0 中断
        SETB    ET0
        MOV     R0,#14H
```

```
         MOV      TCON,#50H        ;同时启动 T0、T1
WAIT：   LCALL    DISP             ;显示频率值
         SJMP     WAIT             ;循环
ST0：    DJNZ     R0,ST1           ;1 s 未到,转 ST1
         CLR      TR1              ;1 s 时间到,停止 T1
         MOV      70H,TL1          ;保存频率值
         MOV      71H,TH1
         SJMP     ST2
ST1：    MOV      TL0,#0B0H        ;重装 T0 初值
         MOV      TH0,#3CH
         SETB     TR0              ;重启动
ST2：    RETI                      ;中断返回
DISP：   …                        ;显示子程序略
         END
```

C51 源程序如下：

```
#include "reg51.h"
#define uchar unsigned char
void dely();                 //延时函数,略
void disp();                 //显示函数,略
uchar times;                 //外部变量用作 T0 定时次数
uchar data fl _at_ 0x70；     //绝对地址定义
uchar data fh _at_ 0x71；
uchar code led[]={0x3f,0x06,0x5b,0x4f,0x66,0x6d,0x7d,0x07,0x7f,0x6f,0x77,0x7c,0x39,
0x5e,0x79,0x71};             //在 code 区定义共阴段码
void main()
    {
    TMOD=0x51;               //T0 定时方式 1,T1 计数方式 1
    TL0=0xB0;                //T0 定时 50 ms
    TH0=0x3C;
    TL1=TH1=0;               //T1 计数初值清 0
    EA=1;                    //开 T0 中断
    ET0=1;
    times=0x14;              //定时 20 次为 1s
    TCON=0x50;               //同时启动 T0、T1
    while(1){disp();}        //循环显示
}
void sevt0(void)interrupt 1
{
    times－－;               //定时次数减 1
    if(times==0){
        TR1=0;              //1 s 时间到,停止 T1
        fl=TL1;             //保存频率值
        fh=TH1;}
```

```
    else{
        TL0=0xB0;          //重装 T0 初值
        TH0=0x3C;
        TR0=1;}            //重启动
}
```

定时器/计数器工作方式寄存器 TMOD 中的门控位的作用是：当 GATE=0 时，T0、T1 的启动与停止工作仅由 TR0、TR1 控制，为 1 则启动工作，为 0 则停止工作；当 GATE=1 时，T0、T1 的运行不仅受 TR0、TR1 的控制，而且还受到外部中断引脚电平状态的控制（$\overline{INT0}$控制 T0、$\overline{INT1}$控制 T1）。即只有当$\overline{INT0}$($\overline{INT1}$)引脚为高电平且 TR0(TR1)为 1 时才启动 T0(T1)进行定时或计数，否则 T0(T1)停止工作。门控位的这一功能在用定时器/计数器测量外部信号脉冲宽度时十分有用。

【例 13-10】　利用定时器/计数器 T0 测量外部中断$\overline{INT0}$引脚上出现的正脉冲的宽度，将测到的机器周期的个数存入片内 71H、70H 单元。

分析：T0 工作于定时方式 1(16 位定时器/计数器)，定时初值为 0，GATE 设为 1。当$\overline{INT0}$为低电平时，TR0 置 1；当$\overline{INT0}$变为高电平时，立即启动 T0 定时(对机器周期个数计数)；$\overline{INT0}$再次变为低电平时，T0 被立即停止，并将 TR0 清 0。此时，初值寄存器 TH0、TL0 中的计数值即为该正脉冲所对应的机器周期个数，该计数值与机器周期的乘积即为被测正脉冲的宽度。这种方案被测正脉冲的宽度最大为 65535 个机器周期。

汇编源程序如下：

```
        ORG     0000H
MAIN:   MOV     TMOD,#09H        ;T0 定时方式 1,门控位 GATE=1
        CLR     A
        MOV     TL0,A            ;定时初值清 0
        MOV     TH0,A
        JB      P3.2,$           ;P3.2 为高电平则等待
        SETB    TR0              ;P3.2 变为低电平,将 TR0 置 1,作启动 T0 的准备
        JNB     P3.2,$           ;等待 P3.2 变为高电平
        JB      P3.2,$           ;等待 P3.2 再次变为电低平
        CLR     TR0              ;P3.2 低电平,清 TR0
        MOV     70H,TL0          ;保存测量到的机器周期个数
        MOV     71H,TH0
        SJMP    $                ;停机
        END
```

C51 源程序如下：

```c
#include "reg51.h"
#define uchar unsigned char
sbit P3_2=P3^2;
uchar data th _at_ 0x71;
uchar data tl _at_ 0x70;
void main(){
    TMOD=0x09;                  //T0 定时方式 1,GATE 为 1
```

```
    TL0=0;TH0=0;                //定时初值为 0
    while(P3_2);                //等待 INT0 变低
    TR0=1;                      //TR0 置 1,为启动 T0 作准备
    while(! P3_2);              //等待INT0变高,INT0=1 时 T0 真正启动
    while(P3_2);                //等待INT0变低,INT0=0 时 T0 立即停止
    TR0=0                       //TR0 清 0
    tl=TL0;th=TH0;              //保存测量结果
}
```

13.4　串行通信接口编程与应用

AT89C51 单片机内部有一个可编程全双工的串行通信接口,可实现单片机与其他器件、单片机与单片机、单片机与 PC 机之间的串行通信。该串行接口有四种工作方式,不同工作方式下的通信过程、数据帧格式、波特率等各有不同,其应用领域也有所不同。与串行接口有关的特殊功能寄存器有 IE(控制串口中断允许)、IP(设置串口中断优先级)、SCON(设置串口工作方式、是否允许接收数据等)、SBUF(串口接收和发送缓冲器)、PCON(设置波特率倍增),有关的 I/O 引脚有 P3.0(RXD)、P3.1(TXD)。

13.4.1　串口编程方法

当串行通信的硬件电路连接好后,就可以编写串行通信程序了。串口编程的一般要点归纳如下:

1. 设定波特率

串行口的波特率有两种方式:固定波特率(方式 0 和方式 2)和可变波特率(方式 1 和方式 3)。如使用固定波特率,根据波特率是否倍增设置 SMOD 为 0 或 1(方式 0 下 SMOD 必须为 0);当使用可变波特率时,除设置 SMOD 外,还应计算定时/计数器 T1 的定时初值,并对 T1 进行初始化(定时方式 2,禁止中断,启动工作等)。

2. 设置串口控制字

即对 SCON 寄存器设定工作方式,如果串口需要接收数据则将 REN 置 1 允许接收,同时将 TI 和 RI 清零。

3. 根据串口控制方式编写程序

程序对串口通信过程的控制有查询和中断两种方式,TI 和 RI 是串口发送和接收完一帧数据的中断标志,可用于查询或中断(中断开放)。无论采用查询还是中断方式,TI 和 RI 必须由指令清零。

13.4.2　方式 0 应用

串口工作方式 0 主要作为同步移位寄存器使用,RXD(P3.0)输入/输出串行数据,TXD(P3.1)输出同步移位脉冲,波特率为 $f_{osc}/12$。

方式 0 通常用于利用串口扩展并行 I/O 口。扩展并行输出口,需接一片或几片串入并出的移位寄存器(如 CD4094、74LS164);扩展并行输入口,需接一片或几片并入串出的移位寄存器(如 CD4014、74LS165)。

【**例 13-11**】　电路如图 13-7 所示,AT89C51 串口通过一片串入并出移位寄存器

74LS164 外接一个共阴 LED 数码管显示器,编程使数码管显示一位数据。

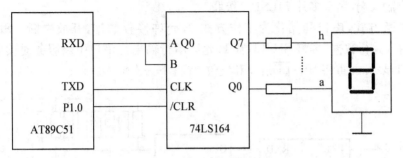

图 13 - 7　方式 0 扩展并行输出口

分析:74LS164 为串行输入并行输出的 8 位移位寄存器,其引脚图参见本书附录引脚功能如下:Q7～Q0 为并行数据输出端,A、B 为串行数据输入端,CLK 为移位脉冲输入端,$\overline{CLR}$ 为输出清 0 端(低电平有效)。单片机将显示数据段码从 RXD 端由低位到高位串行输出,在 TXD 端输出的移位脉冲作用下逐位移入 74LS164,从 Q7～Q0 并行输出,送入 LED 数码管,从而显示相应字符。P1.0 复位时将 74LS164 输出清 0 从而熄灭显示。

汇编源程序如下:

```
        ORG     0000H           ;复位入口
        MOV     SCON,＃00H       ;串口方式 0,禁止接收数据
        SETB    P1.0            ;P1.0 置位,允许 74LS164 输出
        MOV     SBUF,＃0B6H      ;送显示数据"5"的段码,启动发送
        JNB     TI,$            ;查询是否发送完毕
        CLR     TI              ;发送完毕,清发送中断标志
        SJMP    $               ;停机
        END
```

C51 源程序如下:

```
# include "reg51.h"
sbit P10＝P1^0;
void main()
{
    SCON＝0x00;              //串口工作方式 0,禁止接收
    P10＝1;                  //P1.0 置 1
    SBUF＝0xb6;              //发送段码
    while(! TI);             //等待发送
    TI＝0;                   //软件清 0TI
    while(1);               //停机
}
```

【例 13 - 12】　电路如图 13 - 8 所示,单片机通过并入串出移位寄存器 74LS165 外接 8 个开关,编程将开关状态反应在 P2 口的 8 个发光二极管上。

分析:74LS165 芯片引脚排列图见本书附录,A～H 为并行数据输入端;QH 为串行数据输出端,$\overline{QH}$ 为其反码输出端;CLK 与 CLKINK 在功能上等价,为时钟输入端;$SH/\overline{LD}$ 为

其控制端,当 SH/$\overline{\text{LD}}$=0 时允许并行数据输入,当 SH/$\overline{\text{LD}}$=1 时允许串行移位输出;SER 为串行移位输入端,用于多片 74LS165 级联。

　　采用中断方式,串口初始化为工作方式 0,允许接收数据,开放中断。SH/$\overline{\text{LD}}$置 0, 75LS165 输入并行数据,再将 SH/$\overline{\text{LD}}$置 1,允许串行输出。串口中断服务时读取接收的数据,送 P2 口显示,并重将 SH/$\overline{\text{LD}}$清 0 和置位,允许下一次输入。

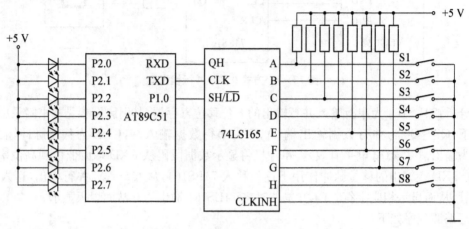

图 13 - 8　方式 0 扩展并行输入口

汇编源程序如下:

```
        ORG     0000H           ;复位入口
        LJMP    MAIN
        ORG     0023H           ;中断入口
        LJMP    SERL
MAIN:   MOV     SCON,#10H       ;串口方式 0,允许接收
        MOV     IE,#90H         ;开放串口中断
        CLR     P1.0            ;允许 74LS165 并行输入数据
        NOP
        SETB    P1.0            ;允许 74LS165 串行输出数据
        SJMP    $               ;停机等待
SERL:   MOV     A,SBUF          ;读入接收到的串行数据
        MOV     P2,A            ;控制 LED 显示
        CLR     P1.0            ;允许并行输入,为下一次读取开关状态准备
        NOP
        SETB    P1.0            ;允许串行输出
        CLR     RI              ;清接收中断标志
        RETI                    ;中断返回
        END
```

C51 源程序如下:

```
#include "reg51.h"
sbit P1_0=P1^0;                 //P1.0 定义
void main(){
```

```
    SCON=0x10;                    //串口方式 0，允许接收
    IE=0x90;                      //开中断
    P1_0=0;                       //74LS165 的 SH/LD脚置低电平
    P1_0=1;                       //74LS165 的 SH/LD脚置高电平
    while(1);                     //等待串口中断
}
void serial()interrupt 4          //串口中断服务函数
{
    P2=SBUF;                      //读取数据并送显示
    P1_0=0;                       //为下一次读取数据作准备
    P1_0=1;
    RI=0;                         //RI 清 0
}
```

13.4.3　方式 1 应用

方式 1 为 10 位异步通信方式，数据包括 1 位起始位、8 位数据位和 1 位停止位。RXD（P3.0）端接收数据，TXD（P3.1）端发送数据。通信波特率由定时/计数器 T1 产生。

$$波特率 = \frac{2^{SMOD}}{32} \times \frac{f_{OSC}}{12} \times \frac{1}{2^M - T1 \text{初值}}$$

方式 1 常用于不需奇偶校验的双机通信及单片机与 PC 通信中。

【例 13-13】　晶振频率 $f_{OSC} = 11.0592$ MHz，甲、乙两机以 1 200 bps 波特率进行通信。甲机发送，将其片内 30H～39H 十个数据，以及校验和发送给乙机。乙机负责接收，若校验正确，则将数据存入片内 30H～39H 单元中。

分析：双机通信的两个单片机串行数据发送端 TXD 和接收端 RXD 交叉相连并共地，串口工作方式一致，且波特率相同。

设置甲、乙两机串口均为方式 1，波特率 1200 bps，查表得 T1 定时初值为 E8H。甲机只发送不接收，将片内 30H～39H 的数据依次发送出去，并求其累加和，当十个数据全部发送完毕，最后再发送累和加以供乙机进行校验。乙机允许接收，接收到十个数据及校验和后进行核对，如果正确则将数据保存下来，否则将 30H～39H 单元清 0。甲机以中断方式发送，乙机以查询方式接收。

汇编源程序如下：

```
        ORG     0000H           ;甲机中断方式发送数据
        LJMP    STAR
        ORG     0023H
        LJMP    SER0
        ORG     0030H
STAR:   MOV     TMOD,#20H        ;T1 定时方式 2
        MOV     TL1,#0E8H        ;波特率为 1200bps
        MOV     TH1,#0E8H
        SETB    TR1              ;启动 T1
        MOV     SCON,#40H        ;串口方式 1，不接收数据
```

```
          MOV    IE,#90H          ;开串口中断
          MOV    R0,#30H          ;R0指向发送数据块首址
          MOV    R1,#0AH          ;数据块长度为10
          MOV    70H,#00H         ;校验和存70H,先清0
DWFP:     MOV    A,@R0            ;第一个数据送A
          INC    R0               ;R0指针指向第二个数据
          MOV    SBUF,A           ;启动串口发送
          ADD    A,70H            ;求校验和
          MOV    70H,A            ;暂存校验和
          SJMP   $                ;停机
SER0:     DJNZ   R1,NEXT          ;10个字节数据发送完?未完转NEXT
          MOV    A,70H            ;数据发送完,发送校验和
          MOV    SBUF,A
          CLR    ES               ;通信完毕,关中断
          CLR    TI               ;清中断标志
          RETI                    ;中断返回
NEXT:     MOV    A,@R0            ;读取数据
          INC    R0               ;指向下一个数据
          MOV    SBUF,A           ;启动发送
          ADD    A,70H            ;求校验和
          MOV    70H,A            ;暂存校验和
          CLR    TI               ;清发送中断标志
          RETI                    ;中断返回
          END
          ORG    0000H            ;乙机查询方式接收数据
          MOV    TMOD,#20H        ;T1定时方式2
          MOV    TL1,#0E8H        ;串口波特率为1 200 bps
          MOV    TH1,#0E8H
          SETB   TR1              ;启动T1
          MOV    SCON,#50H        ;串口方式1,允许接收
          MOV    R0,#30H          ;R0指存放接收数据首地址
          MOV    R1,#0AH          ;接收数据块长度为10
          MOV    70H,#00H         ;校验和清0
DWFP:     JNB    RI,$             ;等待接收
          MOV    A,SBUF           ;读取接收数据
          MOV    @R0,A            ;保存至接收数据块单元
          ADD    A,70H            ;求校验和
          MOV    70H,A
          CLR    RI               ;清接收中断标志
          INC    R0               ;R0指向下一单元地址
          DJNZ   R1,DWFP          ;10个数据接收完?
          JNB    RI,$             ;等待接收校验和
          MOV    A,SBUF           ;读取校验和
```

```
          CLR        REN              ;禁止接收数据
          CJNE       A,70H,EROR       ;校验出错,转 EROR
          SJMP       $                ;数据接收正确,停机
EROR:     MOV        R0,#30H          ;接收错误,将 30H~39H 清 0
          MOV        R1,#0AH
          CLR        A
CLER:     MOV        @R0,A
          INC        R0
          DJNZ       R1,CLER
          SJMP       $
          END
```

C51 源程序如下：

```c
/* 甲机中断方式发送数据 */
#include <reg51.h>
unsigned char data sendata[10] _at_ 0x30;
unsigned char num,sum;
void main()
{
    num=0;                          //从第一个数据开始发送
    sum=0;                          //累加和清 0
    TMOD=0x20;                      //T1 定时方式 2
    TL1=TH1=0xe8;                   //波特率为 1200 bps
    TR1=1;                          //启动 T1
    SCON=0x40;                      //串口方式 1,不接收数据
    IE=0x90;                        //开串口中断
    SBUF=sendata[num];              //发送第一个数据
    sum=sendata[num];              //求校验和
    num++;                          //指向下一个发送数据
    while(1);                       //停机
}
void serial() interrupt 4
{
    if(num<=0x9){
        SBUF=sendata[num];          //发送数据
        sum=sum+sendata[num];       //求校验和
        num++;                      //指向下一数据
        TI=0;}                      //清中断标志
    else{
        SBUF=sum;                   //数据发送完,发校验和
        ES=0;                       //通信完毕,关中断
        TI=0;}                      //清中断标志
}
/* 乙机查询方式接收数据 */
```

```
#include <reg51.h>
unsigned char data recdata[10] _at_ 0x30;
unsigned char num,sum;
void main()
{
    num=0;                          //从第一个数据开始发送
    sum=0;                          //累加和清 0
    TMOD=0x20;                      //T1 定时方式 2
    TL1=TH1=0xe8;                   //波特率为 1 200 bps
    TR1=1;                          //启动 T1
    SCON=0x50;                      //串口方式 1,允许接收
    for(num=0;num<0x0a;num++){
        while(! RI);                //等待接收
        recdata[num]=SBUF;          //保存接收数据
        sum+=recdata[num];          //求校验和
        RI=0;                       //清接收中断标志
    }
    while(! RI);                    //等待接收校验和
    if(sum! =SBUF){
        for(sum=9;sum>=0;sum--){
            recdata[sum]=0;}        //接收错误,数据块清 0
    }
    else while(1);                  //停机
}
```

本例源程序,因为甲、乙两机没有握手应答,所以应先运行乙机程序,再运行甲机程序,否则将会通信出错。

13.4.4 方式 2 和方式 3 应用

方式 2 和方式 3 都是 11 位异步通信方式,它们的数据帧格式、收发过程完全相同,所不同之处仅在于波特率,方式 2 的波特率为 $f_{osc}/64$(SMOD=0)或 $f_{osc}/32$(SMOD=1),方式 3 波特率与方式 1 相同,由定时/计数器 T1 产生。

方式 2 与方式 3 用作双机通信时,其发送/接收的第 9 位数据可用作奇偶校验。

【例 13 - 14】 利用串行口方式 2 编制一发送程序,将片内 RAM 中 60H~6FH 单元的数据串行发送出去,第 9 数据位 TB8 作偶校验位。

分析:根据要求,将串口设置为方式 2、单工发送,则 SCON 控制字为 80H。波特率选为 $f_{osc}/64$(不倍增),偶校验位可由 PSW 的 P 标志位产生,采用中断方式控制发送。

汇编源程序如下:

```
    ORG     0000H           ;复位入口
    LJMP    MAIN
    ORG     0023H           ;中断入口
    INC     R0              ;发送数据地址加 1
```

```
        MOV      A,@R0            ;取出待发送数据
        MOV      C,PSW.0         ;偶校验位送 TB8
        MOV      TB8,C
        MOV      SBUF,A          ;发送数据
        DJNZ     R1,CSJS         ;判断是否发送完
        CLR      ES              ;发送完关中断
CSJS:   CLR      TI              ;清中断标志
        RETI                     ;中断返回
MAIN:   MOV      SP,#20H         ;设置堆栈
        MOV      SCON,#80H       ;串口方式 2
        MOV      PCON,#00H       ;波特率不倍增,为 fosc/64
        MOV      R0,#60H         ;数据块首址送 R0
        MOV      R1,#10H         ;数据块长度送 R1
        SETB     EA              ;开总中断
        SETB     ES              ;开串口中断
        MOV      A,@R0           ;取待发送的第一个数据
        MOV      C,PSW.0         ;偶校验位送 TB8
        MOV      TB8,C
        MOV      SBUF,A          ;发送数据
        DEC      R1              ;已发送一个数据,数据个数减 1
        SJMP     $               ;停机等待
        END
```

C51 源程序如下：

```c
#include "reg51.h"
unsigned char data send[16] _at_ 0x60;
unsigned char data number;
void main()
{
    SCON=0x80;              //串口方式 2
    number=0;
    EA=1;                   //开中断
    ES=1;
    ACC=send[number];
    number++;
    TB8=CY;
    SBUF=ACC;
    while(1);               //等待串口中断
}
void serial()interrupt 4    //串口中断服务函数
{
    if(number>=15)
    {   ES=0;TI=0;}
    else{ACC=send[number];
```

```
            number++;
            TB8=CY;
            SBUF=ACC;
            TI=0;}
     }
```

思考:如本例串口采用方式 3 实现,程序应如何修改?

【例 13 - 15】　试编制串口在方式 3 下接收数据块的程序。设单片机晶振为 11.059 2 MHz,波特率为 2 400 b/s,接收数据存于片内 RAM 的 40H 起始单元的一段区间内,数据块长度由发送方先发送过来(不超过允许值),每接收一个数据都进行偶校验,正确存储数据,否则给出出错标志(将 F0 置 1)。

分析:T1 工作于定时方式 2,波特率 2 400 bps 定时初值为 F4H。串口工作于方式 3,允许接收。接收到的第一个数据为数据块长度,用以控制循环接收数据的个数。每接收到一个字节即进行偶校验(P 与 RB8 比较),校验正确则存储,否则置位 F0 并停机。

汇编源程序如下:

```
            ORG      0000H          ;复位入口
START: MOV      TMOD,#20H       ;置 T1 工作于方式 2
       MOV      TL1,#0F4H       ;置 T1 计数初值,波特率 2400 b/s
       MOV      TH1,#0F4H
       SETB     TR1             ;启动 T1
       MOV      SCON,#0D0H      ;置串行口工作于方式 3,允许接收
       MOV      PCON,#00H       ;设 SMOD=0
       MOV      R0,#40H         ;接收数据区首地址送 R0
       JNB      RI,$            ;等待接收数据块长度字节
       CLR      RI              ;接收后清 RI
       MOV      A,SBUF          ;将数据块长度读入后存入 R7 中
       MOV      R7,A
MAR0:  JNB      RI,$            ;等待接收数据
       CLR      RI              ;接收一个字符后清 RI
       MOV      A,SBUF          ;将接收字符读入 A
       JB       PSW.0,MAR1      ;进行奇偶位校验
       JB       RB8,MAR3
       SJMP     MAR2
MAR1:  JNB      RB8,MAR3
MAR2:  MOV      @R0,A           ;校验正确存接收数据
       INC      R0              ;存储单元地址增 1
       CLR      PSW.5           ;设置正确的标志
       DJNZ     R7,MAR0         ;未接收完,继续接收
       SJMP     $               ;接收完停机
MAR3:  SETB     PSW.5           ;置校验出错标志
       SJMP     $               ;停机
       END
```

C51 源程序如下:

```c
#include "reg51.h"
void main()
{
    unsigned char lenth,i;
    unsigned char data * p;
    TMOD=0x20;              //置 T1 工作于方式 2
    TL1=TH1=0xf4;           //置 T1 计数初值
    TR1=1;                  //启动 T1
    SCON=0xd0;              //置串行口工作于方式 3,允许接收
    while(! RI);            //等待接收数据块长度
    RI=0;                   //接收后清 RI
    lenth=SBUF;             //lenth 变量为数据块长度
    p=0x40;                 //指针 p 指向片内 RAM 40H 单元
    for(i=0;i<lenth;i++){
        while(! RI);        //等待接收数据
        RI=0;               //接收一个字符后清 RI
        ACC=SBUF;           //将接收字符读入 A,形成奇偶标志
        if(P! =RB8){        //进行奇偶位校验
            F0=1;           //若出错,置出错标志
            break;}         //退出循环,不接收数据
        else{
            *p=ACC;         //校验正确,保存数据
            p++;            //指针加 1,指向一下目的地址
            F0=0;}          //清出错标志
    }
    while(1);               //停机
}
```

13.4.5　多机串行通信

　　双机通信时,两台单片机地位是平等的,均可以接收或发送数据。而在多机通信中,有主机和从机之分,多机通信是指一台主机和多台从机之间的通信。多机通信在分布式系统中应用广泛,由一台单片机(主机)控制多台单片机(从机)的数据采集、数据通信与系统控制功能。其一般系统组成框图如图 13 - 9 所示。

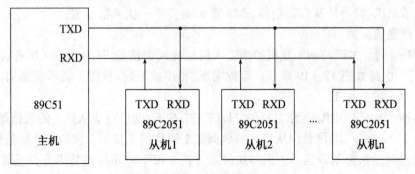

图 13 - 9　多机通信系统组成

　　在图 13-9 中,主机的 TXD 端与所有从机的 RXD 端相连,RXD 端与各从机的 TXD 端相连,主机发送的信息可被各从机接收,而从机发送的信息只能由主机接收,各从机之间交换信息必须通过主机中转。

1. 多机通信原理

　　多机通信中,要保证主机与从机间的可靠通信,必须保证通信接口具有识别功能,而串口控制寄存器 SCON 中的多机通信控制位 SM2 就是为满足这一要求而设置的。

　　多机通信时,主机向从机发送的信息分为地址帧和数据帧两类,以可编程第 9 位 TB8 作区分标志。TB8=0,表示数据帧;TB8=1,为地址帧。多机通信充分利用了 89C51 串行控制寄存器 SCON 中的多机通信控制位 SM2 的功能。当从机 SM2=0 时,从机可接收主机发送的所有信息。而当 SM2=1 时,CPU 接收的前 8 位数据是否送入 SBUF 取决于接收到的第 9 位 RB8 的状态:若 RB8=1,将接收到的前 8 位数据送入 SBUF,并置位 RI 产生中断请求;若 RB8=0,则接收到的前 8 位数据丢弃。即当从机 SM2=1 时,从机只能接收主机发送的地址帧(RB8=1),对数据帧(RB8=0)不予理睬。

　　通信开始时,主机首先发送地址帧。由于各从机 SM2=1 和 RB8=1,所以各从机均分别发出串行接收中断请求,通过串行中断服务程序来判断主机发送的地址与本从机地址是否相符。如果相符,则把自身的 SM2 清 0,以准备接收随后传送来的数据帧。其余从机由于地址不符,则仍保持 SM2=1 状态,因而不能接收主机传送来的数据帧。这就是多机通信中主、从机一对一的通信情况。这种通信只能在主、从机之间进行,如果想在两个从机之间进行通信,则要通过主机作中介才能实现。

　　多机通信是一个比较复杂的通信过程,必须有通信协议来保证多机通信的可靠性和可操作性。这些通信协议,除设定相同的波特率及帧格式外,还应包括从机地址、主机控制命令、从机状态字格式和数据通信格式的约定等内容。

2. 多机通信过程

　　多机通信一般过程如下,在实际应用中可根据功能需要进行修改与扩展。

　　① 主机与各从机串口初始化为相同的工作方式(方式 2 或方式 3)及波特率,从机置 SM2=1、REN=1,只接收地址帧。

　　② 主机欲与从机通信时,置位 TB8,先发送地址帧。

　　③ 从机接收地址帧后,将地址与各自本身地址相比较。地址相符的从机为被寻址从机,其他为未被寻址从机。

　　④ 被寻址从机将 SM2 清 0,以接收数据帧,其他未被寻址从机保持 SM2=1 不变。

　　⑤ 主机发送数据或控制信息,此信息只能为被寻址从机接收,主、从机之间进行通信。

　　⑥ 通信结束,被寻址从机重新将 SM2 置 1,等待下一次通信过程。

3. 多机通信实例

　　【例 13-16】 主机与两个从机通信。主机接有两个按钮 S1 和 S2,从机各接一个共阳 LED 数码管,电路如图 13-10 所示。编程实现当 S1 按下时,从机 1 显示数据加 1,S2 按下时,从机 2 显示数据加 1。

　　分析:两个从机分别编址为 01H、02H。若 S1 按下,则将对应从机 1 的数据加 1 并送从机 1 显示;若 S2 按下,则将对应从机 2 的数据加 1 送从机 2 显示。主机与从机通信时,先发送从机地址,后发送显示数据。主机与从机以方式 3 和 4 800b/s 波特率进行通信。

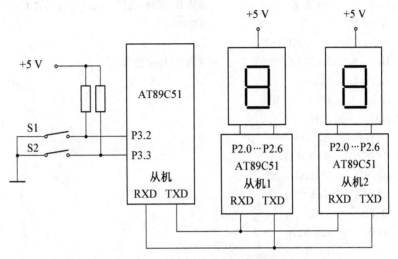

图 13-10　多机通信电路图

汇编源程序如下：

```
            ORG      0000H           ;主机按键处理与发送程序
MAIN：  MOV      50H,＃00H        ;从机 1 显示数据存 50H
            MOV      51H,＃00H        ;从机 2 显示数据存 51H
            MOV      SCON,＃0C0H      ;串口工作于方式 3,不接收
            MOV      TMOD,＃20H       ;定时/计数器 T1 工作于定时方式 2
            MOV      TH1,＃0FAH       ;设置波特率为 4800b/s
            MOV      TL1,＃0FAH
            MOV      PCON,＃00H       ;波特率不加倍
            SETB     TR1             ;启动 T1
LOOP：   JB       P3.2,KEY2       ;S1 未按下,转查询 S2 键
KEY1：   ACALL    DELY            ;S1 按下,延时消抖
            JB       P3.2,KEY2
            INC      50H             ;S1 按下,从机 1 显示数据加 1
            MOV      A,50H
            CJNE     A,＃10H,KEY11    ;数据大于 F?
            MOV      50H,＃00H        ;清 0
KEY11： MOV      A,＃01H          ;向从机 1 发送显示数据
            SETB     TB8             ;TB8 置 1,表示地址帧
            MOV      SBUF,A          ;发送从机 1 地址
            JNB      TI,$            ;等待发送完
            CLR      TI              ;清发送中断标志
            MOV      A,50H
            CLR      TB8             ;TB8 清 0,表示数据帧
            MOV      SBUF,A          ;发送显示数据
            JNB      TI,$
            CLR      TI
```

```
KEY12: JNB      P3.2,$              ;等待 S1 释放,每按一次显示数据加 1
       ACALL    DELY                ;延时消抖
       JNB      P3.2,KEY12
KEY2:  JB       P3.3,LOOP           ;查询 S2 键是否按下
       ACALL    DELY
       JB       P3.3,LOOP
       INC      51H
       MOV      A,51H
       CJNE     A,#10H,KEY21
       MOV      51H,#00H
KEY21: MOV      A,#02H
       SETB     TB8
       MOV      SBUF,A
       JNB      TI,$
       CLR      TI
       MOV      A,51H
       CLR      TB8
       MOV      SBUF,A
       JNB      TI,$
       CLR      TI
KEY22: JNB      P3.3,$
       ACALL    DELY
       JNB      P3.3,KEY22
       SJMP     LOOP
DELY:  MOV      R7,#10
DEL:   MOV      R6,#200
       DJNZ     R6,$
       DJNZ     R7,DEL
       RET
       END
       ORG      0000H               ;从机 1 接收显示程序
MAIN:  MOV      SCON,#0F0H          ;串口工作于方式 3,允许接收
       MOV      TMOD,#20H           ;T1 定时方式 2
       MOV      TH1,#0FAH           ;波特率 4800b/s
       MOV      TL1,#0FAH
       MOV      PCON,#00H           ;波特率不倍增
       SETB     TR1                 ;启动 T1
       MOV      20H,#00H            ;20H 存显示数据,先清 0
LOOP:  ACALL    DISP                ;调显示
       SETB     SM2                 ;SM2 置 1,只接收地址帧
       JNB      RI,$                ;等待接收地址帧
       CLR      RI                  ;清接收中断标志
       MOV      A,SBUF              ;接收地址送 A
```

```
        CJNE    A,#01H,LOOP      ;与本机地址比较
        CLR     SM2              ;寻址本机,清 SM2
        JNB     RI,$             ;等待接收数据帧
        CLR     RI               ;RI 清 0
        MOV     A,SBUF           ;读显示数据
        MOV     20H,A            ;存至 20H 单元
        SETB    SM2              ;置位 SM2,完成本次通信
        SJMP    LOOP             ;转 LOOP
DISP:   MOV     ,20H             ;显示子程序
        MOV     DPTR,#TAB
        MOVC    A,@A+DPTR
        MOV     P2,A
        RET
TAB:    DB      0C0H,0F9H,0A4H,0B0H,99H,92H,82H,0F8H,80H
        DB      90H,88H,83H,0C6H,0A1H,86H,8EH,0FFH
        END
```

从机 2 接收显示程序与从机 1 类似,所不同之处仅在于接收到地址以后与本机地址 02H 比较。

C51 源程序如下:

```c
//主机按键处理与发送程序
#include <reg51.h>
sbit s1=P3^2;
sbit s2=P3^3;
void delay()
{
    unsigned int i;
    for(i=1000;i>0;i--);
}
void senddata(unsigned char add,unsigned char sendata)
{
    TB8=1;
    SBUF=add;
    while(! TI);
    TI=0;
    TB8=0;
    SBUF=sendata;
    while(! TI);
    TI=0;
}
void main()
{
    unsigned char data1=0,data2=0;        //定义并初始化变量
```

```
    SCON=0xc0;                      //串口工作于方式3,不接收
    TMOD=0x20;                      //定时/计数器T1工作于定时方式2
    TH1=TL1=0xfa;                   //设置波特率为4 800 b/s
    PCON=0;                         //波特率不加倍
    TR1=1;                          //启动T1
    while(1){                       //循环
        if(! s1){                   //查询S1键
            delay();                //延时消抖
            if(! s1){
                data1++;            //从机1显示数据加1
                if(data1>=0x10){    //data1大于F
                    data1=0;}       //data1清0
                senddata(0x01,data1);  //发送数据
                while(! s1);        //等待s1释放
                do delay();
                while(! s1);
            }
        }
        if(! s2){
            delay();
            if(! s2){
                data2++;
                if(data2>=0x10){
                    data2=0;}
                senddata(0x02,data2);
                while(! s2);
                do delay();
                while(! s2);
            }
        }
    }
}
//从机1接收显示程序
#include <reg51.h>
unsigned char code led[]={0xc0,0xf9,0xa4,0xb0,0x99,0x92,0x82,
0xf8,0x80,0x90,0x88,0x83,0xc6,0xa1,0x86,0x8e,0xff};           //共阳0~F段码
void delay(){
    unsigned int i;
    for(i=10000;i>0;i--);
}
void disp(unsigned char disdata)
{
    P2=led[disdata];
```

```
        dely();
    }
    void main()
    {
        SCON=0xf0;                      //串口工作于方式 3,允许接收
        TMOD=0x20;                      //T1 定时方式 2
        TH1=TL1=0xfa;                   //波特率 4 800 b/s
        PCON=0;                         //波特率不倍增
        TR1=1;                          //启动 T1
        disp(0);
        while(1){
            SM2=1;                      //SM2 置 1,只接收地址帧
            while(! RI);                //等待接收地址
            RI=0;                       //清接收中断标志
            if(SBUF! =1)continue;
            else{
                SM2=0;                  //寻址本机,清 SM2
                while(! RI);            //等待接收数据帧
                RI=0;                   //RI 清 0
                disp(SBUF);             //显示数据
                SM2=1;}                 //置位 SM2,完成本次通信
        }
    }
```

从机 2 接收与显示数据 C51 源程序与从机 1 类似,只需把接收到的从机地址与本机地址 0x02 比较即可,此略。

在实际应用中,多机通信因受单片机功能和通信距离等的限制,较少被采用。在一些较大的测控系统中,常将单片机作为从机(下位机)直接用于被控对象的数据采集与控制,而把 PC 作为主机(上位机)用于数据处理和对从机的管理,它们之间的信息交换主要采用串行通信总线结构。

13.4.6　单片机与 PC 串行通信

在智能仪器仪表、数据采集、嵌入式自动控制等场合,越来越普遍应用单片机作核心控制部件。但当需要处理较复杂数据或要对多个采集的数据进行综合处理以及需要进行集散控制时,单片机的算术运算和逻辑运算能力都显得不足,这时往往需要借助计算机系统。将单片机采集的数据通过串行口传送给 PC,由 PC 高级语言或数据库语言对数据进行处理,或者实现 PC 对远端单片机进行控制。因此,实现单片机与 PC 之间的远程通信更具有实际意义。

PC 串行异步通信接口,其核心为 8250 兼容芯片,配以可进行电平转换的发送器和接收器电路及其他控制电路。它可以与调制解调器配合进行远距离通信,波特率为 50～9 600 b/s。有关 PC 串口请参考其他书籍。

1. RS-232C 总线标准

本章前几节介绍的单片机之间通信中的数据信号电平都是 TTL 电平,这种电平采用正逻辑标准,即约定≥2.4 V 表示逻辑 1,而≤0.5 V 表示逻辑 0,这种信号只适用于通信距离很短的场合,若用于远距离传输必然会使信号衰减和畸变。因此,在实现 PC 与单片机之间通信或单片机与单片机之间远距离通信时,通常采用标准串行总线通信接口,比如 RS-232C、RS-422、RS-423、RS-485 等。其中 RS-232C 原本是美国电子工业协会(Electronic Industry Association,简称 EIA)的推荐标准,现已在全世界范围内广泛采用,RS-232C 是在异步串行通信中应用最广的总线标准,它实用于短距离或带调制解调器的通信场合。下面以 RS-232C 标准串行总线接口为例,简要介绍 PC 与单片机之间串行通信硬件的实现过程。

RS-232C 实际上是串行通信的总线标准。该总线标准定义了 25 条信号线,使用 25 个引脚的连接器。各信号引脚的定义见表 13-1。

表 13-1　RS-232C 引脚信号定义

引脚	定义	引脚	定义
1	保护地(PG)	14	辅助通道发送数据
2	发送数据(TXD)	15	发送时钟(TXC)
3	接收数据(RXD)	16	辅助通道接收数据
4	请求发送(RTS)	17	接收时钟(RXC)
5	消除发送(CTS)	18	未定义
6	数据准备好(DSR)	19	辅助通道请求发送
7	信号地(SG)	20	数据终端准备就绪(DTR)
8	接收线路信号检测(DCD)	21	信号质量检测
9	接收线路建立检测	22	音响指示
10	发送线路建立检测	23	数据信号速率选择
11	未定义	24	发送时钟
12	辅助通道接收线信号检测	25	未定义
13	辅助通道清除发送		

除信号定义外,RS-232C 标准的其他规定还有:

(1) RS-232C 是一种电压型总线标准,它采用负逻辑标准:+3 V~+25 V 表示逻辑 0(space);-3 V~-25 V 表示逻辑 1(mark)。噪声容限为 2 V。

(2) 标准数据传送速率有:50,75,110,150,300,600,1200,2400,4800,9600,19200 bit/s(波特)

(3) 采用标准的 25 芯插头座(DB-25)进行连接,因此该插头座也称之为 RS-232C 连接器。

2. PC 的串口

表 13-1 中许多信号是为通信业务联系或信息控制而定义的。在计算机串行通信中主

要使用了 9 种信号,故其串行通信接口为一 9 针的 DB9 连接器,如图 13 - 11 所示。

图 13 - 11　PC 串口针脚排列图

(1) (DCD):载波检测。主要用于 Modem 通知计算机其处于在线状态,即 Modem 检测到拨号音,处于在线状态。

(2) (RXD):此引脚用于接收外部设备送来的数据;在你使用 Modem 时,你会发现 RXD 指示灯在闪烁,说明 RXD 引脚上有数据进入。

(3) (TXD):此引脚将计算机的数据发送给外部设备;在你使用 Modem 时,你会发现 TXD 指示灯在闪烁,说明计算机正在通过 TXD 引脚发送数据。

(4) (DTR):数据终端就绪;当此引脚高电平时,通知 Modem 可以进行数据传输,计算机已经准备好。

(5) (GND):信号地。

(6) (DSR):数据设备就绪;此引脚高电平时,通知计算机 Modem 已经准备好,可以进行数据通信了。

(7) (RTS):请求发送;此脚由计算机来控制,用以通知 Modem 马上传送数据至计算机;否则,Modem 将收到的数据暂时放入缓冲区中。

(8) (CTS):清除发送;此脚由 Modem 控制,用以通知计算机将欲传的数据送至 Modem。

(9) (RI):Modem 通知计算机有呼叫进来,是否接听呼叫由计算机决定。

3. RS - 232C 接口电路

当 PC 与 AT89C51 单片机通过 RS - 232C 标准总线串行通信时,由于 RS - 232C 信号电平(EIA)与 AT89C51 单片机信号电平(TTL)不一致,因此,必须进行信号电平转换。实现这种电平转换的电路称为 RS - 232C 接口电路。一般有两种形式:一种是采用运算放大器、晶体管、光电隔离器等器件组成的电路来实现;另一种是采用专门集成芯片(如 MC1488、MC1489、MAX232 等)来实现。下面介绍由专门集成芯片 MAX232 构成的接口电路。

MAX232 芯片是 MAXIM 公司生产的具有两路接收器和驱动器的 IC 芯片,其内部有一个电源电压变换器,可以将输入 +5V 的电压变换成 RS - 232C 输出电平所需的 ±12V 电压。在其内部同时也完成 TTL 信号电平和 EIA 信号电平的转换。所以采用这种芯片来实现接口电路特别方便,只需单一的 +5V 电源即可。

MAX232 芯片的引脚结构如图 13 - 12 所示。其中管脚 1~6(C1+、V+、C1-、C2+、C2-、V-)用于电源电压转换,只要在外部接入相应的电解电容即可;管脚 7~10 和管脚 11~14 构成两组 TTL 信号电平与 EIA 信号电平的转换电路,对应管脚可直接与单片机串行口的 TTL 电平引脚和 PC 的 RS - 232(EIA)电平引脚相连。具体接口电路可参看图 13 - 13。

图中电解电容 C1、C2、C3、C5 用于电源电压变换,典型值为 $1.0\mu F/16V$。电容 C5 用于吸收电源噪声,一般取

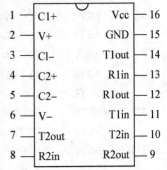

图 13 - 12　MAX232 芯片引脚

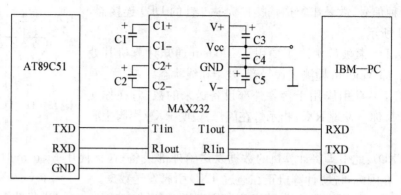

图 13-13 MAX232 接口电路

$0.1\mu F$。单片机与 PC 可选择 MAX232 两组电平转换电路中的任意一组进行串行通信,如图中选择第一组,T1in、R1out 分别与 AT89C51 的 TXD、RXD 连接,T1out、R1in 分别与 PC 串口的 RXD、TXD 相连。这种发送与接收的对应关系不能连错,否则将不能正常收发数据。

【例 13-17】 电路如图 13-13 所示,单片机首先向 PC 发送"AT89C51MCU"字符数据,其后将接收到的 PC 发来的十进制数据转换为 ASCII 码发回给 PC。

分析:单片机串口工作于方式 1,允许接收数据,采用 9600 b/s 波特率通信,T1 定时初值为 FDH。单片机先用查询方式发送"AT89C51MCU"字符串给 PC,然后开串口中断。每当接收到一个十进制数,将其加 30H 后再发送给 PC。

汇编源程序如下:

```
        ORG     0000H
        LJ      MPMAIN          ;复位转主程序
        ORG     0023H           ;串口中断服务程序
        JNB     RI,SEND         ;是接收中断? 不是则转移
        MOV     A,SBUF          ;接收数据
        ADD     A,#30H          ;加 30H,形成 ASCII 码
        MOV     SBUF,A          ;发送给 PC
SEND:   CLR     TI              ;清中断标志
        CLR     RI
        RETI                    ;中断返回
MAIN:   MOV     SCON,#50H       ;串口工作方式 1,允许接收
        MOV     TMOD,#20H       ;初始化 T1
        MOV     TH1,#0FDH
        MOV     TL1,#0FDH
        SETB    TR1
MAIN1:  MOV     R0,#00H         ;向 PC 发送字符串
        MOV     DPTR,#TAB
LOOP:   MOV     A,R0
        MOVC    A,@A+DPTR
        MOV     SBUF,A
```

```
        JNB       TI, $
        CLR       TI
        INC       R0
        CJNE      R0,#0AH,LOOP      ;未发送完,继续
        SETB      EA                ;发送完毕,开串口中断
        SETB      ES
        SJMP      $                 ;停机
TAB:    DB        "AT89C51MCU"      ;字符串 ASCII 码
        END
```

C51 源程序如下：

```c
#include <reg51.h>
unsigned char strings[]={"AT89C51MCU"};
void main()
{
    unsigned char i;
    SCON=0x50;                 //串口工作方式 1,允许接收
    TMOD=0x20;                 //初始化 T1
    TH1=TL1=0xfd;
    TR1=1;
    for(i=0;i<0xa;i++){
        SBUF=strings[i];       //向 PC 发送字符串
        while(! TI);
        TI=0;}
    EA=1;                      //字符串发送完毕,开串口中断
    ES=1;
    while(1);                  //停机
}
void serial()interrupt 4
{
    if(RI){SBUF=SBUF+0x30;}    //接收中断? 接收数据加 30H 发回给 PC
    TI=0;                      //清中断标志
    RI=0;
}
```

本章小结

学会应用单片机内部的各种软、硬件资源是进行单片机系统开发的基础。并行 I/O口、中断、定时/计数器及串行通信接口是单片机系统的重要内部资源,是单片机应用的精华之一。

本章第一节通过若干个实例介绍了单片机并行 I/O 口的输入、输出应用与编程,P0～P3 口均可用作基本 I/O 口,可字节操作也可位操作,P0 作为输出口时应外接上拉电阻;第二节介绍了外部中断的应用及外部中断源的扩展方法,外部中断源有低电平触发和负边沿

触发两种触发方式,采用低电平触发时应附加中断请求信号撤除电路;第三节介绍了定时/计数器在计数与定时方面的应用,使用定时/计数器时,应掌握定时/计数器的设置、控制与初值的计算等知识;第四节分别介绍了单片机的串行通信接口方式 0、方式 1、方式 2、方式 3 的应用与编程,及单片机多机通信原理与编程、单片机与 PC 串行通信知识。

习题 13

13-1　单片机的 P0、P1、P2、P3 口各有什么功能? 作为基本 I/O 口时,它们有何异同?

13-2　AT89C51 单片机提供了几个中断源? 有几个中断优先级? 各中断标志是如何产生的? 如何清除这些中断标志? 各中断源所对应的中断向量地址分别是多少?

13-3　某系统有三个外部中断源 1、2、3,当某一中断源变低电平时便要求 CPU 处理,它们的优先处理次序由高到低为 3、2、1,处理程序的入口地址分别是 2000H、2100H、2200H。试编写主程序及中断服务程序(转至相应的入口即可)。

13-4　定时/计数器用作定时器时,其定时时间与哪些因素有关? 用作计数器时,对外部计数脉冲有何要求?

13-5　设晶振频率为 6 MHz,编程使用定时器 T0 产生一个 50 Hz 的方波信号由 P1.0 输出。

13-6　编程设计利用定时/计数器 T0 从 P1.7 输出周期为 1 s,脉宽为 20 ms 的正脉冲信号,晶振频率为 12 MHz。

13-7　试用定时/计数器 T1 对外部事件计数。要求每计数 100,就将 T1 改成定时方式,控制 P1.7 输出一个脉宽为 10ms 的正脉冲,然后又转为计数方式,如此反复循环。设晶振频率为 12 MHz。

13-8　串行口控制寄存器 SCON 中 TB8、RB8 起什么作用? 在何种场合下使用?

13-9　设置串口工作于方式 3,波特率为 9 600 bps,系统主频为 11.059 2 MHz,允许接收数据,开串口中断,编写初始化程序。若将串口改为方式 1,初始化程序如何修改?

13-10　使用串口方式 3 进行双机通信,系统主频为 11.059 2 MHz,设置波特率为 19 200 bps。甲机将地址为 3000H~30FFH 外部 RAM 中数据传送到乙机地址为 4000H~40FFH 外部 RAM 中。(1) 采用查询方式,进行偶校验。(2) 采用中断方式,不校验。分别编程实现。

13-11　RS-232C 总线标准逻辑电平是如何规定的?

13-12　简述单片机多机通信工作原理。

附录 A 单片机原理及接口技术实验

实验一 顺序和分支结构程序分析

【实验 1-1】 将 30H 单元内的两位 BCD 码拆开并转换成 ASCII 码,存入 RAM 两个单元中。程序流程如图 1-1 所示。

参考程序:

```
ORG    0000H
MOV    A,30H           ;取值
ANL    A,#0FH          ;取低 4 位
ADD    A,#30H          ;转换成 ASCII 码
MOV    32H,A           ;保存结果
MOV    A,30H           ;取值
SWAP   A               ;高 4 位与低 4 位互换
ANL    A,#0FH          ;取低 4 位(原来的高 4 位)
ADD    A,#30H          ;转换成 ASCII 码
MOV    31H,A           ;保存结果
SJMP   $
END
```

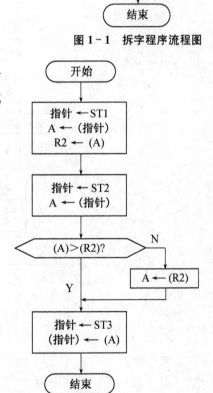

图 1-1 拆字程序流程图

【实验 1-2】 比较两个无符号数的大小。

设外部 RAM 的存储单元 ST1 和 ST2 中存放两个不带符号的二进制数,找出其中的大数存入外部 RAM 中的 ST3 单元中。

程序流程如图 1-2 所示。

参考程序:

```
       ORG    0000H
ST1    EQU    2000H
ST2    EQU    2100H
ST3    EQU    2200H
START: MOV    DPTR,#ST1    ;第一个数的指针
       MOVX   A,@DPTR      ;取第一个数
       MOV    R2,A         ;保存
       MOV    DPTR,#ST2    ;第二个数的指针
       MOVX   A,@DPTR      ;取第二个数
       CLR    C
       SUBB   A,R2         ;两数比较
       JNC    BIG1         ;若第二个数大,则转
       XCH    A,R2         ;第一个数大
```

图 1-2 比较两个无符号数的大小流程图

```
BIG0：   MOV     DPTR,♯ST3
         MOVX    @DPTR,A       ;存大数
         SJMP    $
BIG1：   MOVX    A,@DPTR       ;第二个数大
         SJMP    BIG0
         END
```

实验二　循环、查表、子程序分析

【实验 2-1】　有一数据块从片内 RAM 的 30H 单元开始存入,设数据块长度为 10 个单元。根据下式:

$$Y = \begin{cases} X+2 & X>0 \\ 100 & X=0 \\ |X| & X<0 \end{cases}$$

求出 Y 值,并将 Y 值放回原处。

程序流程如图 2-1 所示。

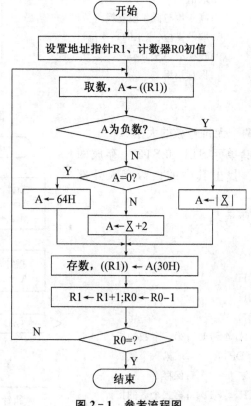

图 2-1　参考流程图

参考程序:

```
         ORG     0100H
         MOV     R0,♯10        ;循环初值
         MOV     R1,♯30H       ;R1 作为地址指针
```

```
START：  MOV    A,@R1              ;取数
         JB     ACC.7,NEG         ;若为负数,转 NEG
         JZ     ZER0              ;若为零,转 ZER0
         ADD    A,#02H            ;若为正数,求 X+2
         AJMP   SAVE              ;转到 SAVE,保存数据
ZER0：   MOV    A,#64H            ;数据为零,Y=100
         AJMP   SAVE              ;转到 SAVE,保存数据
NEG：    DEC    A
         CPL    A                 ;求|X|
SAVE：   MOV    @R1,A             ;保存数据
         INC    R1                ;地址指针指向下一个地址
         DJNZ   R0,START          ;数据未处理完,继续处理
         SJMP   $                 ;暂停
         END
```

【实验 2-2】　将实验 2-1 改为子程序结构。

```
         ORG    0100H
         MOV    R0,#10
         MOV    R1,#30H
START：  MOV    A,@R1             ;取数
         ACALL  DISPOSE           ;调用判断、处理子程序
SAVE：   MOV    @R1,A             ;保存数据
         INC    R1                ;修改地址指针,指向下一个地址
         DJNZ   R0,START          ;数据未处理完,继续处理
         SJMP   $                 ;暂停
         ORG    0200H
DISPOSE：JB     ACC.7,NEG         ;若为负数,转 NEG
         JZ     ZER0              ;若为零,转 ZER0
         ADD    A,#02H            ;若为正数,求 X+2
         AJMP   BACK              ;转到 SAVE,保存数据
ZER0：   MOV    A,#64H            ;数据为零,Y=100
         AJMP   BACK              ;转到 SAVE,保存数据
NEG：    DEC    A
         CPL    A                 ;求|X|
BACK：   RET
         END
```

【实验 2-3】　一个十六进制数存放在内部 RAM 的 HEX 单元的低 4 位中,将其转换成 ASCII 码并送回 HEX 单元。

参考程序：

```
         ORG    0000H
HEX      EQU    50H
         MOV    50H,#35H
HEXASC： MOV    A,HEX
```

```
        ANL     A,♯0FH
        ADD     A,♯3            ;修改指针
        MOVC    A,@A+PC
        MOV     HEX,A
        RET
ASCTAB: DB      30H,31H,32H,33H,34H
        DB      35H,36H,37H,38H,39H
        DB      41H,42H,43H,44H,45H
        DB      46H
        END
```

实验三　延时方式实现跑马灯

【**实验 3 - 1**】　掌握 PROTEUS 软件的使用方法。利用 PROTEUS 软件画出单片机控制跑马灯的电路原理图,然后编程实现发光二极管依次点亮,间隔 1 s。

参考电路如图 3 - 1 所示。

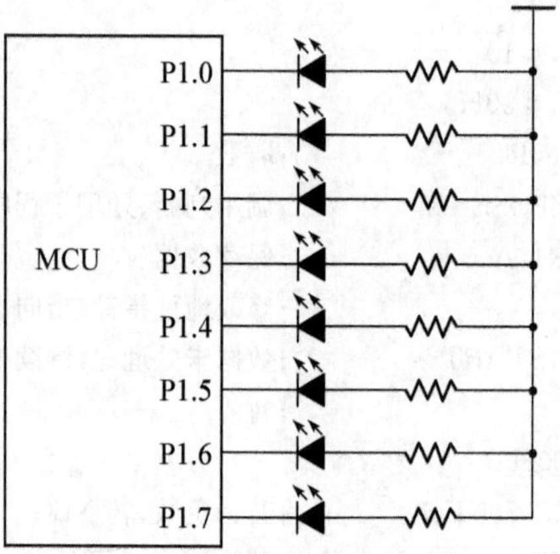

图 3 - 1　实验 3 - 1 参考电路

参考程序:

```
        ORG     0000H
        SJMP    MAIN
        ORG     0030H
MAIN:   MOV     A,♯0FEH
LOOP:   MOV     P1,A
        ACALL   DELAY
        RL      A
        SJMP    LOOP
DELAY:  MOV     R5,♯10
BBB:    MOV     R6,♯250
AAA:    MOV     R7,♯200
        DJNZ    R7,$
        DJNZ    R6,AAA
```

```
            DJNZ      R5,BBB
            RET
            END
```

实验四　定时器/计数器程序分析

【**实验 4 - 1**】　定时器方式 0 实现等宽正波脉冲。

参考程序：

```
            ORG       0000H
            LJMP      MAIN
            ORG       000BH
            LJMP      DVT0
            ORG       0100H
MAIN：      MOV       TMOD，#00H
            MOV       TH0，#63H
            MOV       TL0，#18H
            SETB      ET0
            SETB      EA
            SETB      TR0
            SJMP      $
DVT0：      CPL       P1.0
            MOV       TH0,#63H
            MOV       TL0,#18H
            RETI
            END
```

【**实验 4 - 2**】　定时器方式 1 实现等宽正波脉冲。

参考程序：

```
            ORG       0000H
            LJMP      MAIN
            ORG       000BH
            LJMP      DVT0
            ORG       0100H
MAIN：      MOV       TMOD，#01H
            MOV       TH0，#3CH
            MOV       TL0，#0B0H
            SETB      ET0
            SETB      EA
            SETB      TR0
            SJMP      $
DVT0：      CPL       P1.0
            MOV       TH0,#3CH
            MOV       TL0,#0B0H
            RETI
            END
```

实验五　串行接口及通信程序分析

【实验 5-1】 使用 CD4094 的并行输出端接 8 只发光二极管,将二极管从左至右依次点亮,并反复循环(发光二极管共阴极连接)。

参考电路:

参考电路如图 5-1 所示。

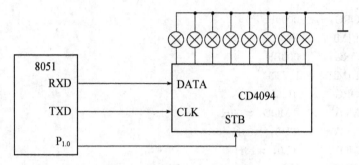

图 5-1　实验 5-1 参考电路

参考程序:

```
          ORG      0000H
          MOV      SCON, #00H
          CLR      ES
          MOV      A, #01H
DELR:     SETB     P1.0
          MOV      SBUF, A
          JNB      TI, $
          CLR      TI
          CLR      P1.0
          ACALL    DELAY
          RR       A
          AJMP     DELR
DELAY:    MOV      R3, #255
DL:       MOV      R4, #255
          DJNZ     R4, $
          DJNZ     R3, DL
          RET
          END
```

【实验 5-2】 利用串行口工作方式 0 扩展出 8 位并行 I/O 口,驱动共阳 LED 数码管显示 0~9。

参考电路如图 5-2 所示。

参考程序:

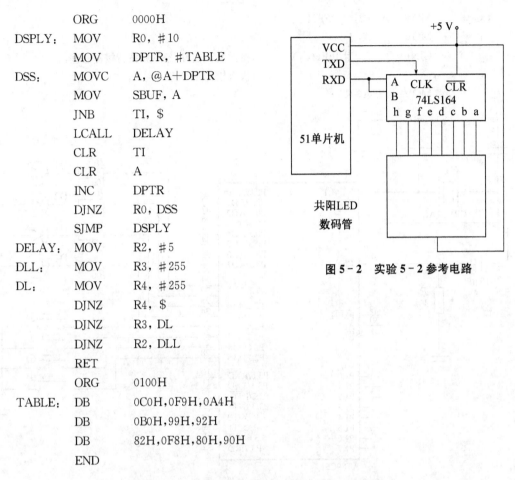

图 5-2　实验 5-2 参考电路

```
        ORG     0000H
DSPLY:  MOV     R0, #10
        MOV     DPTR, #TABLE
DSS:    MOVC    A, @A+DPTR
        MOV     SBUF, A
        JNB     TI, $
        LCALL   DELAY
        CLR     TI
        CLR     A
        INC     DPTR
        DJNZ    R0, DSS
        SJMP    DSPLY
DELAY:  MOV     R2, #5
DLL:    MOV     R3, #255
DL:     MOV     R4, #255
        DJNZ    R4, $
        DJNZ    R3, DL
        DJNZ    R2, DLL
        RET
        ORG     0100H
TABLE:  DB      0C0H,0F9H,0A4H
        DB      0B0H,99H,92H
        DB      82H,0F8H,80H,90H
        END
```

实验六　按键、键盘及接口程序分析

【实验 6-1】独立式键盘与单片机的接口程序分析。

参考电路如图 6-1 所示。

参考程序：

```
        ORG     0000H
        LJMP    START
        ORG     0040H
START:  MOV     P2, #0FFH
        MOV     A, P2
        CJNEA,  #0FFH, AA        ;是否有键按下,有则去抖动
        LJMP    START
AA:     ACALL   DELAY1           ;调用去抖动延时子程序
        MOV     P2, #0FFH
        MOV     A, P2
        CJNE    A, #0FFH, BB
        LJMP    START
BB:     MOV     R2, A
```

```
CC:        MOV      P2，#0FFH
           MOV      A，P2
           CJNE     A，#0FFH，CC      ;按键是否松开,松开则按行按键处理,
                                      ;没有松开则等待
           MOV      A，R2
```

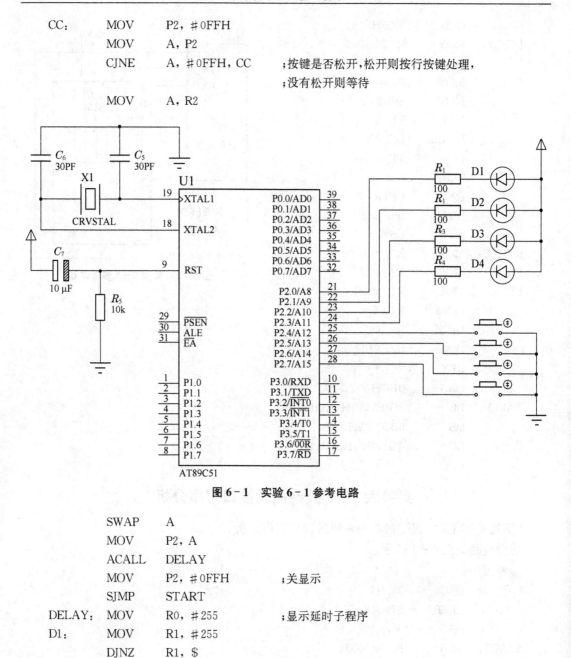

图 6-1   实验 6-1 参考电路

```
           SWAP     A
           MOV      P2，A
           ACALL    DELAY
           MOV      P2，#0FFH          ;关显示
           SJMP     START
DELAY:     MOV      R0，#255           ;显示延时子程序
D1:        MOV      R1，#255
           DJNZ     R1，$
           DJNZ     R0，D1
           RET
DELAY1:    MOV      R0，#50            ;去抖动延时子程序
D2:        MOV      R1，#50
           DJNZ     R1，$
           DJNZ     R0，D2
           RET
           END
```

【实验 6-2】 行列式键盘与单片机的接口程序分析。

参考电路如图 6－2 所示。

参考程序：

```
              ORG    0000H
              LJMP   START
              ORG    0040H
START：MOV    SP，＃70H
       MOV    P0，＃0FFH
       MOV    DPTR，＃TAB        ;当 DPTR 为 TAB 时,按键为(0—F),
                                ;当 DPTR 为 TAB1 时,按键分别为(F—0)
```

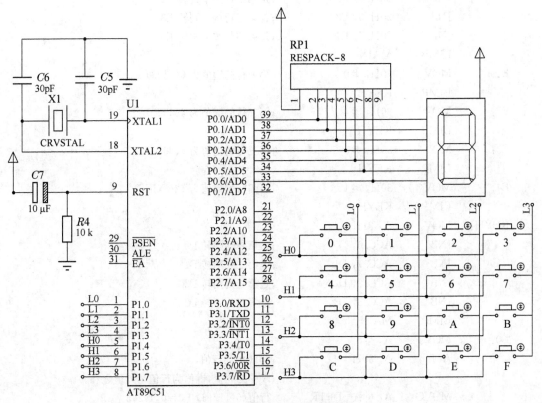

图 6－2 实验 6－2 参考电路

```
MAIN：MOV    P1，＃0F0H        ;设定 P1 口高位为行线,低位为列线,
                              ;先将行线设置为输入

      MOV    A，P1
      CJNE   A，＃0F0H，M       ;判断是否有键按下,
                              ;有键按下则先延时去抖动

      SJMP   MAIN
M：   ACALL  DELAY            ;去抖动
      MOV    P1，＃0F0H
      MOV    A，P1
      CJNE   A，＃0F0H，MM      ;判断是否有键按下,
                              ;有键按下就判断是哪一行按下
```

	SJMP	MAIN	
MM:	MOV	20H, A	
	MOV	P1, #0FH	;设置列线为输入,输入列线的状态
	MOV	31H, P1	;把列线的状态存入 31H 中
MMM:	MOV	P1, #0F0H	
	MOV	A, P1	
	CJNE	A, #0F0H, MMM	;按键是否松开,没有松开则一直等待
			;松开之后才进行相应的键值处理
	JNB	20H.4, E1	;是第一行按下则转 E1
	JNB	20H.5, E2	;是第二行按下则转 E2
	JNB	20H.6, E3	;是第三行按下则转 E3
	JNB	20H.7, E4	;是第四行按下则转 E4
	LJMP	MAIN	
E1:	MOV	30H, #0	;第一行的键值为 0(0123)
	LJMP	KEYH	
E2:	MOV	30H, #4	;第二行的键值为 4(4567)
	LJMP	KEYH	
E3:	MOV	30H, #8	;第三行的键值为 8(89AB)
	LJMP	KEYH	
E4:	MOV	30H, #12	;第四行的键值为 12(DCEF)
	LJMP	KEYH	
KEYH:	MOV	A, 31H	
	JNB	ACC.0, D0	;是第一列则转 D0
	JNB	ACC.1, D1	;是第二列则转 D1
	JNB	ACC.2, D2	;是第三列则转 D2
	JNB	ACC.3, D3	;是第四列则转 D3
	LJMP	MAIN	
D0:	MOV	A, #0	
	ADD	A, 30H	;30H 中为行值,
			;A 中为列值,键值为行值与列值之和
	MOVC	A, @A+DPTR	;行值(0|1|2|3)+0=0,1,2,3
	MOV	P0, A	
	MOV	P1, #0F0H	
	LJMP	MAIN	
D1:	MOV	A, #1	
	ADD	A, 30H	
	MOVC	A, @A+DPTR	
	MOV	P0, A	
	MOV	P1, #0F0H	
	LJMP	MAIN	
D2:	MOV	A, #2	
	ADD	A, 30H	
	MOVC	A, @A+DPTR	

```
           MOV      P0, A
           MOV      P1, ＃0F0H
           LJMP     MAIN
D3：       MOV      A, ＃3
           ADD      A, 30H
           MOVC     A, @A＋DPTR
           MOV      P0, A
           MOV      P1, ＃0F0H
           LJMP     MAIN
DELAY：    MOV      R0, ＃3
D：        MOV      R1, ＃255
           DJNZ     R1, $
           DJNZ     R0, D
           RET
TAB：      DB       0C0H,0F9H,0A4H,0B0H       ;0123 当 DPTR＝TAB 时键盘为
           DB       99H,92H,82H,0F8H          ;4567
           DB       80H,90H,88H,83H           ;89AB
           DB       0C6H,0A1H,86H,8EH         ;CDEF
TAB1：     DB       0C6H,0A1H,86H,8EH         ;CDEF 当 DPTR＝TAB1 时,键盘为
           DB       80H,90H,88H,83H           ;89AB 显示的值由表格而定
           DB       80H,90H,88H,83H           ;4567
           DB       0C0H,0F9H,0A4H,0B0H       ;0123
           END
```

实验七　LED 显示器接口程序分析

【实验 7 - 1】　LED 静态显示。

参考电路如图 7 - 1 所示。

参考程序：

```
ORG      0000H
MOV      P2,＃0F9H
END
```

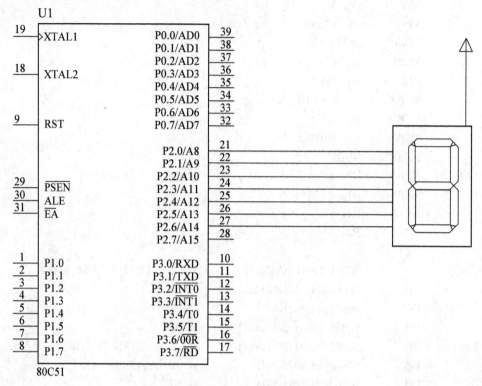

图 7 - 1 实验 7 - 1 参考电路

【实验 7 - 2】 LED 动态显示。

参考电路如图 7 - 2。

参考程序：

```
        ORG     0000H
MAIN:   MOV     R0，＃01H
        MOV     R1，＃04
        MOV     R2，＃00
        MOV     DPTR，＃TAB
LOOP:   MOV     A，R2
        MOVC    A，@A＋DPTR
        MOV     P0，A
        MOV     P1，R0
        LCALL   DELAY
        MOV     P0，＃0FFH
        INC     R2
        MOV     A，R0
        RL      A
        MOV     R0，A
        DJNZ    R1，LOOP
        SJMP    MAIN
```

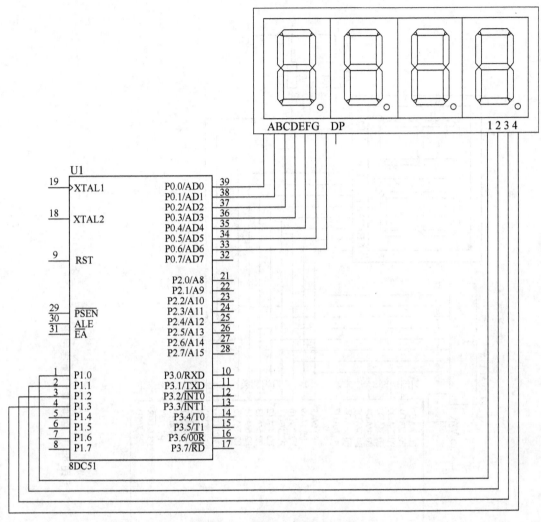

图 7-2 实验 7-2 参考电路

```
DELAY:  MOV    R3，#50
LL:     MOV    R4，#100
        DJNZ   R4，$
        DJNZ   R3，LL
        RET
        ORG    0100H
TAB:    DB     0F9H,0A4H,0B0H,99H
        END
```

实验八   A/D 转换器接口程序分析

【实验 8-1】 利用 ADC0831 将采集到的数据转换并显示。

参考电路如图 8-1 所示。

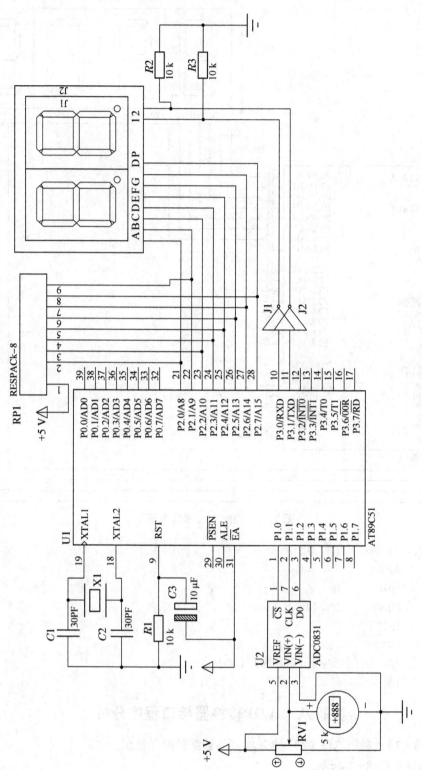

图 8 - 1　实验 8 - 1 参考电路

参考程序：

CS	BIT	P1.0
CLK	BIT	P1.1
DO	BIT	P1.2
AD_TMP	EQU	30H
	ORG	0000H
	LJMP	MAIN
	ORG	0030H
MAIN:	MOV	DPTR, #TAB
	CLR	P3.0
	CLR	P3.1
START:	LCALL	AD_CONV
	LCALL	XRDL
	LJMP	START
AD_CONV:	SETB	CS
	CLR	CLK
	NOP	
	NOP	
	CLR	CS
	NOP	
	NOP	
	SETB	CLK
	NOP	
	NOP	
	CLR	CLK
	NOP	
	NOP	
	SETB	CLK
	NOP	
	NOP	
	MOV	R0, #08H
AD_READ:	CLR	CLK
	MOV	C, DO
	RLC	A
	SETB	CLK
	NOP	
	NOP	
	DJNZ	R0, AD_READ
	SETB	CS
	MOV	AD_TMP, A
	RET	
XRDL:	MOV	A, AD_TMP
	ANL	A, #0FH
	MOVC	A, @A+DPTR

```
          MOV        P2,A
          CLR        P3.1
          LCALL      DLY
          SETB       P3.1
          MOV        A,AD_TMP
          ANL        A,#0F0H
          SWAP       A
          MOVC       A,@A+DPTR
          MOV        P2,A
          CLR        P3.0
          LCALL      DLY
          SETB       P3.0
          RET
TAB：     DB         0C0H,0F9H,0A4H,0B0H,99H,92H,82H,0F8H
          DB         80H,90H,88H,83H,0C6H,0A1H,86H,8EH
DLY：     MOV        R4,#2
D1：      MOV        R3,#248
          DJNZ       R3,$
          DJNZ       R4,D1
          RET
          END
```

实验九　D/A 转换器接口程序分析

【实验 9－1】　基于 DAC0832 的方波发生器程序分析。

参考电路如图 9－1 所示。

参考程序：

```
          ORG        0000H
          LJMP       MAIN
          ORG        0030H
MAIN：    MOV        DPTR,#0FFFFH
START：   MOV        A,#00H
          MOVX       @DPTR,A
          ACALL      DELAY
          MOV        A,#0FFH
          MOVX       @DPTR,A
          ACALL      DELAY
          SJMP       START
DELAY：   MOV        R0,#250
D：       MOV        R1,#255
          DJNZ       R1,$
          DJNZ       R0,D
          RET
          END
```

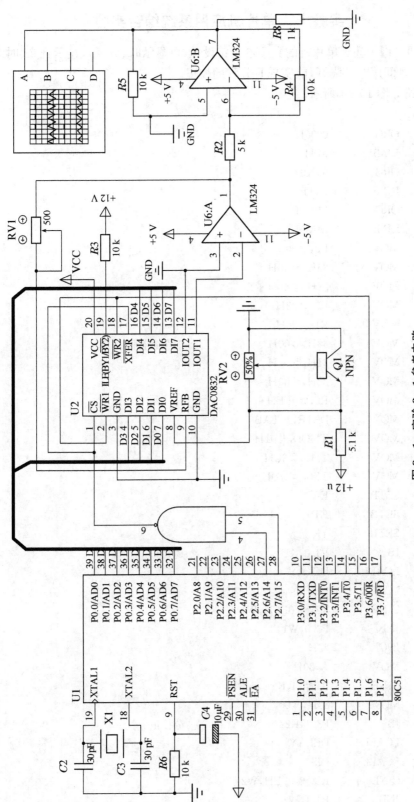

图 9 - 1　实验 9 - 1 参考电路

实验十　单片机应用系统综合实验

【**实验 10 - 1**】　基于单片机的数字电子钟设计，可显示时、分、秒，显示到 23 时 59 分 59 秒归零，时分秒间用"—"隔开，能实现时分秒的校正。

参考电路如图 10 - 1 所示。

参考程序：

```
            ORG     0000H
            LJMP    MAIN
            ORG     000BH
            LJMP    INTP
            ORG     0100H
            LJMP    MAIN
MAIN：      MOV     R3，#20
            MOV     35H，#40H
            MOV     38H，#40H
            MOV     R0，#33H
            MOV     R1，#30H
            MOV     30H，#00H         ;时分秒初值
            MOV     31H，#00H
            MOV     32H，#00H
            MOV     R2，#0FEH
            MOV     DPTR，#TAB
            MOV     TMOD，#01H
            MOV     TH0，#3CH
            MOV     TL0，#0B0H
            SETB    EA
            SETB    ET0
            SETB    TR0
START：     JB      P3.0，K1          ;时校正
            LCALL   DELAY
W1：        LCALL   DIS
            CJNE    R2，#0FEH，W1
            JNB     P3.0，W1
            INC     30H
            MOV     A，30H
            CJNE    A，#24，K1
            MOV     30H，#00
K1：        JB      P3.1，K2          ;分校正
            LCALL   DELAY
W2：        LCALL   DIS
            CJNE    R2，#0FEH，W2
            JNB     P3.1，W2
```

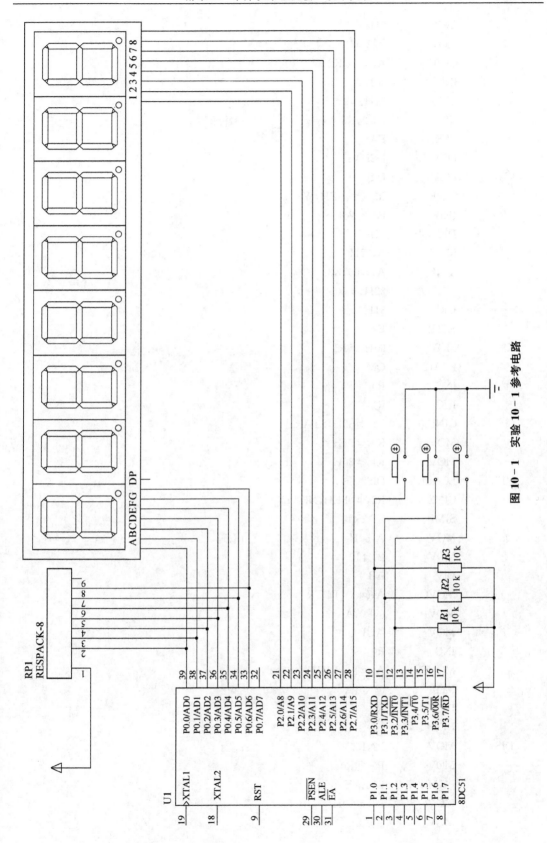

图 10 - 1 实验 10 - 1 参考电路

	INC	31H	
	MOV	A,31H	
	CJNE	A,#60,K2	
	INC	30H	
	MOV	31H,#00	
K2:	JB	P3.2,K3	;秒校正
	CLR	EA	
	LCALL	DELAY	
W3:	LCALL	DIS	
	CJNE	R2,#0FEH,W3	
	JNB	P3.2,W3	
	INC	32H	
	MOV	A,32H	
	CJNE	A,#60,K3	
	MOV	32H,#00	
	INC	31H	
	SETB	EA	
K3:	MOV	60H,@R1	
	LCALL	QM	
	INC	R0	
	INC	R1	
	CJNE	R1,#33H,START	
	MOV	R0,#33H	
	MOV	R1,#30H	
NEXT:	LCALL	DIS	
	CJNE	R2,#0FEH,NEXT	
	SJMP	START	
QM:	MOV	A,60H	;取码
	MOV	B,#10	
	DIV	AB	
	MOVC	A,@A+DPTR	
	MOV	@R0,A	
	MOV	A,B	
	INC	R0	
	MOVC	A,@A+DPTR	
	MOV	@R0,A	
	INC	R0	
	RET		
DIS:	MOV	P2,R2	;显示
	MOV	P0,@R0	
	LCALL	DELAY	
	MOV	P0,#00H	
	MOV	A,R2	

```
          RL        A
          MOV       R2,A
          INC       R0
          CJNE      R0,#3BH,N1
          MOV       R0,#33H
          MOV       R2,#0FEH
N1:       RET
INTP:     DJNZ      R3,WAIT
          MOV       R3,#20
          INC       32H                    ;秒加1
          MOV       A,32H
          CJNE      A,#60,WAIT
          MOV       32H,#00
          INC       31H                    ;分加1
          MOV       A,31H
          CJNE      A,#60,WAIT
          MOV       31H,#00
          INC       30H                    ;时加1
          MOV       A,30H
          CJNE      A,#24,WAIT
          MOV       30H,#00
WAIT:     MOV       TH0,#3CH
          MOV       TL0,#0B0H
          RETI
DELAY:                                     ;延时5 ms
          MOV       R7,#01H
DL1:      MOV       R6,#13H
DL0:      MOV       R5,#82H
          DJNZ      R5,$
          DJNZ      R6,DL0
          DJNZ      R7,DL1
          RET
TAB:      DB        3FH,06H,5BH,4FH,66H,6DH,7DH,07H,7FH,6FH
          END
```

参考文献

[1] 章彧,等.单片机原理与应用,南京大学出版社,2011

[2] 霍孟友,等.单片机原理与应用,机械工业出版社,2004

[3] 徐淑华,等.单片微型机原理及应用,哈尔滨工业大学出版社,1997

[4] 李群芳,等.单片微型计算机与接口技术,电子工业出版社,2001

[5] 曹汉天,等.单片机原理与接口技术,电子工业出版社,2006

[6] 余锡存,等.单片机原理与应用.西安:西安电子科技大学出版社,2007

[7] 蔡美琴,等.MCS-51系列单片机系统及应用.北京:高等教育出版社,1993

[8] 佘永权.ATMEL89系列单片机应用技术.北京:北京航空航天大学出版社,2002

[9] 梅丽凤,等.单片机原理及接口技术.北京:清华大学出版社,2006

[10] 魏立峰,等.单片原理及应用技术.北京:北京大学出版社,2006

[11] 张毅刚,等.单片机原理及应用.北京:高等教育出版社,2010

[12] 尹建华.微型计算机原理与接口技术.北京:高等教育出版社,2008

[13] 曾瑄.微机原理与接口.北京:人民邮电出版社,2008

[14] 佟云峰.单片机原理及应用.北京:机械工业出版社,2010

[15] 胡钢.微机原理及应用.北京:机械工业出版社,2010